新发展观下
都市圈空间网络化模式研究

——以太原都市圈为例

卞 坤 著

中国建筑工业出版社

图书在版编目（CIP）数据

新发展观下都市圈空间网络化模式研究：以太原都市圈为例 / 卞坤著．—北京：中国建筑工业出版社，2021.6

ISBN 978-7-112-26137-6

Ⅰ．①新… Ⅱ．①卞… Ⅲ．①网络化—城市规划—研究—太原 Ⅳ．①TU984.225.1

中国版本图书馆 CIP 数据核字（2021）第 081965 号

空间组织是城乡规划科学的研究核心。当前中国进入高质量发展的新型城镇化阶段，城镇化空间主体形态由集聚效应为主导的点状城市演变为以网络化效应为主导的城市群，城市发展理念由线性简单化思维转变为多元和谐化思维。如何适应并积极应对这些转变，已成为国内外广泛关注的热点问题。本书系统研究都市圈网络化空间组织模式，以新发展观为视角拓展了传统城乡规划的研究视野，构建了都市圈网络化发展的完整框架，内容详实、结构完整。本书以太原都市圈作为研究对象，运用大量最新材料和丰富的图件，实证分析与规范分析相结合，定性分析与定量方法相结合，从理论与实践的结合上对我国城镇化问题作了有益的探索。

本书可供城乡规划、城市管理、城市研究等相关领域的人士阅读，同时也可作为高等院校相关专业的选修教材和参考书。

责任编辑：许顺法 陈 桦
责任校对：李美娜

新发展观下都市圈空间网络化模式研究
——以太原都市圈为例
卞 坤 著
*
中国建筑工业出版社出版、发行（北京海淀三里河路 9 号）
各地新华书店、建筑书店经销
逸品书装设计制版
北京建筑工业印刷厂印刷
*
开本：787 毫米 ×1092 毫米 1/16 印张：17½ 字数：309 千字
2021 年 8 月第一版 2021 年 8 月第一次印刷
定价：**79.00** 元
ISBN 978-7-112-26137-6
（37570）

版权所有 翻印必究
如有印装质量问题，可寄本社图书出版中心退换
（邮政编码 100037）

序

PREFACE

21世纪中国城镇化空间的主体形态进入以网络化效应为主导的城市群发展阶段。城市群、都市圈等逐渐成为参与全球竞争与区域竞争的基本单位，它的发展深刻影响着区域的核心竞争力，对区域经济持续稳定发展具有重大意义。因此，卞坤同志的《新发展观下都市圈空间网络化模式研究》一书应运而生。这是一本融贯城乡规划学、经济地理学、区域经济学、城市地理学等多学科相关理论为一体的学术专著。

在新发展观的视角下，作者以太原都市圈作为研究对象，全面分析了太原都市圈网络化发育和发展的内外部基础，探讨了都市圈网络化的影响要素、形成机理、发展机制等，阐明了促进生态要素流动在都市圈网络化发展中的作用，提出了太原都市圈网络化发展的战略框架及规划策略。在研究方法上，从深层结构探讨到外部形态，从自上而下的宏观顶层设计探讨到自下而上的微观内在规则，理路严整。本书的论述面较宽，系统性较强，从理论和实践的结合上对新价值观下我国的新型城镇化理论进行了有益的探索，具有很强的现实指导意义，并在理论上有所创新。

本书的主要特色在于：一是将新生态观、新经济观、新动力观、新规划观等多维度的新发展观作为新时代城镇化的立足点和切入点，由此构建了都市圈网络化模式的基本理论框架。二是基于多源数据资料，对太原都市圈的网络化发展水平进行科学研判，将底层数据支撑和顶层科学决策紧密结合。三是采用路线引领—政策设计—技术支撑三位一体的方法拟订太原都市圈网络化发展的规划策略，更加注重都市圈整体效率提升，更加注重科技创新驱动发展，更加注重公平共享，更加注重绿色化发展。本书还有很多的亮点不再一一列举。

卞坤同志是我的博士生，这本专著是她在博士学位论文基础上的延伸研究成果。在她取得博士学位后，从事太原市城乡规划编制与研究工作十余年，潜心笃志，积累了丰富的规划研究经验，不断在本学科的基础上拓展，并在相关研究前沿上积极地进行探索。没有以往的研究和实践就没有今日的成果，本书正是她对多年实践工作与研究成果的凝练和升华，在本书交付出版之际我向她表示祝贺，也希望她在学术领域继续不懈地前行并取得更加丰硕的成果。

西安建筑科技大学　张　沛

2021年4月16日

前言
FOREWORD

在全球化与信息化的作用下，"城市—区域"正在成为参与全球竞争的主体单元。国家战略从城市群聚焦到都市圈。都市圈作为构成城市群的重要子系统，它的成熟发展有利于都市圈中核心城市的联动，形成城市群乃至更宏观尺度的国土空间战略发展格局。在当前全球化、信息化及以创新、协调、绿色、开放、共享为根本要求的新发展观成为国家基本战略方针的背景下，都市圈空间组织作用开始由原来的行政等级联系向新的网络化关联互动发展，原有的空间特征从无序生长到有序调控，正在发生着一些重要的根本性变化。太原都市圈是山西省创新驱动、转型升级的主引擎，是带动山西省创新驱动、转型升级的增长核，是山西省域经济与社会事业最为发达的地区和最为重要的城镇密集地区。基于空间关联性的都市圈网络化是都市圈区域一体化的实现过程和发展模式，通过网络化城镇节点体系、产业集群体系、基础设施体系等结构支撑构建的都市圈空间网络化框架，对于实现都市圈空间生产要素互补、产业关联互动、基础设施和生态环境共建共享、政策协同、地域镶嵌具有重要的推动作用。

本书融合区域经济学、城乡规划学、社会学、地理学、生态学等多学科理论视野，在全面解读都市圈空间组织的经典理论、有效检讨都市圈网络化现实问题的基础上，合理确定都市圈网络化的理论发展框架，系统梳理都市圈网络化发展的动力机制，深入研判都市圈网络化的发展阶段，积极探索都市圈网络化的发展路径及规划模式，并结合作者近年来完成的相关规划实践开展了实证研究。具体而言，本书的研究特色与探索创新主要有以下3点：

(1) 运用多学科融贯的研究方法，通过对"唯空间论"的反思倡导一种以新生态观、新经济观、新动力观、新规划观等多维度的新发展观，构建都市圈网络化模式的基本理论框架，并着重分析都市圈网络化空间演变与结构运行的发展机制，以揭示其发展的结构性问题，实现都市圈网络化空间解构和重构的统一。

（2）基于都市圈网络化的理论框架，引入都市圈“网络化发育度”概念来反映都市圈网络化发展水平，从多维衡量尺度构建由规模适宜度子系统、社会协调度子系统、空间关联度子系统、环境持续度子系统等4项子系统构成的都市圈网络化发展绩效评价指标体系，并采用FAHP模型对太原都市圈网络化发展水平进行了动态评价。

（3）重点通过自上而下的强制规划设计和自下而上的内在规则研究共同构建了太原都市圈网络化空间战略框架和重点策略体系，为太原都市圈网络化发展提供实施政策层面上的指导。

本书研究受教育部人文社会科学研究青年基金项目“生态经济困境下中部地区绿色建筑集中区发展模式及规划方法研究（17YGCZH005）”资助而展开。本书强调理论与实践相结合，突出学术性和应用性，这些研究拓展并丰富了都市圈规划的理论与方法体系，为我国城乡规划学科建设做出了积极的贡献。

目录
CONTENTS

1 研究背景综述

1.1 研究背景与意义

1.1.1 研究背景

（1）中国区域规划的科学发展方向

中国的区域发展规划作为加强宏观调控、合理配置资源、激发经济增长和促进社会进步的一种长期战略经历了复杂的历史过程，在不同的历史阶段形成了不同的发展观以指导区域发展规划。党的十八大的召开标志着当前我国已经进入特色社会主义发展的新时代，在发展的价值导向、发展内涵、发展方式、发展动力、发展时空和发展的衡量尺度上等诸方面均呈现出一系列新趋向。在价值导向上坚持以人为本的核心价值观；在发展内涵上坚持综合全面系统的发展理念；在发展方式上由高代价发展向低代价发展转变；在发展动力上从“效率优先兼顾公平”向“更加注重社会公平”转变；在发展理念上由线性简单化思维向多元和谐化思维的转变；在发展时空上开始从注重本地区的自身发展向兼顾大区域的共同发展转变；在发展的衡量尺度上开始了由单向视角向多向视角的转变。

党的十九大报告指出，必须坚持质量第一、效益优先，以供给侧结构性改革为主线，推动经济发展质量变革、效率变革、动力变革，提高全要素生产率，着力加快建设实体经济、科技创新、现代金融、人力资源协同发展的产业体系，着力构建市场机制有效、微观主体有活力、宏观调控有度的经济体制，不断增强我国经济创新力和竞争力；必须坚持人与自然和谐相处。建设生态文明是中华民族永续发展的千年大计；树立和践行绿水青山就是金山银山的理念，坚持节约资源和保护环境的基本国策，像对待生命一样对待生态环境，统筹山水林田湖草系统治理，实行最严格的生态环境保护制度，形成绿色发展方式和生活方式，坚定走生产发展、生活富裕、生态良好的文明发展道路，建设美丽中国，为人民创造良好生产生活环境，为全球生态安全作出贡献。

时隔37年后中国再次召开中央城市工作会议，“全国城市工作会议”升格为“中央城市工作会议”，体现了中央对城市工作的高度重视，迎来了新一轮顶层设计。会议指出，我国城市发展已经进入新的发展时期，并提出部署城市工作的六大要点：统筹空间、规模、产业三大结构，提高城市工作全局性；统筹生产、生活、生态三大布局，提高城市发展的宜居性；统筹规划、建设、管理三大环节，提高城市工作的系统性；统筹政府、社会、市民三大主体，提高各方推动城市发展的积极性；统筹改革、科技、文化三大动力，提高城市发展持续性。

2018年全国生态环境保护大会树立了坚持绿水青山就是金山银山，贯彻创新、协调、绿色、开放、共享的发展理念；强调加快形成节约资源和保护环境的空间格局、产业结构、生产方式、生活方式，给自然生态留下休养生息的时间和空间；要求建立统一的空间规划体系和协调有序的国土开发保护格局，严守生态保护红线，坚持山水林田湖草整体保护、系统修复、区域统筹、综合治理，完善自然保护地管理体制机制。着力构建生态文明体系，加强制度和法治建设，持之以恒抓紧抓好生态文明建设和生态环境保护，坚决打好污染防治攻坚战，推动生态文明建设迈上新台阶。

（2）全球化和信息化下中国区域发展的网络化方向

与城镇化阶段性相对应，城市空间形态也存在四个发展阶段，即：以集聚效应为主导的“点状”发展——0维的城市发展阶段，以通达效应为主导的“线状”发展——1维的城市带发展阶段，以结构效应为主导的“面状”发展——2维的城市群发展阶段，以区域一体化为主导的“网状”发展——3维的网络式城市群发展阶段（图1-1）。综合来讲，我国城镇化空间主体形态正处在以网络化效应为主导的城市群发展阶段。

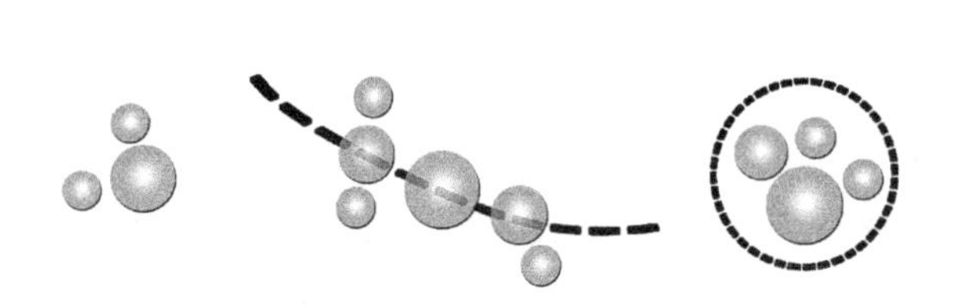
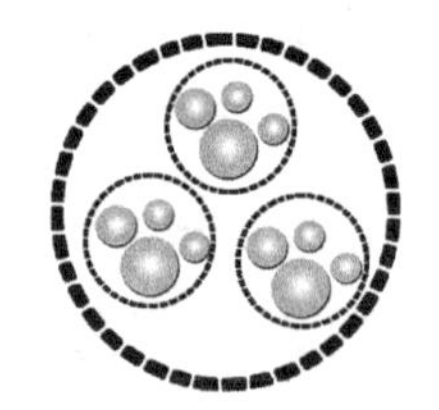

图1-1　城市空间形态演变示意

区域空间结构既是一种空间现象，更是一种经济现象。经济全球化通过市场机制把更多的国家和地区连成一体，实现了市场经济的空间扩张，促进了区域经济一体化。与此同时，新的通信技术和互联网成为主要的信息传输方式之一，它的诞生和发展使城市与城市之间的联系日益紧密，缩小了彼此之间的时空距离，重构了全球的物理和虚拟空间。在经济全球化和信息化的背景下，城市之间联系日趋紧密，城市之间的竞争不再单纯地存在于城市之间，而是更多地表现为区域竞争、集团式竞争。城市逐渐跳出个体框架的束缚，向区域化方向发展，城市发展的群体化现象逐渐成为全球性的主体趋势。因此出现了许多都市圈、城市群、城市圈、城市带等城镇群体，开始形成新的城镇网络体系。都市圈作为区域“新一轮财富增长的战略平台”和推进城镇化的主体形态，逐渐成为参与全球竞争与区域竞争的基本单位，它的发展深刻影响着区域的国际竞争力，对区域经济持续稳定发展具有重大意义。

随着全球化和信息化的快速发展，集聚与分散的共同作用使都市圈空间不断重构，工业时代的空间形态被逐步打破，都市圈空间结构的研究进一步向区域一体化和空间网络化的方向发展。全球化和信息化所表现出的网络化发展趋势日益成为都市圈空间发展的背景。首先，全球化是在生产、货物、资本、信息、技术等生产要素跨国流动加速的条件下，国家之间在经济方面逐渐突破国界限制，彼此经济相互依存、相互渗透，在各个经济环节和经济部分之间紧密联系，实行程度不同的合作与协调，并向着一体化方向发展的过程。全球经济一体化的拓展方式已由最初的较为简单的最终产品之间的贸易发展到价值链上不同区域之间分工的贸易，当前的国际分工已从原来的发达国家制造产品、发展中国家供给原料的传统分工形态转变为不同经济职能之间的，或同一产业内技术密集程度高低或生产流程不同环节之间的国际分工[①]。

其次，信息通信技术削弱了城市空间距离的障碍，增强了区位选择的弹性，逐渐使居民的生活、工作和休闲方式更加多样化，使得区域空间形态出现兼容化的发展态势。曼纽尔·卡斯特尔斯在其著作《信息城市》(1996)、《网络社会的崛起》(2000) 中提出由于交通和通信技术的发展，使得部分产业或服务不再与其所在地的社会经济发展保持密切的联系，或不再以为其所在地的“供养”人口服务为主业，其服务辐射范围也远远超过了当地居民的出行能力和“供养”能力；它

① 陈修颖. 区域空间结构重组：国际背景与中国意义 [J]. 经济地理，2005，4(25)：463.

立足于某地，却服务于大区域，植根于小城镇却服务于大城市，卡斯特尔斯将其称为非场所性社会。非场所性社会经济联系的实质化和空间联系的网络化、虚拟化将是21世纪的特点，这也必将对区域空间结构产生直接和深远的影响。

（3）中部崛起进程中山西省“非煤崛起”的发展方向

都市圈或城市群是我国城镇化的主体形态。我国原有城镇群的空间格局是基于“两横三纵”的战略格局，随着党的十八大以来京津冀协同发展、环渤海地区合作发展等战略实施，未来将形成以城镇群为主体形态，以各级中心城市为战略引领的多中心、网络化的国家城镇群发展格局。除东部地区发展成熟的都市圈，山西周边省份的西安都市圈、郑州都市圈、石家庄都市圈、长株潭都市圈、南昌都市圈、武汉都市圈、合肥都市圈等逐渐崛起，抢占区域发展的制高点。

山西省作为中部地区六省之一，地处黄河中游，是我国最典型的资源大省，重要的能源重化工基地。其省会城市太原是全国重要的优质冶金、重型机械产业开发和技术创新基地，省内设市城市中有3/4以上属于典型的资源型工矿城市，大同、阳泉、长治、晋城、古交、霍州、介休、原平、轩岗、朔州、孝义等11座城市都是比较典型的煤炭资源型城市。根据《促进中部地区崛起“十三五”规划》，山西要抓住中部崛起战略带来的新机遇，强化太原中心城市功能，凸显省会优势，推进太原都市圈发展。2018年3月，国务院正式批复，同意深圳、桂林、太原3个城市设立国家可持续发展议程创新示范区。其中太原重点以创新引领资源型城市转型升级。太原肩负着率先转型，建设生态文明的重大责任。

过去十年，太原在全省的首位度和中心度也获得了一定的提升，但这一增长还未转化为对全省的带动作用，究其原因主要是因为区域性高端功能缺失，都市圈联动不足造成的。未来太原作为省会与都市圈的核心城市，需要加强都市圈协同，发挥都市圈引领作用。未来都市圈的发展动力将从过去的要素驱动转向更加关注创新经济的驱动。创新型技术的发展将根本上改变区域与城市的经济体系，推动太原都市圈在中部崛起进程中实现弯道超车，促进区域经济的可持续发展。

1.1.2 研究意义

（1）理论意义

在新型工业化、城镇化、信息化、农业现代化和绿色化协同发展的多重背景下，在日趋复杂的竞争环境和整合创新的迫切要求下，都市圈逐渐成为全球最具发展活力的地区，也成为我国要素聚集和推动地区经济增长与社会发展的巨大载体和主导力量。我国已经进入城镇化发展的中期阶段，都市圈或城市群作为我国城镇化的主体形态，国内学者对都市圈的研究主要吸收国外关于都市圈（城市群）的研究成果，并运用到国内都市圈的具体研究实践中，而对于全球化、信息化、市场化和城镇化向纵深发展背景下都市圈空间出现的网络化发展模式的研究还处于起步阶段，还未系统地建立完整的都市圈空间网络化发展的理论体系。因此，把都市圈的规划研究放到信息时代和数字时代的背景中，放到全球化和信息化的城市网络背景中，抓住其发展的主要矛盾，探求都市圈从圈层结构向网络化演化的内在机理，寻求都市圈规划理念和方法论上的突破性进展，这对于城市规划理论的发展是一件有意义的工作。

本书在对国内外大量研究文献进行总结的基础上，结合近年来国内外对都市圈空间规划研究的主流视野，融贯城市规划学、区域经济地理学、区域经济学、城市地理学等多维视角对都市圈空间组织理论研究进行系统总结，在充分把握该领域研究动态的前提下，建立处于经济全球化、区域一体化、信息化和市场化背景下的都市圈空间网络化发展研究框架，并对都市圈网络化进程中太原都市圈空间发展机制进行解析，对其规划方法和相应的规划策略进行深入的研究，力图能对这方面的研究有所启示。

（2）实践意义

论题的提出总是源于实践的需要。从山西省和太原市的实际发展来看，传统“倚煤崛起”的城镇化道路已经不能适应新世纪新形势下市场竞争的需要，太原都市圈的全面建设势在必行。从2003年山西省率先提出构建“大太原都市圈”开始到中部崛起战略中对太原都市圈的明确提出，随着我国城镇化步伐的日益加快，全球化和信息化影响的日益深化，太原都市圈在形态上也日益发展，并初具规模。但形态上的群集只是表象层面的都市圈，刚刚发育的太原都市圈尚不存在明显的社会经济横向联系，无形的壁垒、地方保护主义、产业发展的同构性、小而全的低级生产力要素组合等都在不同程度上存在，必要的社会经济合作也很难开展起来，无法形成功能层面上真正的都市圈。

另外，由于山西长期以来作为承担国家垂直分工任务的高度专业化生产区域，国家由东而西的宏观经济政策的变化，使得山西既不处于国家重要的经济发展轴带上，又不位于国家重要的经济核心区和大城市带范围内，政策区位呈现出相对边缘化特征，因而学术研究的思维定式也导致主要理论资源向东部沿海城镇密集地区和西部大开发地区倾注，造成了该地域城镇化发展研究的相对趋冷。因此，太原都市圈发展面临的诸多实践问题都更需从理论上得到解决。通过太原都市圈的实证分析与研究，探索以省会城市为中心构建的都市圈由自组织向他组织发展过程中的空间发展模式，有利于指导区域规划建设转型，促进实现从空间规划到地方政策的科学制定，有利于深入实施中部崛起战略，推动山西产业和人口空间集聚，优化经济活动的空间配置，促进区域协调发展。

1.2 基本范畴界定

在针对城市体系发展长期研究过程中，城市群体空间组织作为客体独立于研究者之外，它包含了一系列的具有特定时空关系的要素单元，它的界定取决于研究者的研究目的和研究方法。围绕城市群体空间组织的研究范畴，学者们提出了多个含义相近的概念，例如城市群、都市圈、都市区等，而且概念和研究内容之间的对应关系也不十分明确。形成这种现象的原因主要有：一是因为城市群体空间组织本身就是一个内容丰富、涵盖面甚广的概念，对其的研究也是跨学科的，需要有多角度的概念进行表述；二是随着城市体系自身的发展和对其研究的日益深入，很多相关概念所涵盖要素的集合也不断扩大；再者即使同一学科内部，学者们研究问题的角度和重点有所不同，概念上也需要加以区别；还有些时候，即使针对同一个研究对象和研究范畴，不同的学者由于个人偏好不同，也存在不同的概念表达方式。

1.2.1 都市圈

根据城市发展过程中的集聚效应和扩散效应，区域空间结构按照城市—都市圈—城市群—经济区的路径顺序演进（黄征学，2012）。从本质上来说应具有地理和经济双重属性，地域性、群聚性、中心性和联系性是都市圈的基本特征。①地域性。都市圈首先是一个地域概念，具有特定的空间地理范围。②群聚性。都市圈是若干城市的集合体，在有限的地域范围内聚集了一定数量的城市，或者说城市分布达到较高的密度。③中心性。都市圈以一个或几个大中城市为核心，这些城市成为都市圈经济活动的集聚中心和扩散源，对整个区域的社会经济发展起着组织和主导作用。中心城市可能是一个，也可能是多个，因而都市圈既可以是单中心型，也可以是多中心型。都市圈的中心性不仅指中心城市在都市圈内部处于经济活动的核心，而且也意味着中心城市在整个都市圈地域范围内的社会经济活动中处于核心和支配地立。④联系性。都市圈的联系性特征是指都市圈内不同规模、不同等级的城市之间存在着较为密切的社会经济联系，并逐步向一体化方向发展。都市圈并不仅仅是自然地理意义上的城市密集分布，而是都市圈城镇之间在产业、城市功能上的联系、协作、配合和依存。

都市圈这一术语最早在日本使用。日本《地理学词典》中将“城市通过对其周边地域辐射中心职能而发展，以城市为中心形成的职能地域、结节地域称为都市圈”。20世纪50年代，日本学者木内信藏提出“三地带学说”，认为日本大城市圈层是由中心地域、城市周边地域和市郊外缘广阔腹地三大部分组成，其思想进而被发展为“都市圈”理念，并成为日本及许多西方国家的重要空间组织模式。日本行政管理厅60年代提出“大都市圈”概念，即中心城市为中央指定市，或人口规模在100万人以上，并且邻近有50万人以上的城市，外围地区到中心城市的通勤人口不低于本地人口的15%，大都市间的货物运输量不得超过总运输量的25%。目前日本政府根据人口指标把都市圈分为大都市圈（东京、中京和京阪神）、地方都市圈，其地方都市圈又分为地方枢纽都市圈（除东京、大阪、神户、名古屋以外的其他5个政令指定城市）、地方核心都市圈（一般为都道府县行政中心）和地方中心都市圈（小范围的经济中心）。日本学界对都市圈的定义基本参考美国的标准，再根据日本的人口、面积等具体国情制定各种衡量指标。

中国学者对都市圈的理解也是基于对国外大都市圈和城市群研究的基础之上，包括美国20世纪10年代的大都市区（Metropolitan District），50年代的城市化地区（Urbanized Area，UA）、70年代的标准都市统计区（Standard Metropolitan Statistic Area，SM-SA），意大利的城市化区域（Urbanized Region），日本50年代的都市圈和60年代的大都市圈（Metropolitan Region）等，还包括芒福德、戈特曼、菲什曼与郎格等学者对都市圈或大都市带进行的多方面考察。结合中国的具体国情，学者们从不同的研究角度总结归纳了具有中国特色的诸多相关概念，如都市连绵区[①]、城镇密集区[②]、都市区[③]、城市群[④]、大都市带[⑤]等。20世纪

① 周一星.关于明确我国城镇概念和城镇人口统计口径的建议[J].城市规划，1986（3）：10-15.

② 孙一飞.城镇密集区的界定——以江苏省为例[J].经济地理，1995，15（3）：36-40.

③ 周一星.城市地理学[M].北京：商务印书馆，1995.

④ 姚士谋等.中国城市群（第1版）[M].合肥：中国科学技术大学出版社，1992.

⑤ 梅林.牛津地理学词典[M].上海：上海外语教育出版社，2001.

90年代涂人猛（1993）、杨建荣（1995）、王建（1998）、高汝熹等（1998）、罗明义（1998）等对都市圈已经有了一定的研究，到2000年以后，胡序威等（2000）、张京祥（2000）、谭成文、杨开忠等（2000）、张颢瀚（2002）、杨涛（2002）、张伟（2003）、李国平（2004）、邹军（2005）、郭熙保（2006）、袁家冬等（2006）、顾朝林（2007）、谢守红（2008）等对"都市圈"概念进行了较为系统的阐述。

综上所述，都市圈的概念可以表述为：都市圈是城市地域空间形态演化的高级形式，是城市群的一种空间组织形式；由一个或多个中心城市及与其有紧密社会、经济联系的临接城镇组成，依托发达便利的交通、通信网络，经济联系紧密，具有较高城市化水平和一体化特征的社会经济活动空间组织形态。其显著的空间结构特征表现为一般具有跨区域性，由内向外表现出较为突出的圈层结构，以单中心都市圈为例，由内向外表现为"核心区（圈）—联系紧密圈—泛影响圈"；社会经济特征表现为注重内部各城市之间在产业、城市功能上的联系、协作、配合和依存；行政关系特征表现为圈内城市一般为弱行政隶属关系，但具有较强的经济区划或环境区划的关联性。都市圈区别于其他相关概念的特征概括如表1-1所示。

都市圈与其他相关概念的比较分析 **表1-1**

	地域范围	社会经济	空间结构	行政关系
都市区	空间范围较小，边界清晰，一般分为城市中心区、近郊区、远郊区三部分	"内向型"经济，强调城市功能地域的连续性	内部联系紧密，明显的二元结构；呈块状、带状、组团式等多种形态；反映了城市可能的演化方向	通常在一个完整的行政管辖范围内
都市圈	空间范围较大，边界较清晰，一般具有跨区域性，强调城市间经济社会联系的紧密性和区域一体化特征	"内向型"经济，注重内部各城市之间在产业、城市功能上的联系、协作、配合和依存，尤其在日常都市圈表现明显	内部联系较紧密，内部结构较复杂，"点—线—圈"式的空间结构；一般呈团块状	不存在行政上的隶属关系，但具有实施管理的有效性
城市群	外形模糊，强调的是城市分布的空间地理特征	"外向型"经济	通常为都市圈组的空间聚合，结构复杂；外形是模糊的，没有严格的界限，空间结构上接近于"点—轴"系统理论模式	不存在行政上的隶属关系
都市带	通常是都市圈发展的高级形态	"外向型"经济	处于大城市地域空间组织的高级阶段；边界模糊，内部联系较松散，内部单元各具特色，结构复杂；呈多核心、多节点的带状或环状	不存在行政上的隶属关系

1.2.2 都市圈空间组织

空间是指物质要素、活动要素和互动要素等三个要素在地理上的空间分布，物质要素是物质空间各要素的位置关系，活动要素是各种活动的空间分布，互动要素是城市中信息流、资金流、技术流等各种“流”(M.M.韦伯)；非空间是指在空间中进行的各类经济、文化、社会等活动和现象(L.D.富利)。空间组织是社会非空间组织的反映[①]。系统“整体大于部分之和”即来源于部分之间的“组织”或者“组织关系”。城市空间组织是对城市中物质流与活动要素进行空间安排，以使这些城市活动能够有效有序地开展。

都市圈空间包括中心城市和圈内周边城镇与区域，反映的是城市的群体空间，体现了城市与城市、城市与区域之间较为为宏观的关系(朱熹钢，2002)。都市圈空间组织是在城市自组织力和他组织力的双重作用下对都市圈内城镇各要素进行组织安排和布局，既包括城市的外部空间运动在都市圈区域的布局形态(静态)，也包括城市之间的相互作用即要素的流动和组合(动态)。这里的自组织力是都市圈系统内部力量的互动创造出一种“自生自发的秩序”，可以在没有外界的特定干预下自主地从无序走向有序而获得空间结构或功能结构。都市圈的自组织力可以使经济活动在中心城市与中小城镇以及更为广阔的经济腹地之间不断进行物质与能量的交换，实现结构调整、功能转化和空间形态的变化[②]。都市圈自组织功能的强弱，取决于都市圈内点、线、网络以及域面这些空间要素的发育程度及空间组合状态。从耗散结构理论的角度来看，都市圈自组织功能表现为在都市圈系统内通过与环境及系统内节点的相互作用，提供系统演化过程所需的负熵流，以抵消系统自身所产生的熵增，促进系统自我调节、自我完善和自我发展[③]。他组织力是指人类通过干预来引导城市发展和空间演变(谢守红，2004)，人类各种自觉的和不自觉的活动对城市空间发展的干预作用日益显著。尽管都市圈具有自组织功能，但各种技术发展、文化进步和大规模、快节奏的建设活动对城市系统的影响十分剧烈，空间结构的重组总是滞后于区域社会、经济的发展，由于陈旧的空间结构不能按照新的资源空间配置逻辑组织和分配资源，反过来对

① Maurice Yeates.The North American City (4th ed) [M]. New York : Harper Collins Publishers, 1990, 2.

② 戴宾.城市群及其相关概念辨析[J].财经科学，2004(6)：101-103.

③ 沈小峰等.耗散结构论[M].上海：上海人民出版社，1987：90-102.

区域产业结构的升级起阻碍作用。这样就对人为干预和科学引导空间结构的转型提出了要求，这就是科学地构建都市圈空间网络化模式的意义所在。

1.3 已有研究评述

对我国都市圈空间组织问题的研究，自20世纪50年代戈特曼（J.Gottmann）提出大都市带（Megalopolis）起就开始收到重视。“从城市之外更为广阔的地域来研究城市问题（芒福德，1938）”逐步成为国内外学者解决大城市病的一种共识，城市地理学、经济学、社会学、城市规划、生态学等学科领域均对城镇群体空间组织开展了广泛研究，并积累了丰富的理论成果。其中代表性的研究主要集中在以下几个方面。

1.3.1 都市圈空间结构演化

都市圈在客观存在与规划双向推动下逐渐形成与完善，其形成经历了由小到大、由雏形到成熟的阶段，对于都市圈空间成长过程的研究，比较有代表性的观点是耶兹（M.Yeates）的五阶段论，他从典型研究的角度将城镇群体地区的空间演化划分为重商主义时期城市、传统工业城市时期、大城市时期、郊区化成长时期和银河状大城市时期五个阶段。戈特曼将纽约都市圈的形成和演化划分为四个阶段：孤立分散阶段、城市间弱联系阶段、大都市带的雏形阶段和大都市带的成熟阶段[①]。比尔·斯科特将都市圈空间结构的演化划分为三个阶段：单中心（中心城市为主导的阶段）、多中心（中心城市和郊区相互竞争阶段）和网络化阶段（复杂的相互依赖和相互竞争关系）[②]。弗里德曼（Friendman）的四阶段论，他从社会经济发展的角度把城市空间组织的发展划分为工业化前分散的城市阶段、工业化初期的城市集聚阶段、工业化成熟阶段、后工业化阶段四个阶段。在国内，台湾学者唐富藏提出区域空间结构演变经过早期发展集中、集中后分散、分散后地方中心成长三个阶段。陆大道提出农业占绝对优势的阶段、过渡阶段、工业化和经

① 薛俊菲，顾朝林，孙加凤.都市圈空间成长的过程及其动力因素[J].城市规划，2006，3（30）：53-56.

② 陈群元，喻定权.我国城市群发展的阶段划分、特征与开发模式[J].现代城市研究，2009（2）：77-82.

济起飞阶段、技术工业和高消费阶段的区域空间结构四阶段[①]。陈小卉（2003）在研究江苏都市圈时提出了雏形期、成长期和成熟期三个阶段的观点，认为徐州都市圈是雏形期的都市圈，南京都市圈是成长期的都市圈，而苏锡常都市圈是成熟期的都市圈[②][③]。杨勇、罗守贵、高汝熹等（2007）将都市圈的形成演化划分为4个阶段：结核期、整体集聚期、次中心形成期和成熟期[④]。

关于都市圈空间演进规律，国内比较有代表性的观点如下：陆大道在《区域发展及其空间结构》（1999）中将其概括为区域空间结构从低水平均衡到非均衡发展，最后达成更高水平均衡是区域空间结构演进的一般规律。陈群元、喻定权（2007）概括其发展演化的特点为：①由低级向高级的逐步演化过程；②内部城市之间的关系由松散的关联发展到紧密的联系；③内部城镇之间的分工合作由不成熟逐渐走向成熟，最终形成合理的劳动地域分工体系；④都市圈的结构和功能趋于不断的发展和完善之中；⑤中心城市由小到大，职能由综合向管理演变。张京祥（2000）采用城市群体空间演化基本机理构建了以城镇组织体系、城乡关联体系、网络联通体系和空间配置体系为内容的城市群体空间运行系统，进而提出了有序竞争群体优势律、社会发展人文关怀律、城乡协调适宜承载律和紧密有致空间优化律的空间组合规律[⑤]。

1.3.2 都市圈空间演化机制

随着学术界对于区域城市的日益关注，都市圈空间发展的研究重点由传统的物质空间形态分析转向空间结构演化发展机制的解析，但研究成果相对零散。

（1）都市圈形成机制

城市群最初的形成动力源于中心城市的用地限制而产生的地域上的扩张的需求（Kenneth，1985）。小汽车的普及和高速交通的建设使得住宅和产业的郊区化进一步成为现实，使中心城市与外围地区共同构成相互联系、有一定空间层次、地域分工和景观特征的城市群（Kenneth，1985；NCO，1997）。国外的学者充分

① 张伟．都市圈的概念、特征及其规划探讨[J].城市规划，2003（6）：47-50.

② 张京祥，邹军，吴启焰，陈小卉．论都市圈地域空间的组织[J].城市规划，2001（5）：19-23.

③ 张伟．都市圈的概念、特征及其规划探讨[J].城市规划，2003（6）：47-50.

④ 杨勇，罗守贵，高汝熹．都市圈的发展演化阶段分析．都市圈空间成长的过程及其动力因素[J].科技进步与对策，2007（5）：62-65.

⑤ 张京祥．城镇群体空间组合[M].南京：东南大学出版社，2000：33-37.

肯定了交通在城市群形成过程中发挥的关键作用，同时也认为信息技术对区位选择、交通技术的革新产生了深刻的影响。

在国内，周一星、胡序威等（2000）分析了中国都市区形成的六大因素包括中心城市人口和用地的迅速扩大、卫星城的建设、城市郊区化的作用、乡镇企业的发展、城乡一体化政策以及城乡市场体系的建立，并认为城乡相互作用是都市区形成的直接推动力，技术因素是触发因素，完善的基础设施是都市区形成的媒介因素[①]。

姚士谋强调城市的内聚力、辐射力、相互联系与经济网络的对都市圈形成的重要作用。谷人旭（2000）以日本关西都市圈为例进行的研究表明，促使日本大中小城市间联动发展的核心是各都市圈产业间的联动发展。张京祥等（2001）指出都市圈的形成是中心城市与周围地区双向流动的结果。刘静玉、王发曾（2004）认为产业集聚的驱动、产业扩散的驱动、区域网络化组织发展的驱动、企业区位选择行为的驱动、政府宏观调控行为的驱动、城市功能集聚与扩散的驱动等六个因素是都市圈形成发展的主要动力机制。

宁越敏（1998）、徐海贤等（2002）、段七零等（2002）以长三角都市区、温州都市区等研究对象为例，认为宏观政策机制（包括跨区域基础设施的组织、产业政策、权力下放、户籍制度与行政区划）、投资机制、市场机制和辐射机制是都市圈的形成机制和动力源泉[②]。李晶、王跃（2003）将都市区形成机制概括为经济发展、集聚与扩散、交通建设和政策制度四个方面。何艳冰（2007）将都市圈的形成机制概括为：对规模经济的追求是都市圈形成的原因；市场机制是都市圈形成的根本动力；城市内在的集聚力和扩散力的交互作用是都市圈形成的直接动力；区域网络化组织是都市圈形成的物质条件；政策制度是都市圈形成的推动机制；竞争合作是都市圈形成的协调机制。

（2）都市圈空间演化动力机制

其一集聚扩散作用说。较为代表性的观点认为集聚与扩散将仍然是城市群地域结构演化的重要动力机制，知识经济、城市居住空间结构演变、企业或企业集

① 胡序威，周一星等.中国东部沿海城市密集地区的空间聚集与扩散[M].北京：科学出版社，2000：73.

② 宁越敏等.长江三角洲都市连绵区形成机制与跨区域规模研究[J].城市规划，1998（1）：16-24.

团组织及其行为将日益影响城市群地域结构的变化[①][②]。基于集聚与分工基础上的知识溢出和创新是推动城市群演进的动力，解释理论包括波特的协调竞争力论、熊彼特的区域创新系统等。其二产业发展推动说。区域产业结构与空间结构是互动的两个方面。不同的产业部门具有不同的布局要求，产业结构不同，所形成的空间组合格局也不一样，空间景观差异很大；反之空间结构的变动也会影响产业结构[③]。国内较为代表性的观点认为经济活动是城市群空间扩展的决定因素，产业聚集和产业结构演变是城市群空间扩展的直接动力[④]，产业关联效应、产业转移效应和产业聚集效应催生了现代化城市群的空间结构格局[⑤]。其三其他影响因素说。张京祥将城市群的空间演化视作空间自组织，认为是社会、经济演化以及空间结构组织的复合过程[⑥]。叶玉瑶将城市群空间演化的动力归结为自然生长力、市场驱动力以及政府调控力，并构建了城市群空间演化动力模型，分析了城市群空间演化动力作用机制、合成原则、不同演化阶段主导动力与空间演化特征之间的关系[⑦]。

1.3.3 都市圈空间组织模式

都市圈是由一个或多个核心城镇及其周边邻近城镇和地域共同组成的高强度密切社会、经济等联系的一体化区域。都市圈的“圈”只是反映一种以中心城镇为核心进行空间与功能组织的关系，而并非是固定的形态概念（张京祥，1999）。在不同的区域和发展阶段，都市圈空间组织既表现出一定的共性，也存在差异，呈现出多种模式。都市圈空间增长表现为圈层式、飞地式、轴间填充式和带型扩展式四种形态（顾朝林，1997）。张京祥将都市圈的空间组合形态归纳为5种形式：同心圆圈层组合式、定向多轴线引导式、平行切线组合式、放射长廊组合式和反磁力中心组合式，认为未来长三角地区将出现松散型都市圈、中心型都市

① 朱英明等.我国城市群地域结构理论研究[J].现代城市研究，2002(6)：50-52.

② 朱英明.我国城市群地域结构特征及发展趋势研究[J].城市规划汇刊，2001(4)：55-57.

③ 陈修颖.区域空间结构重组理论初探[J].地理与地理信息科学，2003，2(19)：25，64.

④ 薛东前，王传胜.城市群演化的空间过程及土地利用优化配置[J].地理科学进展，2002(2)：95-102.

⑤ 张祥建，唐炎华等.长江三角洲城市群空间结构演化的产业机理[J].经济理论与经济管理，2003(10)：65-69.

⑥ 张京祥.城镇群体空间组合[M].南京：东南大学出版社，2000：33.

⑦ 叶玉瑶.城市群空间演化动力机制初探[J].城市规划，2006(1)：61-66.

圈和网络型都市圈三种空间组合方式（张京祥，1999）。徐海贤提出都市圈空间组织模式的选择受制于历史地理基础、自然地理条件和区位条件、区域经济的发展阶段和发展水平、主要经济联系方向等影响因素，并提出核心—放射型、核心—圈层型、多中心网络化型三种空间模式。年福华、姚士谋等认为城市群形成发展过程中理想的城市化模式是网络化模式，网络化模式表现为四种空间组织模式：极核网络化模式、双子座网络化模式、多中心网络化模式、走廊发展型城镇网络化模式。刘天东（2007）将都市圈空间组织模式概括为3种形式：一是单核裂变型，这种结构主要是城市郊区化带来的新城运动和边缘城市运动造成，其结果是形成强核心的多中心结构；二是多核共生型，这种结构是多个城市共同发展和空间扩散，最后由于地缘关系相互接触，其结果是形成多核齐进的多中心结构；三是网络开放型，主要指城市群间的联系，特别是城市群中国际、国家级大城市或区域性大城市联系，推动城市群在更大地域范围上实现要素流动，最后推动都市连绵区的形成①。还有学者根据都市圈各个发展阶段的不同特征对都市圈组织模式进行适宜性选择，例如，处于雏形发育阶段的都市圈宜采取增长极开发模式，处于快速发育阶段的都市圈宜采取点轴开发模式，处于趋于成熟阶段的都市圈宜采取点轴群空间模式，处于成熟发展阶段的城市群宜采取网络空间模式。也有一些学者评价这种将空间组织模式的运用与区域发展阶段一一对应的方法忽视了不同区域在不同历史条件下开发中所面临的具体情况，把区域开发的条件和阶段人为的固定化和模式化，显得武断和教条，不利于区域开发实践。

1.3.4 空间网络化发展研究

根据中国知网CNKI对城市网络化相关研究的学术趋势统计，从1997年到2019年学界对其的关注度显著提高（图1-2）。以1999年2月阿姆斯特丹举行的国际学术会议为代表，学界将对“网络城市”的研究大体分为城市内部和区域两个层面。

城市内部层面：是指人口和经济活动在城市内部的多中心聚集形式。这个层面的代表性研究者当属David F. Batten和Castells。David F. Batten（1995）提出一种基于快速交通和信息通信网络及范围经济的、不同于传统中心地模式的新型

① 刘天东.城际交通引导下的城市群空间组织研究[D].长沙：中南大学，2007.

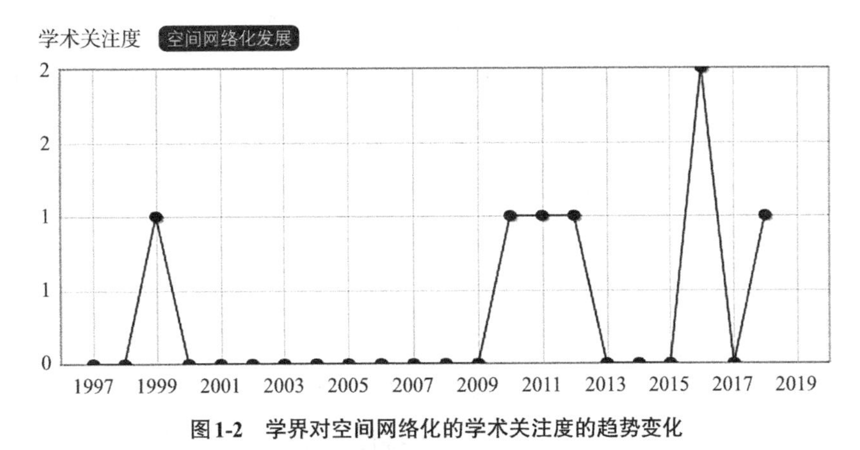

图1-2 学界对空间网络化的学术关注度的趋势变化

资料来源：CNKI学术趋势 http：//trend.cnki.net/trendshow.php?searchword=%8E%E5%B8%82%E7%BD%91%E6%A0%BC%E5%8C%96

的城市集合形态，即网络城市[①]。Castells（1996）对城市网络空间结构的基本思想和特征作了较为深入的诠释，认为城市空间应当由中心地的空间向流的空间转变，甚至是由中心地和流共同构成的空间，这使得相似等级城市之间的横向联系加强，强调了城市与城市间的水平合作联系，而不仅是上下等级间的垂直关联关系，成为城市网络空间结构的重要特征[②]。

区域层面：是指人口和经济活动在区域层面的多中心聚集形式。比较有代表性的研究主要包括：Hendrik Folmer和Jan Oosterhaven（1977）分析了区域网络化系统的空间非均衡成长路径，提出人口、社会文化、经济和生态四个子系统构成区域网络化系统，并通过建立数学非线性模型来分析四个子系统在空间网络化系统中成长的非均衡性[③]。20世纪80年代以后，城市研究学者Woff，Moss，Sassen等人则提出一种新的区域——城市地域空间组织形式城市体系空间结构假说，由此出现了网络城镇体系的概念。Philip Cooke（1983）提出了空间网络化结构—功能规划理论，并从区域均衡理论、区域非均衡理论和核心—外围结构等理论的关系探讨了区域的发展过程[④]。Gernot Grabher和David Stark（1996）从空间组

① David F. Batten. Network cities：creative urban agglomerations for the 21st century[J]. Urban Studies，1995，32（2）：313-327.

② Castells，M.The rise of the network society[M]. Cambridge，MA：Blackwell Publishers，1996.

③ Hendrik Folmer，Jan Oosterhaven.Spatial inequalities and regional development[M]. Martinus Niihoff Publishing Ltd.，1977.

④ Philip Cooke.Theories of planning and Spatial Development[M]. London：Hutehinson，1983.

织多元化的角度阐述了网络化分析与区域发展的关系①。Colllin Lee（1996）提出了区域空间网络化模拟系统理论，他认为网络化是区域经济增长的动力机制和途径，并创立了网络化的系统动力学模型②。Allan Pred（1997）提出了网络化动力系统理论，并在考察了美国1800～1914年工业城市的增长的空间动力后，得出城市网络化是区域发展的重要途径的结论③。城市研究学者Hilde Heynen、Andre Loeckx 和Marcel Smets通过对鲁尔城市群的研究，把"网络化大都市"作为对德国鲁尔城市群的主要存在状态的概括，并把它定义为"建立在不同城镇的网络化结构之上，由许多城镇和连接这些城镇的网络构成"，这种"网络化"强调各城市的平等发展、城市之间保持水平联系为特征，以德国鲁尔城市群和荷兰兰斯塔德城市群最为典型。根特城市研究小组（1997）指出"网络化"不仅可以有效地避免区域规模过大带来的各种问题，也可以在更大的范围内共享发展机会和成果，有利地推动区域一体化进程④。

我国学者在20世纪90年代以后提出了网络化的区域开发模式。在理论研究方面，比较有代表性的研究主要包括：陆大道（1995）认为网络化空间结构实际是不同级别的中心城市和发展轴线在区域的重复覆盖，因此是"点—轴"结构的进一步发展⑤。周一星（1995）研究了城市体系的空间网络结构⑥。顾朝林（1996）将城镇体系的主要网络系统划分为行政管理网络、交通运输网络、生产协作网络、商品流通网络和信息传输网络等，并对网络系统进行了全国性、区域性、地方性三级层次的划分⑦。曾菊新（1996）提出了空间经济的结构由区位几何要素（点、线、面）、空间组合模式和生产力要素流构成的观点，并对空间经济结构效应和结构优化进行了阐述⑧。蔡彬彬（1999）进一步对空间网络化理论进行论述，

① Gernot Grabher.Organizing Diversity：Evolutionary Theory，Network Analysis and Postsoeialism[J]. Regional Studies，1997，5（31）.

② Colllin Lee，Guo Rongxing.Simulating Regional Systems：A System Dynamies Approaeh[J]. The Journal of Chinese Geography，1996，2（16）.

③ AllanPred.The Spatial Dynamies of US Urban-industrial Growth[J]. Progress in Human Geography，1997，3（21）.

④ Blotevogel H H. The Rhine-Ruhr Metropolitan Region[J]. Reality and Discourse，1998（6）.

⑤ 陆大道.区域发展及其空间结构[M].北京：科学出版社，1995.

⑥ 周一星.城市地理学[M].北京：商务印书馆，1995.

⑦ 顾朝林.中国城镇体系——历史·现状·展望[M].北京：商务印书馆，1992.

⑧ 曾菊新.空间经济：系统与结构[M].武汉：武汉出版社，1996.

提出了空间网络化发育度的区域发展衡量标准。魏后凯（2001）认为在工业化中后期，随着交通、通信和网络技术的发展，区域经济将趋向于分散化而形成网络状结构，并将实现较为均衡的发展[①]。郑长德（2001）认为网络开发模式一般适宜经济较发达的区域采用。姚士谋等（2002）认为，城市群区域内的网络化是城乡之间多种物质的动态流的最高表现形式，也是城市群形成发展过程中理想的城市化模式，网络化模式表现为四种空间结构模式：极核网络化模式、双子座网络化模式、多中心网络化模式、走廊发展型城镇网络化模式[②]。张建军（2003）则认为网络开发模式是否必须要经历极点开发和点轴开发阶段以后才能运用，这一观点尚缺乏必要的实证和实践检验，不能一概而论。曾菊新、冯绢和蔡靖方（2003）将城镇网络化模式概括为以地域为依托，以线状基础设施为纽带的地域经济系统模式。甄峰（2002）对信息技术作用下的区域空间重构及发展模式进行了研究，并对信息技术影响下的新空间形态进行了预测[③]。乔光平（2004）提出区域经济发展的较完善的模式是网络开发模式，网络开发模式是强化网络已有点轴系统的延伸，提高区域各节点、各域面之间，特别是节点与域面之间生产要素交流的深度与广度，促进地区一体化发展，特别是城乡一体化发展。谢守红等（2005）对信息时代的城市空间组织演变进行了分析。何艳冰（2007）认为区域网络化组织是都市圈形成的物质条件。汪明锋（2007）对全球化、信息化背景下以互联网为基础的网络空间进行了系统的研究，并对这种基于信息基础设施网络之上的中国城市体系格局进行了分析[④]。刘卫东等（2007）对经济全球化趋势下中国未来区域发展空间格局进行了规划预测。在实证研究方面，主要集中在京津冀、长三角、珠三角、长株潭等发展较为成熟的城镇群。例如，汪淳（2006）以苏锡常城市群为例，研究网络城市理念的城市群布局[⑤]。赵红杰等（2007）以河北省环京津地区为例，提出网络城市系统节点的设计与构想[⑥]。冒亚龙、何镜堂等（2009）以长株潭城市群为例，根据数字技术与网络空间理论分析了数字技术对城市群空间形态的

① 魏后凯.走向可持续协调发展[M].广州：广东经济出版社，2001.

② 姚士谋.试论城市群区域内的网络化组织[J].地理科学，2002(5)：568-573.

③ 甄峰，顾朝林.信息时代空间结构研究新进展[J].地理研究，2002，2(21)：257-263.

④ 汪明锋.城市网络空间的生产与消费[M].北京：科学出版社，2007：84.

⑤ 汪淳.基于网络城市理念的城市群布局[J].长江流域资源与环境，2006，15(6)：797-801.

⑥ 赵红杰.网络城市系统节点的设计与构想[J].合肥：安徽农业科学，2007，35(24)：7543-7545.

影响，指明了城市群空间形态演变的网络化特征[①]。

从区域空间网络化理论研究背景看，发达国家空间网络化研究已具备了较为成形的基础理论体系，并在区域城镇网络的发展形成过程中发挥了指导性作用。我国东部地区随着城镇化的快速推进，尤其在京津冀、长三角、珠三角等较为发达的城镇密集地区，网络化的城镇空间组织形态与发展趋势已经清晰地显现出来，相关领域的研究已经涌现出大量可资借鉴的理论成果。但从中西部地区看，由于发展水平及发展条件的限制，“空间网络化”过程在中西部地区还处于萌芽期，针对中西部特点的相关研究还很少且处在较为“零散”与“肤浅”的状态，因此针对太原都市圈这一中部城镇化及网络化的带动性区域所做的“空间网络化”系统研究，将对我国的空间网络化研究起到“补缺”作用并具有前瞻性意义。

1.3.5 太原都市圈研究现状

有关太原都市圈的发展研究源于2006年山西省“十一五”规划提出的构建“大太原”经济圈，但在此之前关于太原地区城镇化的相关讨论早已展开。郭文炯、白明英（2000）通过分析太原大都市区与我国沿海发达地区都市区发展状况的比较，揭示了太原大都市区的发育特征、阶段水平、动力特征和发展趋势，并提出“更新与强化都市区发展动力、加强和完善中心城市辐射功能体系、建立城乡一体化的区域经济运行和管理机制、协调发展区域性生态基础设施”的太原大都市区发展战略，为合理引导和有效推进内陆大都市区城镇化进程提供参考依据[②]。徐宝根等（2002）在探讨“区域开发管制区划”的基本概念和省域区域开发管制区划总体框架的基础上，对山西省进行了微观型和宏观型两个层次的区域开发管制区划研究，并将同蒲铁路和大运公路、太旧高速公路和石太铁路、太洛公路和太焦铁路、太原—离石公路等主要交通干道沿线的市、县及盆地中心区域划定为优先发展地域，进而提出加大本区域的城镇建设、特别是中心城市发展，形成布局合理、功能完善的城镇密集带[③]。郭文炯、张复明（2004）用区位熵、职

① 冒亚龙，何镜堂.数字技术时代的长株潭城市群空间形态[J].城市发展研究，2009，10（16）：49-54.

② 郭文炯，白明英.太原大都市区城市化特征、问题与对策[J].经济地理，2000，5（20）：63-66.

③ 徐宝根，张复明等.城镇体系规划中的区域开发管制区划探讨[J].城市规划，2002，6（26）：53-56.

能规模、职能强度作研究指标，对太原市在省域、中西部、全国3个空间层次的城市主要职能进行了分析，认为太原市职能区域应以省域和中西部为主要尺度，逐步淡化“工业基地”“工业城市”的观念，以综合化、高度化为方向，突出“综合性区域中心”职能，将“高级中心地”职能作为其首要职能，进一步强化商业贸易和社会服务等城市综合服务职能，同时必须注重提升城市综合服务功能的层次①。李淳、任永岗（2006）提出依托中心城市构建“大太原经济区”，加快都市圈发展，是实现山西中部崛起战略、加快全省经济快速健康持续发展的重大举措；同时指出“大太原经济区”包括“一个核心”和“两个圈层”，构建“大太原经济区”需要实施以一体化为核心的战略措施②。李青丽就太原都市圈的范围、功能定位、建构层次、划分及空间联系方式构建进行讨论，并对都市圈发展的若干关键问题进行探讨③。张复明、景普秋（2007）在对产业演进与城市化发展的相关研究成果进行梳理的基础上，分析总结了太原市作为资源型区域中心城市自1949年以来其产业演进与城市化发展机制与特征，并通过对太原市城市化发展阶段的判定提出其未来的发展趋势，即集团化、集群化和网络化将成为太原企业组织的发展趋势，城市化数量特征向城市化质量特征转变，城市功能区一体化，城市生产、生活一体化，城市市区、市域、腹地一体化程度不断加深。

1.4 研究方法

本书是一项应用基础研究课题，既有理论的总结提出，又有很强的实践性。为达到研究的目的与内容，本书的研究方法表现为研究过程的六个结合，即理论与实证相结合、定性与定量相结合、静态和动态相结合、宏观与微观相结合、空间与要素相结合、文字表达与图表示意相结合。

（1）系统分析法

系统分析法主要体现在用复杂系统论的观点，把所研究的事物看作一个复杂系统，从系统的角度来看待其形成和演化，采取分析、评价、综合方法实现系统最优。从方法论的角度看，系统分析技术共有九类：解析法、模拟法、结构

① 郭文炯，张复明.城市职能体系研究的思路与方法——以太原市为例[J].地域研究与开发，2004（23）：56-59.

② 李淳，任永岗.“大太原经济区”与山西中部崛起[J].理论探索，2006，2.

③ 李青丽.对发展城市都市圈的思考——以太原为例[J].经济问题，2006，7.

化法、最优化法、评价法、预测法、管理法、可靠性法、模型化法。都市圈本身是个开放的复杂系统，它要通过各种方式与外界环境保持物质、信息和能量的交流，它的形成演化也脱离不了外界环境。根据系统分析方法的原理，本书把都市圈空间结构作为混沌系统，用系统科学的理论、观点和方法研究问题、解决问题，分析都市圈空间结构系统内部与区域大系统之间的相互联系、相互作用、相互制约，立足于宏观、中观、微观三个层面从都市圈整体结构优化上解决问题，可以使研究更具全面性和科学性。

（2）比较研究法

西方的规划比较研究是公共政策比较研究的支流，目的是通过研究其他国家和地区的城市化现象去增加对城市化的一般认识，借此改善本地区城市化过程，尤其是规划政策的选择和实施。通过比较研究会更精确地分辨出各种结构规范对政策选择的影响，以及其影响力的轻重，借此建立规划政策选择和判断的准则。中国都市圈的发展，特别是中西部地区都市圈发展时间较短，从学习到创新是实现其跨越发展的意识基础。戴维·松曾指出在不同历史和不同地域里的城市化动力仍然是很相似的，但产生出来的城市却不一样。因此，比较研究的目的就是通过比较不同地区现象与背景的关系去认识不同背景中可能产生的吻合、冲突和张力，借此得到灵感和启发去创造本地区的发展对策。比较研究的分析方法可概括为：首先是把一个现象分解成不同层面或不同细部，或融合到一个更大或更复杂的想象中；其次是分辨出这种现象的背景，然后按这些背景区去进行模拟；最后是分析现象与背景的关系，即现象与背景之间的吻合、冲突和张力等[①]。

（3）实证分析与规范分析相结合

太原都市圈的网络化进程具有自己特殊的区域背景，本书在全面收集、阅读资料并进行系统整理和分析的基础上，对太原都市圈的空间组织进行实证分析，同时深入了解国内外相关研究现状和方法，参照国内外其他城市群体网络化发展过程，分析太原都市圈网络化空间组织模式。规范分析在实证分析的基础上进行，最终使理论和实践达到较好的结合。

（4）定性分析与定量方法相结合

传统物质空间规划多采用经验的定性分析，规划往往缺乏缜密的科学推理和依据，而过于强调数学模型构建和推理的理性规划，针对都市圈区域的社会属性

① 梁鹤年．经济、土地、城市研究思路与方法．北京：商务印书馆，2008：47.

又倍感乏力；本书秉承复杂性科学针对复杂系统兼具自然属性和社会属性的特点，提出“定性分析与定量方法相结合、经验与理性相结合”的方法更接近于探寻世界本真的目的。定性方法与定量方法综合运用，是当今科学研究的趋势。定量分析是定性分析的依据，定性分析是定量分析的目的。研究都市圈网络化模式的问题，不能仅停留于抽象的理论分析，必须拥有大量的数据和事实。本书以定性分析为基础，对都市圈空间结构优化的内在要求、特征和指标体系进行理性分析，在此基础上，运用层次分析法将专家的经验判断给予量化，从而对指标体系各元素进行权重计算。

（5）静态分析和动态分析相结合

都市圈网络化发展模式既是都市圈发展在某一时点上的反映，又是多种因素作用的结果。不仅是一种发展的状态，还是一种发展的过程。本书利用人口、经济普查、统计年鉴、国民经济和社会发展统计公报数据，从不同角度静态分析太原都市圈社会经济发展特征，同时将历史、现实、未来相结合综合分析，从而动态把握都市圈空间组织发展的趋势。

1.5 研究内容

全书由导论、结论和6章正文共8个部分组成。

第1章为导论部分。主要介绍了本书的选题背景、研究意义、概念界定；以都市圈空间组织为切入点，结合文献搜集，对国内外相关研究成果进行了梳理与评价，力图客观准确把握当今都市圈发展与规划的前沿理念及发展趋势；最后介绍了本书研究方法、框架以及本书的创新点，架构了本书的框架内容体系。

第2章为都市圈网络化发展理论框架部分。本章由理论视角、理论基础与都市圈网络化理论构建三部分构成，是全书内容体系的灵魂。梳理了作为研究视角的新发展观理论和作为理论基础的空间组织理论与自组织理论，并将上述理论有机融入都市圈空间组织的研究当中，提出了包括新生态观、新经济观、新动力观、新规划观等四个层面，数量维、质量维、空间维和时间维等四个维度的理论研究视角，从都市圈网络化的概念、内涵、特征、测度与效应等方面对都市圈网络化发展的理论框架进行了初步构建。

第3章为新发展观下都市圈网络化空间发展解构。重点研究了都市圈空间网络化发展的影响要素、发展机制以及太原都市圈网络化的动力系统。从都市圈网络化的影响要素分析入手，解析都市圈网络化发展的动力机制、推阻机制及实现机制，最后结合前文对太原都市圈现状问题的解读，从一般到特殊，架构起太原都市圈网络化发展的动力系统，提出太原都市圈网络化的动力引擎。

第4章为太原都市圈网络化发展的现状解析。首先从时间、空间、流量、引力四个角度对太原都市圈空间范围进行综合界定；进而采用定性与定量相结合的方法以历史资源和详实数据为支撑，通过对太原都市圈网络化发展的外部环境和内在基础的系统分析，对太原都市圈的发展现状进行了较为完整的评价及趋势研判，从而为太原都市圈网络化发展战略的制定奠定基础。

第5章为新发展观下太原都市圈网络化发展绩效评价。引用都市圈“网络化发育度”概念来反映都市圈网络化发展水平，根据都市圈网络化的具体内涵，构建由规模适宜度子系统、社会协调度子系统、空间关联度子系统、环境持续度子系统4项子系统构成的都市圈网络化发展绩效评价指标体系，并采用层次分析法（AHP）及模糊综合评价法相结合的综合评价模型（FAHP模型）对太原都市圈网络化发展水平进行评估。

第6章为新发展观下太原都市圈网络化空间战略框架构建。以太原都市圈空间规划为实例，系统地提出了都市圈网络化空间发展规划的价值导向、基本原则、规划思路；采用选择性集聚扩散发展的规划方法，以“类主体功能区划”为基础，通过确立太原都市圈网络化发展的战略导向和结构支撑来创造达成太原都市圈网络化空间结构的外部条件和环境，以提高其都市圈网络化水平。通过自上而下的强制规划设计构架了太原都市圈网络化空间发展框架。

第7章为太原都市圈网络化空间规划策略研究。针对太原都市圈空间发展规划中复杂的网络化现象，分别选取宏观层面（都市圈与外部区域协调）、中观层面（都市圈空间网络优化）与微观层面（城市内部网络优化）等三个层面对太原都市圈网络化发展起典型带动作用的关键环节进行规划策略的突破性研究，为今后太原都市圈的规划、建设、管理实践提供支持。通过自下而上的内在规则研究阐述了太原都市圈网络化发展的突破性策略。

2 新发展观下都市圈网络化理论框架

2.1 理论视角

2.1.1 理论渊源

新发展观理论最初是由法国发展哲学家弗朗索瓦·佩鲁1979年在联合国“研究综合发展”会议中提出的，强调了整体性、内生性和综合性三个基本特性。其中，整体性强调既要考虑整体的各个方面，还要承认整体内部各个方面的不一致性，并要考虑它们之间的内在关系；内生性表示一个地区的内部力量和资源及其合理的开发利用；综合性表示各种单位和因素聚集在一起，形成统一的整体，它可以“指一定数量的地域一体化，也可以指各个部门、地域和社会阶级之间得到加强的内聚力”(弗朗索瓦·佩鲁，1987)。佩鲁认为，发展的前提是人们之间以商品、信息和符号为形式的交往，从经济学角度分析，发展是通过整体内部各有机组成部分之间的连结实现的；各组成部分是有机的亚群体：各机构、行业、地区、企业。在价格和流通的特定网络中，在有形材料的转让网络中，或在其意义和价值与物质的基础结构没有可以明确指出的关系的商品转让网络中，每一个子群都有相对的位置和重要性，而这些网络的基础，通常由社区负担费用的物质通信系统和智能通信系统所组成；对于各组成部分之间直接或间接的相互作用和反馈需要控制。整体、系统是由于部分、要素之间的复杂相互作用所形成的结构才成为整体和系统的。结构常常表现为部分、要素、亚群体之间所存在的一整套比例和关系。结构十分重要，一种不合理的结构会带来片面的畸形的发展，而片面畸形的发展又会造成不合理的结构，两者都不可能带来协调性的发展，都可能造成近期或远期的某种灾难性后果。协调性的持续发展必须由一种合理的结构来支持[①]。因此新发展观认为“发展在于结构上的改变”，这“是各部门之间的辩证法”。发展中国家由于各种历史原因，其经济、社会、文化的结构往往是不正常的，发展中国家要实现持续发展就必须逐步实行结构上的调整和改变。新发展观是一种结构辩证法，强调结构的辩证演变。

随着时代的变迁，指导人类社会发展的思想与时俱进，发生了系列的演进。从以经济增长为中心的经济发展观，到注重人与人、人与环境、人与组织综合发展的社会发展观，再到强调以人为中心，以人的全面发展为目标的以人为本的发展观，都在不同阶段促进或阻碍了人类社会的发展。面对新时期社会发展的各种城市问题，一切技术思考的前提是明晰“城市发展价值观”。梳理新时期空间规划政策，聚焦十九大提出的“人民日益增长的美好生活需要和不平衡不充分的发展之间的矛盾”的社会发展根本问题，面向未来的高质量城镇化将体现如下核心特征：“国土均衡”“城乡融合”“绿色健康”“智慧创新”“包容共享”“文化繁荣”以及“治理现代”(尹稚)。坚持以人民为中心的根本要求，以协调发展为主要目标，以绿色发展为基本路径，强调“统筹空间、规模、产业三大结构，统筹规划、建设、管理三大环节，统筹改革、科技、文化三大动力，统筹生产、生活、生态三大布局，统筹政府、社会、市民三大主体”的新城市发展观，对新型城镇化进程产生了更大的影响。通过自上而下和自下而上相结合的规划路径，重构以经济和环境区划为基础的区域国土空间规划体系与政策导向，以实现区域内部空间的协同发展。

2.1.2 哲学蕴义

新发展观理论蕴含了丰富的哲学思想。其一，新发展观理论蕴含了中国古代道家学派的哲学原理，庄子强调“去差异、求齐同；去对立，求调和”，其哲学思想建立在“无差别自然”的基础上，即以事物“本来状态的自然”为出发点，追求事物整体的协调。其二，新发展观理论蕴含了中国古代儒家、墨家学派的和谐观原理，墨子强调“兼相爱，交相利”，孔子强调“中也者，天下之大本也，和也者，天下之大道也。致中和，天地位焉，万物育焉”，主张保持中和、适度、协调、平衡。《尚书》中亦提出了“协和万邦”的主张。其三，新发展观理论蕴含了中国古代“纵横家”的“合纵连横”的战略思想，《韩非子》强调“纵者，合众

① 弗朗索瓦·佩鲁.新发展观[M].北京：华夏出版社，1987：128.

弱以攻一强”，以互惠互利为合众目的。其对都市圈区域发展的启示是在全球经济一体化迅猛发展的趋势下，我们必须打破长期以来形成的画地为牢的行政体制障碍，拆除以邻为壑的思想藩篱，建立一种“竞合”关系，实现合作共赢。

新发展观理论与马克思主义唯物辩证法的基本要求也是相符的。唯物辩证法认为，世间万事万物都是普遍联系、永恒发展的，用联系的观点、发展的观点、矛盾的观点看问题，是辩证思维的基本方法。运用辩证思维的方法来考察发展问题，我们可以得出一个结论：都市圈区域发展是一个极其复杂的系统工程，是由多种相互联系、相互作用的因素构成的矛盾统一体；发展就是这个统一体内部的各种矛盾运动变化的产物，就是这些矛盾不断产生又不断解决的过程；在这些纷繁复杂的矛盾中，存在着主要矛盾和次要矛盾的区别，主要矛盾和次要矛盾在一定条件下又是可以相互转化的。简而言之，经济、政治、文化、社会、生态等因素，都是构成发展这个矛盾统一体的重要因素。其中经济是主要矛盾，是推动发展的决定性力量；政治、文化、社会、生态等因素虽然处于次要矛盾的地位，但也是影响发展的重要因素，并且在一定条件下也可能转化为主要矛盾。因此，我们在认识和处理发展问题时，既要抓住主要矛盾，坚持以经济建设为中心；又要重视次要矛盾，坚持政治、文化、社会、生态与经济全面协调发展。只有正确把握主要矛盾与次要矛盾的辩证关系，坚持统筹兼顾的方针，才能实现创新、协调、绿色、开放、共享发展。

综上所述，从哲学角度看新发展观理论实际是个系统论和运筹学问题，它主要强调系统性，考虑全局，而不是热衷于局部分析，即以整体的最优化代替部分最优化的叠加。它反映的是整体和部分的基本系统论命题，其中，统筹兼顾强调做事的方法和顺序，强调预先的理性计划，认为通过经验、知识、详细预先研究可以求得某一给定条件的最佳方案，这在哲学上更多是属于方法论范畴。这种发展哲学所探讨的方法论问题对区域社会经济发展起到了重要导向作用。

2.1.3 理论视角

发展理论与城市和区域发展休戚相关，我国区域发展和城乡建设中的许多问题从根本上来说，不是技术方面的问题，而是发展观的问题。城市规划的一个突出特点是前瞻性，正确的发展观和科学的理论视角是合理规划的关键和基础。面向特定的研究对象和研究区域，从新发展观的思维理念和衡量尺度对其进行深化探索，可进一步具体化为“四观四维”，为本书研究做方法论上的指导。

（1）从新生态观、新经济观、新动力观、新规划观等四个层面对新发展观的思维理念方面进行深度解析。

1）新生态观：实现生态文明，保证生态环境安全是发展的硬指标，但对于相对落后地区来说经济发展又是大问题，取得二者的平衡需要有新的生态观。新生态观以促进人与自然的和谐共生作为人们生活和行为的准则，即发展的前提是首先考虑区域人口、资源、环境的状况可能不可能，允许不允许；坚持生态惠民、生态利民、生态为民，重点解决损害群众健康的突出环境问题，不断满足人民日益增长的优美生态环境需要；重新审视和检讨人们过去的生产、生活方式，加快形成节约资源和保护环境的空间格局、产业结构、生产方式、生活方式，统筹兼顾、整体施策、多措并举，全方位、全地域、全过程开展生态文明建设。在发展过程中都市圈各个子系统聚集在一起形成整体系统，坚持因地制宜、循序渐进、融合发展，始终保持彼此的互动式增长。

2）新经济观：由狭义的GDP扩展到广义的HDI（人类发展指数），向人本主义回归的价值观转变。新发展观的提出体现了“人—自然—社会关系”的秩序规范和秩序行为的价值导向，在人与人关系上体现为“以人为本”的人本主义精神，在人与社会关系上追求效率与公平兼顾的经济伦理精神，人与自然关系上强调和谐共处的生态秩序精神。新经济观强调的“发展”，其价值导向更加关注于社会公平、公正、均衡和协调。制定发展规划时将从区域内的各类主体的实际需求和根本利益出发，以实现最广大人民群众的生存和发展作为最高价值目标、正确处理不同地区间、城乡间的关系平衡，处理好区域内经济竞争力与生活环境质量、经济增长与社会福祉等多种空间发展秩序关系，实现经济社会发展与资源环境系统之间的协同与和谐共存[①]。

3）新动力观：社会矛盾是推动社会发展的根本动力。党的十九大提出人民日益增长的美好生活需要和不平衡不充分的发展之间的矛盾已经成为新时期我国社会发展的主要矛盾。这意味着发展必须加以协调，而协调的结果是实现一定价值标准和目标上的均衡。一般而言，区域协调发展不仅是区域经济结构的协调，包括区域经济总量、产业结构、职能分工、空间布局与发展时序的协调衔接，更为重要的是区域相互关系的协调，包括区域利益的一致性和功能定位的协调和统

① 殷为华.基于新区域主义的我国新概念区域规划研究[D].上海：华东师范大学，2009：108.

筹[①]，而实现上述协调发展的前提是区域内各个利益主体树立共存意识、平等意识和合作意识，构筑区域认同感。

4）新规划观：在城市区域化进程加速、城市与区域关系日趋复杂的背景下，受新生态观、新经济观、新动力观的影响，都市圈区域各种资源要素的跨界自由流动越来越频繁，都市圈区域发展的行政界限的刚性约束力逐步趋于弱化。都市圈发展必须从协调发展的视角面对多元利益主体，建立弹性的、开放的、网络化的思维观念，更多地关注都市圈区域内部合作与跨区域合作并重发展，特别是太原都市圈目前在面临越来越严峻的水、土地等资源紧缺的形势下，以前的扩张型规划已经不可能了。在这种形势下，树立协调发展的区域规划观是规划必须优先考虑的问题。价值观的发展变化也要求都市圈规划在内容、目标、依据和编制方法上都有相应的转变，使沟通与协调贯穿于规划编制的全过程。

（2）从数量维、质量维、空间维和时间维等四个维度对新发展观进行细化研究，更加强调社会发展在质量、空间和时间上保持的延伸性。

1）数量维衡量都市圈的发展度。发展度强调的是都市圈经济发展实力，是生产力提高的动力特征。城市经济的发展是都市圈发展的基础，都市圈的综合竞争力是建立在现有的都市圈发展水平之上的，本身强大的经济实力和吸引力有利于都市圈的统筹协调发展。

2）质量维衡量都市圈的协调度。协调度反映了都市圈的发展质量，体现都市圈内部成员间在发展过程中的协同性，体现分工合理、优势互补、共同发展的特色区域经济。即判别都市圈是否在保证公平性的前提下理性地发展。

3）空间维衡量都市圈城市间、城市和乡村间的空间关联度。都市圈同时是一种经济圈，本质是由经济上的内在联系形成的，是各种经济要素在空间上的映射。它的产生和发展意味着城市化、工业化、市场化、信息化过程中各种基本生产要素（人口、土地、资源、资本等）和高级生产要素（知识、高新技术及人才、科研机构、领先科学、跨国公司和现代交通通信网络等）呈网络形态的区域聚集。空间关联度反映了都市圈人流、物流、资金流、信息流的畅通和便利程度，体现了基于市场经济导向的经济技术合作能力。

4）时间维衡量都市圈的持续度。即判别都市圈是否是真正地发展、健康地发展，反映都市圈发展的可持续发展的能力，体现经济增长与人口资源环境之间

① 殷为华.基于新区域主义的我国新概念区域规划研究[D].上海：华东师范大学，2009：108.

的协调性。

从系统学的角度来看，都市圈发展是上述四个维度下诸多因素共同影响的结果，这些因素可能包括自然条件、资金、技术、信息、人力资本、交通基础设施、经济结构、文化、制度等，用数学形式来表达：G=F（D，C，O，S）。式中G表示都市圈的综合发展水平，F是函数关系式（可以是线性的也可以是非线性的）；D—发展度，C—协调度，O—空间关联度，S—持续度。

2.2 理论基础

2.2.1 中心地理论

德国地理学家克里斯塔勒的中心地理论是研究城市空间组织和布局时，探索最优化城镇体系的一种城市区位理论。它从市场、交通和行政三个原则分析中心地的空间分布形态，探讨一定区域内城镇等级、规模、数量、职能间关系及其空间结构的规律性，论证了城市居民点及其地域体系，深刻地揭示了城市、中心居民点发展的区域基础及等级—规模的空间关系。其理论要点为：第一，无论城市、中心还是产业均是为某个特定的地域空间服务的，并以其所在场所为核心，辐射一定的地域范围，要依靠一定的使用者来“供养”，于是出现了空间结构的规模差异和等级观念，这种因特定场所选址而产生的社会组织方式称之为“地方空间（space of places）”，即“地方空间社会（place society）”。第二，整个中心地及其市场区是由一级套一级的网络相互嵌套而成。所谓嵌套原则，就是低级中心地和市场区被高一级的市场区所包括，高一级的中心地和市场区又被更高一级的市场区所包括，整个体系都是如此。第三，在市场原则下的中心地空间结构。克氏发现德国南部的中心地绝大多数实际按市场原则分布，该原则简称为K=3，这是对市场原则的中心地空间结构的很好概括。中心地理论是城市区位与城镇体系研究的理论基石，被广泛用于空间结构的演化研究过程中。

如图2-1所描绘的城市网络，这一空间布局事实上清晰地展现了一幅圈层结构的形态：在高等级城市周围存在六个较低等级的城市，核心城市为这六个城市提供高级服务，而这六个城市则为核心城市提供较低级的产品，形成了明确的分工协作；再往外又是六个稍高等级的城市，又形成一种新的分工格局，并沿空间距离依次递进。之所以认为这样的网络形态能够导致有效的分工合作，这是由网络形态的均衡性所决定的。空间分布相对均衡的城市网络在规模相当的城市之间不存在地位上的差异，并具有相同的发展机会，从而使得都市圈内不同等级城市之间和相似等级城市之间的合作均无偏向性，分工容易开展。

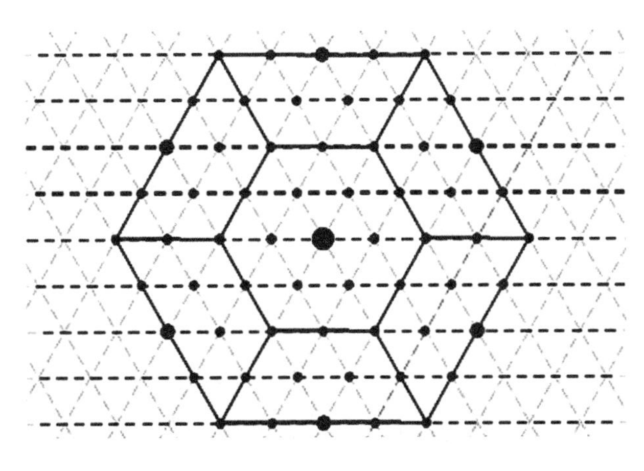

图2-1　中心地理论的理想城市网络形态

资料来源：李小建等.经济地理学[M].北京：高等教育出版社，1999.

2.2.2 城市网络理论

弗里德曼、萨森、卡斯特尔斯等在传统中心地理论框架下发展了早期的城市网络理论。相比较传统中心地理论中“地方空间（space of places）”的空间组织方式，在经济全球化背景下，当前世界体系的空间结构是建立在“流”、连接、网络和节点的逻辑基础之上的（Castells，1996），因此理解地区之间的空间关系就不能再以地理位置关系为出发点，而应该着重了解和分析地区之间各种“流”的联系及其方式和强度，如人才流、运输流、电信流、资金流等。城市网络理论就是在这样的背景下应运而生的，是经济全球化时代透视区域空间组织和空间结构的有力理论工具。

卡斯特尔斯在其著作《信息城市》（1996）和《网络社会的崛起》（2000）中提出：由于交通和通信技术的发展，使得部分产业或服务不在与其所在地的社会经济发展保持密切的联系，或不再以为其所在地的“供养”人口服务为主业，其服务辐射范围也远远超过了当地居民的出行能力和“供养”能力，它立足于某地，却服务于大区域，植根于小城镇却服务于大城市，卡斯特尔斯将其称为流动空间，即非场所性社会。这类非场所性社会及其空间的发展随交通技术、信息技术的发展而壮大，随全球经济一体化进程的发展而成熟，越来越在其所在地的社会经济发展中发挥出比当地场所性社会更大的作用。

城市网络理论的核心思想认为“流”在运动路径上依赖于现有的全球城市等级体系，同时也在变革着全球城市等级体系。这种运动的一个重要结果就是各种“流”汇集到连接节点、经济体系控制中心，塑造了对于世界经济发展至关重要的“门户城市”。城市网络是以大中城市为依托，地域生产综合体组织为目标，各级各类城镇为节点的城市经济网络系统，系统之间相互联系，相互依存，并通过相互作用而获得一种特有的网络关联效应。在经济全球化趋势下，由“门户城市”及其腹地组成的、具有有机联系的“城市网络”正在成为全球经济竞争的基本单元①。

城市网络理论强调世界城市在全球城市网络中的组织功能，跨国公司的大规模发展及其向海外的大举渗透是确立和增强网络联系的主要动因。跨国公司是全球化最典型的非场所性社会的组织方式，其本部和主要分支机构的选址越来越与传统的自然资源占有型选址、市场区位依赖型选址、地域区位中心型选址无关；而更靠近交通网络枢纽型、信息网络节点型、环境质量优越型和无形、流动资产中心型选址。加拿大世界城市研究小组（GaWC，2002）的最新研究成果则表明，区域产业和服务集群之间的跨国联系作为当今全球化的典型城市现象，已经将全球化的影响扩展到顶级世界城市之外的其他城市中。他们结合全球产业组织演变的新特点，重点从商业服务对城市的影响角度充实并发展了城市网络理论，主要包括三个理论：商业服务网络理论、结构网络理论、协同网络理论。其中，商业服务网络理论重点分析全球城市网络的层次及其形成的均衡力量。泰勒（Taylor，2002）等人认为全球城市网络是由“节点层次”（指城市）、“网络层次”（指所有的节点与连接）、“次节点层次”（指服务企业构成的“连锁型网络”）组成的。结构网络理论侧重于分析网络集成的组成要件，认为知识、文化、权力与管治等结构性网络因素之间的相互作用构成了生产服务过程中社会、经济、政治之间的本质关系（Pain，2002）。协同网络理论认为网络联系中的协同因素包括企业、部门、城市和国家，并将城市竞争力的形成视作是一种网络现象，认为城市竞争的最大目标在于维持全球网络的合作性（Beaverstock，Doel，Hubbard，Taylor；2002）②。

① 刘卫东，陆大道.新时期我国区域空间规划的方法论探讨———以“西部开发重点区域规划前期研究”为例[J].地理学报，2005，6(6).

② 胡彬.长江三角洲区域的城市网络化发展内涵研究[J].中国工业经济，2003，10(10).

城市网络理论是高度发展的点—轴体系向广度和深度延伸与完善，是空间一体化过程后期区域开发的必然趋势。一方面，城市的不断扩展使其边缘区相互渗透乃至融合，形成区域中城市的组合体；另一方面，在网络的支持下，城市不再仅限于为所在区域服务，城市与城市间的联系更加广泛和密切，城市之间的要素流动日趋复杂化、网络化，区域也借助网络将其功能散布于各地的特定节点上，区域城市群体呈现网络化趋势。值得注意的是，虽然"城市网络"的研究视角还没有发展成为完整的理论体系，但它所揭示出的全球化下的有效空间组织形态是得到广泛认同的。以"城市网络"的空间组织应对全球竞争的区域竞争力是区域空间规划的重要内容。

2.2.3 协同学理论

协同学是德国科学家哈肯（H.Haken）提出的，协同学一词的词根源于希腊文，表示协同工作。协同学是一门研究开放系统通过内部的子系统之间的协同合作形成宏观有序结构的机理和规律的学科，是自组织理论的重要组成部分。也就是说，协同学是研究系统内部由于子系统间的协同作用，而在宏观尺度上产生一定结构，具有一定功能的过程及其规律的科学。协同学把一切研究对象看成是"由组元、部分或者子系统构成的"系统，这些系统由子系统构成，子系统彼此之间会通过物质、能量或者信息交换等方式相互作用。当子系统之间没有形成协同时，系统呈现不出整体性质，系统是无序的；当子系统之间形成协同时，系统就呈现出一定的有序性。协调发展是各子系统相互协同作用的过程，系统发展过程中各子系统之间的协同作用的强弱程度即为系统协调度，它体现了系统由无序走向有序的趋势。协同论认为，一个复杂系统内各子系统、各要素之间存在着非线性相互作用，产生协同现象和相干现象，要使系统保持有序状态运转并达到更高层次的有序状态，必须使系统内务组成要素之间处于和谐状态并形成一种自调适的动态变化关系。

都市圈系统内部城市在垂直方向上具有从大到小的有序结构，在水平方向上同级城市之间也可以实现功能互补，这两大方向上的编织效应和交互影响形成了具有一个自组织功能、自学习功能和自适应功能的特种复杂系统[①]。都市圈系统的有序发展就是圈内各子系统从较低级的协同向较高级的协同演化的过程，而究

① 中国市长协会等.中国城市发展报告2002—2003[M].北京：商务印书馆，2004：48-50.

竟如何演化则取决于系统涨落及其放大的自组织机制。都市圈系统结构状态取决于临界涨落的特性。当系统演化尚未到达远离平衡态的临界区以前，圈内城市子系统的诸要素通过层次结构网络的负反馈效应，产生某种合作行为和联合作用。当系统演化到达远离平衡态的临界区以后，临界涨落利用层次结构网络的正反馈效应，使其不断放大，最后驱使系统达到新的有序状态，即新的协同。哈肯研究协同学的目的就是“建立一种用统一观点去处理复杂系统的概念和方法”。从这一点可以看出，本书研究的都市圈系统是一个由不同类型的复杂的子系统所组成的复杂巨系统，正适合运用协同学理论来解决，从协同学的角度来把握都市圈协调发展的实现，具有非常现实的意义。

2.3 理论构建

2.3.1 都市圈网络化释义

（1）都市圈网络化概念[①]

“网络”理论最早起源于物理学，在20世纪60年代被社会学用来研究由于一个人同时“坐在”两个或更多个公司董事会中造成的社会结构及其相关利益问题。80年代开始，网络被发展用来研究企业间关系，特别是研究由一群被正是或非正式方式联系起来的“商业集团”。80年代中期，经济学家和地理学家开始借用“网络”的概念解释经济活动及其空间组织。关于网络关系的基本假设是系统中的不同部分相互依赖于对方拥有的资源，而资源共享会使各方都有所得[②]。这一时期，网络也作为城市体系空间结构的模型被应用于城市研究中[③]。应用图论的术语表述，网络是有等级差别的节点和有方向与数值度量的线路的结合体，可用来研究各种空间实体内在联系的状态、变化与趋势，节点是网络的心脏，线路则是构成节点之间、节点与域面、域面与域面之间功能联系的通道。从空间维度的科学概念上进行概括，网络是一种节点之间保持一定程度持续连接的模式，是区域空间各组成客体的相互位置关系的体现。网络化主要指都市圈区域内经济网络中人流、物流与信息流所依托的基础设施的生成、发育、完善甚至优化的演

① 卞坤.都市圈网络化模式：区域空间组织的新范式[J].干旱区资源与环境，2011，5（25）：30-34.

② 刘卫东.论全球化与地区发展之间的辩证关系[J].世界地理研究，2003，3（12）：5-6.

③ 张京祥.区域与城市研究领域的拓展：城镇群体空间组合[J].城市规划，1999（6）：37-39.

进过程[①]，是物质演化阶段走向空间有序、多元化和定向化的动态过程。在这个过程中，都市圈区域内两个或更多的原先彼此独立但存在潜在功能互补的城市，借助于快速交通和信息通信网络连接起来，彼此尽力合作而形成富有创造力的城市集合体（David，1995）[②]。

本书研究的都市圈网络化是指都市圈内城镇之间和城乡之间各种经济活动主体构成的有序化的关联系统及其运行过程，并通过这个过程获得一种特有的网络组织功能效应。目的在于通过协同的产业网络、畅通的要素流转、完善的组织功能和完备的基础设施网络不断提高都市圈空间组织化程度，实现都市圈关联性、协同性、可持续性的整体优化的网络型发展格局。作为一种空间组织发展模式，都市圈网络化的本质在于空间关联性，由于节点城市在功能上潜在的异质性和互补性，都市圈内部节点之间存在发生经济、交通、文化、生态等方面的紧密的横向关联的可能性，最终通过互惠合作、知识交换和创新性活动产生交互式增长。网络化发展的构成要素：一是“节点”，即以各类中心城镇为增长极；二是“域面”，即沿轴线两侧“节点”所吸引的范围；三是“网络”，由物流、人流、资本流、技术流、信息流等形成的流动网及交通、通信网组成。

都市圈网络化发生的基本条件主要包括弹性交换环境、支撑体系和市场区规则[③]。弹性交换环境是指在都市圈内部创建各种要素自由流转的市场环境；支撑体系是指都市圈内联系各节点城市的完备高效的基础设施网络，这是都市圈网络化形成的物质基础；市场区规则是指节点城市在竞争中必须遵守的“都市圈整体利益最大化”的竞争规则，避免恶性竞争[④]。上述可用数学中图论的模型来表达和研究（图2-2）。

（2）都市圈网络化与区域一体化

都市圈网络化实际是一体化的发展过程。真正意义上的区域一体化是最后形成统一的经济制度、政治制度和伦理体系的过程（王铮等，2002）。关于区域一体化，有区际组织观、统一的市场体系观、统一的空间与产业体系观等3种代表性

① 年福华，姚士谋等.试论城市群区域内的网络化组织[J].地理科学，2002，22（5）：571.

② David. F. B. Network Cities：Creative Urban Agglomerations for the 21st Century[J]. Urban Studies，1995，32（2）：313-327.

③ 顾朝林等.中国城市化格局、过程、机理[M].北京：科学出版社，2008：250-251.

④ 汪淳，陈璐.基于网络城市理念的城市群布局[J].长江流域资源与环境，2006，6（15）：797-798.

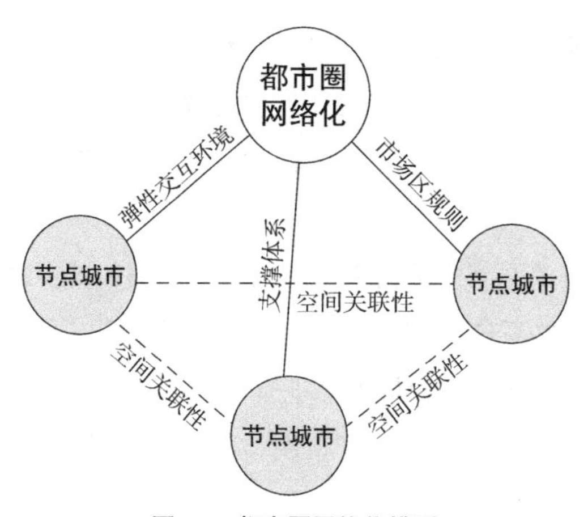

图2-2　都市圈网络化模型

观点。区际组织观认为区域一体化是建立在区域差异和地区优势基础上的一种高层次经济发展的区际组织，不仅是经济活动的跨地区联合与协作，而是代表这些经济主体利益的地区政府之间，为了实现某种共同目标，应用政策手段实现的一种跨地区的经济发展组织。包括两种基本类型：区域目标一体化、区域行为一体化，前者是后者的基础。经济区域在一体化中的政府协同，表现在空间上就是区域经济一体化的衔接，也就是区域内部各个地区之间，在劳动地域分工基础上的一体化过程中的有机联系和协调发展，其关键是建立多层次、网络型的城镇经济体系，包括点、线、面的拓展（程必定，1989）。统一的市场体系观认为区域一体化是一种综合的区域发展方法，必须在国家统一指导、统一规范下，依托空间网络系统，打破地方和区域性市场，逐步建立有层次、有组织、全国范围内统一的市场区体系，包括逐步建立健全：① 统一的交通运输通信体系；② 层次有别、规模大小不同的市场组织体系；③ 统一的包括价格、竞争、供求机制在内的市场机制；④ 中央与地方政府事权、财权合理分工的分级管理的区域经济宏观管理体制（杨开忠，1992）。统一的空间与产业体系观认为区域经济一体化主要包括共同市场的形成和具有产业中心的城镇体系的形成，从而形成统一的空间结构与产业体系，形成完整的功能分配（王铮，2002）。共同市场的核心是在劳动力和资本等要素自由流动的前提下，通过劳动力市场、资本市场和旅游产品等要素市场的一体化实现规模经济。在新经济增长理论基础上重新认识区域经济一体化已成为新的研究课题，如布雷斯齐格（Bretschger，1990）的研究表明，在区域经济一体化过程中，知识扩散具有重要意义，社会信息化为全球经济一体化提供了新的动力。

由此可见，都市圈网络化与区域一体化既有深刻内在联系又各有侧重，网络化是区域一体化的实现过程和发展模式。从社会经济行为来分析，虽然“网络化”和“一体化”两者都包含了行为的过程与结果，但一体化更侧重于结果，实现区域一体化常常被作为一种最终的社会发展目标；网络化强调的则是过程，一种区域性经济联动发展的空间过程。在理论与实际研究中，区域一体化发展研究比较注重谋求一种发展体制，探求一种权益均等的组织结构和形式，都市圈网络化发展只是作为一种发展观念和发展模式。从概念上辨析，都市圈区域一体化的形成必须建立在都市圈网络化发展条件之上，两个概念各有侧重点（表2-1）[①]。都市圈网络化发展不仅有助于促使都市圈区域公平发展，保持经济社会的稳定，更重要的是具有较强的可操作性。按照都市圈网络化发展的模式运作可促使都市圈在聚集与扩散、物质型变化与非物质型变化以及城市与农村的作用等各方面得到有效结合，使区域发展步入健康运行的轨道。同时，都市圈网络化亦可作为一种发展观念来指导都市圈城镇体系优化的发展方向，有助于其都市圈内部协调和经济社会统筹发展（表2-1）。

都市圈网络化与区域一体化 **表2-1**

辨析	都市圈网络化	区域一体化
发展动因	寻求空间关联发展	谋求缩小差距
发展特征	对外开放性和竞争性	内在保护性和外在竞争性
发展宗旨	构建协调发展的组织体系	构建统一的区域城镇体系
发展模式	过程为主	过程与目标并重
运作与动能	协同发展，有利于降低交易成本	外部竞争可变为内部协调，交易成本下降

资料来源：根据曾菊新.现代城乡网络化发展模式[M].北京：科学出版社，1999：25-26.整理得到。

2.3.2 都市圈网络化特征

（1）要素特征

研究都市圈空间结构的本质是在研究都市圈各个要素的空间组合、关联和演变规律。纵观空间结构组成要素的研究，其划分方法有很多，依据有形的、静态的物质性空间结构景观要素进行划分，可将空间结构组成要素概括为点、线、面三要素[②]，生态学派则概括为基质、斑块、廊道三要素等。依据非物质的或动态

① 曾菊新.现代城乡网络化发展模式[M].北京：科学出版社，1999：25-26.

② A.G.wilson.Geography and the Environment Systems Analystieal Methods[M]. John Wiley & Sons.Ltd，1981.

的空间结构组成内容进行划分，哈格特（P.Haggett，1977）从人文地理研究的角度提出空间形式由6个要素组成，即作用、网络、节点、节点的层次、面、时间和空间上的扩散（图2-3）。万家佩、涂人猛（1992）将区域空间结构构成要素概括为五大结构要素：节点、通道、流、网络和等级体系[①]。陈修颖（2005）提出流、网络和体系三要素。王伟（2009）在对中国三大城市群空间结构分析的基础上将城市群空间结构要素分为两种类型：一是区位几何要素及其空间组合实体或类型，即具有可识别性的点、线、面区位要素；二是具有隐性特征的空间要素的“流”“网络”与“体系”[②]。

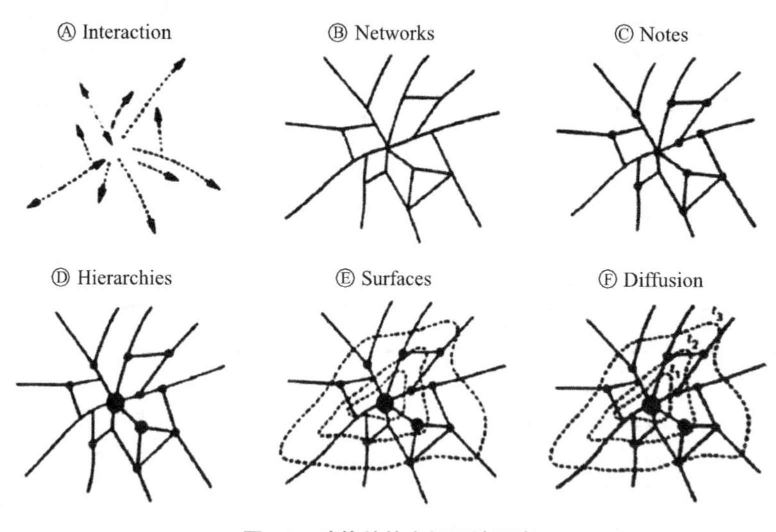

图2-3 哈格特的空间系统要素

资料来源：P.Haggett，A.D.Cliff，and A.Frey.Locational analysis in human geography，1977.

都市圈网络化是各级中心城市和城镇之间保持一定程度持续连接的物质流、信息流、资金流和技术流的空间组织形式，其研究的是物质要素和非物质要素共同构成的空间，强调的是城市与城市间的水平合作联系。以新发展观为导向的都市圈网络化强调的是都市圈城镇之间及城乡之间在便捷的现代化交通通信网络和可持续发展的生态基础设施网络中通过各种要素流转，共享现代物质文明、精神文明和生态文明。因此，综合与借鉴上述研究成果，将都市圈网络化过程进行空间结构上的抽象，可将其组成要素划分为五个层次：节点、通道、

① 万家佩，涂人猛.试论区域发展的空间结构理论[J].江汉论坛，1992（11）：19-24.

② 王伟.中国三大城市群空间结构及其集合能效研究[D].上海：同济大学，2008：89.

面域、流、网络。

1）节点

节点要素是一种运用图论的术语表述，是形象化的描述。节点是空间结构要素的核心，具有组织空间经济活动的中心性特征，可起到活化整个空间结构或主导空间结构的重要作用。节点以其自身功能在周围各个方向上构成一个空间吸引区域，即节点区域。节点具有明确的位置特征，本身可以度量长短、面积和形状等，其内部又有空间结构和功能分区等特征，一般以城镇为载体。节点要素是都市圈空间上经济活动最密集、最活跃的地方，是空间经济活动的“集聚点”或“最高点”。

节点城市形成的基础是首位度、通达度、商品交换和通信信息化[①]。首位度要求节点城市具有一定吸引和控制的所辖范围；通达度要求节点城市的交通基础设施建设水平及发达程度要明显优于其周围的影响地；商品交换则要求节点城市内部必须建立相关的物流集散、交换、分配等合理的商品交换及中转市场；通信信息化是要求节点城市必须具备较为先进和完善的通信信息化网络建设，以便能够方便、快捷地控制所辖区区域，实现整个区域内要素流之间的迅速交流。

按照上述形成节点城市基础条件的优劣，特别是根据其首位度即可能控制的腹地范围的大小以及腹地内人口与财富集中的程度，可进一步将节点城市进行规模层次上等级划分。一级节点首位度明显，能够对都市圈区域的整个城市网络系统起到控制和支配作用，一般为大城市或特大城市，承担着整个都市圈空间结构系统的增长极作用；二级节点首位度要明显低于一级节点而高于所有次级节点，是整个系统的“ 级中转站”，具有控制和支配次级节点城市的功能；三级节点是网络系统的“分散地”或“最低点”，是区域的“低级中转站”和最终分配地，可以是县级市甚至一个乡镇（表2-2）。尽管如此，在都市圈网络化发展模式中，人口与产业的集中并不一定集中于都市圈内位于等级最高的节点城市，而可能进入与核心城市共同形成一组多核心的其他城市；交通枢纽节点城市和具有创新性的节点地区，如知识镶嵌体、新城市增长区等，正逐步在都市圈网络中发挥着越来越突出的作用。此外，一级节点城市的功能转移也会引起二、三级节点城市的地位上升，并获得新的功能[②]。一般来说，节点的层次越低，数量就越多，从而

① 赵红杰.网络城市系统节点的设计与构想[J].安徽农业科学，2007，35（24）：7543-7545.

② 吕斌，陈睿.实现健康城镇化的空间规划途径[J].城市规划，2006，30：66-74.

就构成金字塔状的空间网络结构体系（表2-2）。

不同级别节点要素的特征和功能 **表2-2**

节点级别	主要特征	主要功能
一级节点	首位度明显，是所在区域的“集聚点”或“最高点”，是低级节点的“中心点”，一定程度上代表了整个区域发展的程度	能够对区域的整个网络系统起到控制和支配作用
二级节点	首位度要明显低于一级节点而高于所有次级节点，是整个系统的“一级中转站”，为更低一级节点的中心点	具有控制和支配次级节点城市的功能
三级节点	首位度不明显，是网络系统的“分散地”或“最低点”，是区域的“低级中转站”和最终分配地	一般是被各高级节点控制和支配的城市

资料来源：赵红杰.网络城市系统节点的设计与构想[J].安徽农业科学，2007，35(24)：7543.

网络化城镇节点空间则与传统的城镇体系有所不同。第一，随着都市圈网络的节点功能趋于多样化，节点之间的协同互动作用加强，传统的规模等级规律对都市圈发展的指导作用将减弱，水平联系将会取代垂直联系占主导地位①。第二，节点城市的空间结构不是单独存在，而是存在于整个都市圈区域整体之中，处于这一网络中的节点城市，其环境质量与运行效率更多地依赖整体的环境质量与效率，交通枢纽地区和节点地区在整体网络中的作用突出。第三，节点之间的职能关系不是以相互替代为主导，而是互相分工和补充，节点之间更多的是按照各节点的功能分工而发生相互关系并组成一个柔性的交互环境②。第四，城镇节点之间水平互动关联的多样化和密集化是构成城镇节点之间相互作用的关系网络即城镇节点网络的前提条件。城镇节点水平互动关联的基本内容主要包括经济合作、设施建设和生态环保（图2-4），其中经济合作是都市圈城镇节点之间最为核心的互动关联内容，包括产业间分工合作、物质要素流动等，节点之间的经济合作取决于地区之间的比较优势，以产业互补为基础，受到双边市场规模的限制，并诱发基础设施建设、生态环境保护等方面的关联互动，共同成为维持都市圈网络化发展的基础。

2）通道

通道要素是连接节点要素的重要线状基础设施，是物质、能量、信息及资金等要素流动的通道，在区域经济的空间结构中起物质通道作用，具有线形、具

① 张萱.城乡网络化发展的动力机制与对策研究[D].苏州：苏州科技学院，2008：24.

② 汪明锋.城市网络空间的生产与消费[M].北京：科学出版社，2007：84.

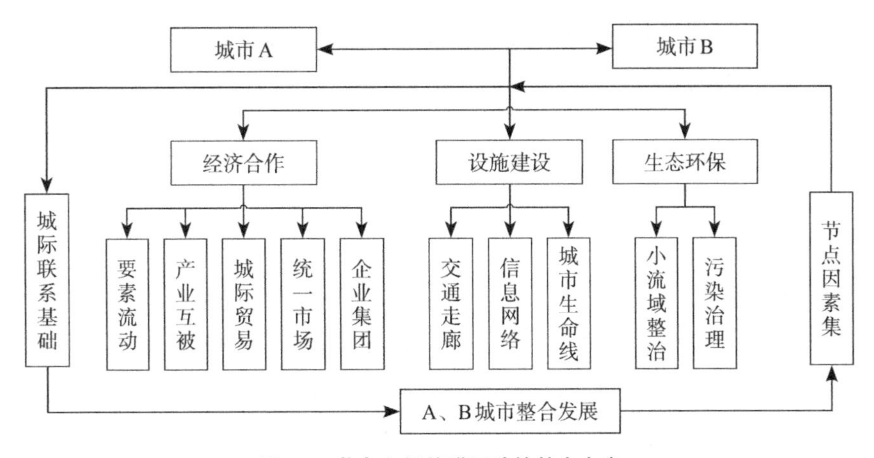

图2-4　节点之间关联互动的基本内容

资料来源：王士君.城市相互作用与整合发展的理论与实证研究[D].东北师范大学博士论文，2003.

体、高速、高效和灵活等特点，对于地域联系有不可替代的作用[①]。根据在通道上流动物质的不同，可以把节点之间的连接通道分为以下三种：人员与非能源物质传输通道，比如公路、高速公路、铁路、水运、航空运输等交通线路，水源供应线等；专用能源传输通道，比如电力网、油气管道网等能源供应线等；信息传输通道，比如固定电话网、移动通信网、闭路电视网、金融服务网、国际互联网等。其中，交通线路是空间经济活动的基础和空间经济活动横向拓宽的先决条件。现代交通线路包括铁路、高速公路、公路和航道等。作为交通线路，必须具有一定的长度、方向和起始点，并由此规定了它们在空间所处的位置，同时还具备一定的质量标准。根据线路的自然、技术装备状况以及经济运量等，各种交通线路又可分为若干等级，就其形态变化而言，随着干线实力增强、动力扩大和线路扩展，随之产生支线，逐渐由枝状向网状发展。

3）面域

面域要素可以用景观生态学当中的“基质”来理解和认识，指的是都市圈区域内广大的乡村地区。利用基质判定的标准来看，面域要素具有的特征包括：一是相对面积最大，超过都市网络化结构中节点和通道等要素类型的总面积；二是景观的连通性较其他构成要素高；三是面域要素对景观动态的控制较其他要素类型大。都市圈空间就是包括城镇节点空间与乡村面域空间在内的一个地域系统，反映了城市与乡村之间的图底关系。面域的空间范围及其内部要素的密集程度随

① 张弥.城市体系的网络结构[M].北京：中国水利水电出版社，2007：84-86，65.

着它们与节点的相互作用和影响的状态而变化，当面域上出现新的节点，则其经济实力将会显著增强。

4）生态流

生态流要素是指在都市圈系统内外客观存在的物质或非物质要素的空间流动，是各节点要素之间空间相互作用的表现，是真正推动都市圈网络化进程的要素，是都市圈网络化系统构建的关键。“流”是一个矢量概念，“流量”可衡量都市圈空间是否具有活力，“流向”可说明空间结构成长过程中此消彼长的方向，“流速”反映空间摩擦力的大小，是综合衡量空间结构的内部组织和外部临接是否合理有效、空间通道的质量和管理水平高低的重要指标。与基于向心性特征的传统场所空间不同，流要素创造基于节点和通道的流空间。

生态流要素可分解为人力流、物质流、技术流、资金流和信息流等单项要素的流动。人力流特指劳动力在地域间的各种流动，包括劳动力的区域迁移、输送、调配和交流等方面。根据劳动力流动的特点与引起劳动力流动的原因，人力流可以进行以下三种分类：一是不改变劳动力原有户籍关系的暂时性流动和户籍关系发生改变的迁移式流动，二是由国家或地方组织的计划性流动和出自个人经济或非经济动机的自发性流动，三是由外部社会经济环境吸引和被现有生活环境逼迫而产生的引力性流动和推力性流动。物质流是物质生产中的一个重要方面，主要包括原材料、中间产品、生产设备等在实体空间之间的流动。它涉及产品的运输、存储等在空间和时间上的运动，这些运动增加了产品的使用价值和价值，也同时增加了产品的成本。不同种类物质的流动，其流向特点也各有不同。农产品的流向取决于产地和消费地，其流向具有不确定性。工业品的流向则比较多的从经济发达区流向落后地区。禀赋资源性产品（如矿产品），若产地保持稳定，大的流向格局也表现出相对的稳定性，这种资源流是在资源梯度力的作用下由资源富集区流向资源稀缺区。技术流[①]是指在一定时间内，由于科技资源分布不均，生产力势差等因素引起的科技生产力具有区域意义的横向转移和组合运动，是处于空间区位转移过程中的科技生产力的具体表现形式，其实质是一些有用的科技要素在不同的需求主体之间的转移和组合运动。其主要内容包括科技资源、科技劳动力、科技信息、科学技术、科技管理等科技要素，反映科技生产力流动

① 施红星.刘思峰等.科技生产力网络化流动问题研究[J].科学学与科学技术管理，2009（08）：55-58.

的性质。资金流是以纵向和横向两种基本形式由政府或私人财团投资以及发达区对落后区投资所引起的，包括工业资本、商业资本和银行资本的跨区域流动。纵向是资金沿着节点等级系统流动，横向是资金从低收益地区向高收益地区流动的趋势。资金流往往通过银行和其他金融机构网络流动，在现代技术下，银行等金融机构节点之间有互联网连接，资金在互联网上进行结算和流动。信息流是指信息从信源（信息发出方）到信宿（信息接收方）的空间传统过程。信息的空间传输具有自身特点。信息由源地出发，经过通道到达接受者，一般是沿着空间的节点等级系统流动，并形成多层次（大中小城市和乡镇）、多类型（生产、消费、流通）的信息网，其流量与通信网络设备条件以及人们的社会联系网络有关[①]。

5）网络

网络是都市圈空间结构的“脉络”，是各种节点、通道、面域和流等四大要素在空间上的投影，实质上是在社会化大生产条件和劳动分工规律的作用下，都市圈内部各项经济活动主体出于内在需要，通过各种流和通道在节点和面域之间所形成的关联系统，本质上体现的是都市圈内部城镇之间各种关系的总和。与传统城镇体系不同，在都市圈网络中，节点的作用不仅取决于其规模和经济功能，而且也取决于其作为复合网络连接点的作用（富歇，1977），一般以网络整体运营效率为主，并强调联系的重要性以及不同层面之间机会的公平性，网络区位取代地缘区位，区位自由度被大大提高。

网络可以分为无形网络和有形网络，无形网络如企业网络、社会网络、城市间合作网络、政府或其他机构的组织网络等，这是将整个都市圈社会经济活动凝聚在一起的内在机制，是都市圈空间结构得以存在和发展的组织保障。有形网络如交通网络、信息网络及其他基础设施网络、城镇和城乡网络等，这是整个空间结构赖以存在的物质骨架。也就是说，都市圈空间要素的形成及增长是遵循这些网络骨架的几何形态的[②]。特别是随着全球化影响下地区分工的加强和空间经济活动的复杂化发展，由交通通信等基础设施构成的网络系统有利于确保商品流通和信息交换，加强地区经济联系，缩小区际经济差异和提高人口定居率，在提高空间一体化和区域经济集约化发展方面所起的作用日趋显著。

网络具有三层逐步深进的含义（程必定，1989）。第一层含义，也是最基本

① 张弥.城市体系的网络结构[M].北京：中国水利水电出版社，2007：84-86，65.

② 张萱.城乡网络化发展的动力机制与对策研究[D].苏州：苏州科技学院，2008：24.

的含义，即网络表示空间经济联系的通道，它在空间上表现为交织成网的交通和通信等线状设施。人们容易观察到网络的物质构成，如铁路网和公路网等。网络的非物质构成则是通过各种“流”（如信息流）来实现的。流的发点与收点、集聚点与扩散点，以及流向、流径和流量等组合在一起，就形成了空间实体之间的功能网络。在空间经济活动中，沟通节点与域面，节点与节点之间的经济联系，必须依托于交通网络和通信网络。它们既是空间经济活动中不可缺少的必要条件，也是空间经济结构发展变化的内在动力因素。第二层含义，即网络表示空间经济联系的系统。这种系统的基础构成是节点之间、域面之间以及节点与域面之间各种有序的物质和非物质的交往关系。在现实的空间经济活动中，这种交往关系表现为地区之间、城镇之间、城乡之间以及企业之间的经济、技术、文体等方面的交流和联系，它反映了一种有序的空间经济活动。“系统”的形成虽然依托于“通道”，但有“通道”并不一定能形成“系统”。例如，有的空间实体之间虽有交通线网设施，但未保持正常的交往关系，这就没有构成一个有序的网络“系统”。所以前者“通道”为网络的空间形式，后者“系统”应为网络形式的实质内容。第三层含义，即网络表示空间经济联系的组织。这种组织的基本构成分为两种形式：一是反映多层次、多形式的空间经济网络联系的管理机构，二是为完善空间经济网络联系所形成的产品运销和要素流转的市场机制。空间经济联系的“组织”是空间经济发展进入到成熟阶段的一种网络形态，亦是劳动地域分工的产物。在空间经济活动中，这种组织形态的网络，具有能动性的组织作用、丰富性的组织内容和平等性的组织关系等特点[①]。

（2）内涵特征

都市圈网络化的内涵特征表现为：

一是由场所性空间向流空间与场所性空间共同组成的二元弹性空间转变。都市圈网络化发展的空间过程实质是一种生产、交换和消费等经济活动所产生的空间效应过程，即空间网络化是经济网络化的外在表现，其作用在于最大程度地克服空间距离对区域经济发展带来的束缚，最大限度地降低区域资源流动成本，从而能够充分利用区域资源，实现区域合理分工，以获得最大的区域经济整体效益。在都市圈的发展过程中，始终存在着纵横交错的网络化关系和影响区域经济发展的明确结构，随着信息技术的渗透，以及其内外环境的变化，将会使其空间

① 程必定.区域经济学[M].合肥：安徽人民出版社，1989：15-16.

呈现场所性实体空间和非场所性虚体空间兼具的特点，不仅为信息的电子传递和生产要素流动创造畅通的环境，还为面对面的交流营造便捷的环境，具有较大的弹性。它可兼顾城镇化的集聚和扩散效应，同时使物质和意识形态的转化得到有效结合。

二是强调都市圈内城镇间功能互补分工、横向联系和双向交流。在都市圈网络化的发展过程中城镇体系格局由传统的层级式向网络式转变，并朝着区域一体化的方向迈进。随着全球化和信息化的加快，城市间传统的价格竞争逐渐转向协同竞争，这必然在引起竞争的同时加强了城市间的协调。为了追求资源的最佳配置和综合效益最大化，区域内各城镇将完全受市场机制发展状况影响而随时自我调整，注重城市间经济作用和城市功能的异质性。在信息时代，对一个多核心区域而言，不是需要某一个城市提供一整套城市服务，而是整个区域系统构建一个完整的城市功能，每一个城市从它与其他城市的交互式增长的协调中获利，而这些交互式增长是通过互惠合作、知识交换和未预期的创新性活动产生的。

三是由扁平网络取代传统垂直城镇体系的等级概念①。传统的城镇体系组织结构通常是金字塔式的，都市圈网络化的组织结构则是扁平的，即从最上面的一决策层到最下面的操作层，中间相隔层次较少。它尽最大可能将决策权向组织结构的下一层移动，让最基层城镇拥有充分的自决权，并对产生的结果负责，从而形成以"地方为主"的扁平化组织结构。与传统的区域城镇体系相比，都市圈网络化构建的城镇体系具有以下特点（表2-3）：都市圈以网络化的发展模式通过网

传统城镇体系与都市圈网络化体系的比较　　表2-3

	传统城镇体系	都市圈网络化体系
发展重点	立足于服务区域工业化进程、国家或区域的工业化进程	强调辐射带动作用和交互式增长效应
空间特性	场所空间的向心性	流空间的节点性
决定要素	依靠规模效应，倾向于向首位屈从	不依靠规模效应，倾向于弹性互补性与异质性
流动性	要素流的等级扩散，单向流动	要素流的网络扩散，双向流动
可达性	垂直的可达性	水平的可达性
管理体制	严格的等级管理体制	网络化的组织管理

资料来源：根据D.F.Batten.Network-cities：Creative Urban Agglomerations for The 21st Century[J]. Urban studies，1995，32(2)：313-327.整理。

① 张京祥，崔功豪.区域与城市研究领域的拓展：城镇群体空间组合[J].城市规划，1999，6：12-17.

络扩散效应，可以促使聚集与扩散、物质性变化与非物质性变化以及城镇与乡村的作用等各方面得到有效结合。从城乡发展关系上来看，网络化程度的高低也决定了城乡相互作用的强弱，网络化程度越高则城乡各经济要素流动就越快，城乡之间要素流动的加快最终将有效促进农村地域结构的转换，促使区域公平发展，达到区域协调和城乡一体化。

四是多功能综合社区将成为都市圈网络化空间形态的基本单元（图2-5）。信息化和新技术的高度发展使城市空间区位优势有所降低，城市土地功能高度复合和兼容，城市内部功能分区不再那么绝对和清晰，居住、工业等部分功能将相对分散到城市各网络单元中，城市空间发展处于整体分散与局部集聚的状态。以知识产业为中心，综合各种办公、商业、休闲与居住等为一体的多功能社区是开放的系统，满足了信息时代城市空间单元功能多样化和兼容化的要求，使得都市圈空间形态由均质状态向异质状态转变，人们的生活空间由生活和工作“异地化”模式向“一体化”模式转变[①]。

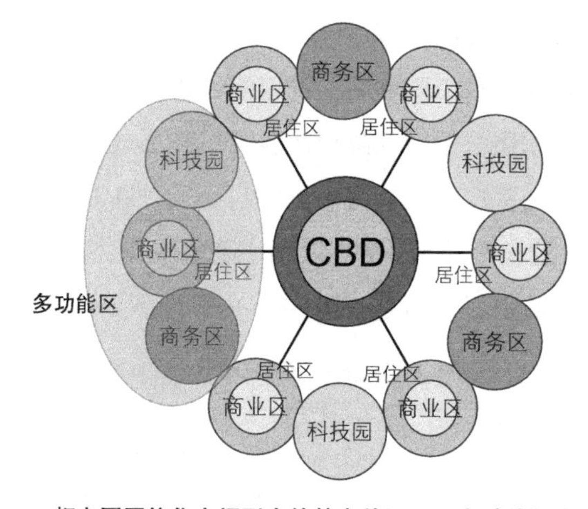

图2-5　都市圈网络化空间形态的基本单元——多功能综合社区

资料来源：蔡良娃.信息化空间观念与信息化城市的空间发展趋势研究[D].天津大学，2006：129.

（3）景观特征

目前，学术界认为网络化模式在发展中国家实质是属于不平衡增长理论的范畴，也可以说，都市圈网络化模式是由传统点轴式的区域空间结构模式发展而来的，景观表现是城镇群体的集中与分散有机结合的集合体。最明显的表现是区域城镇化，这种空间转变特征包括中心节点外延扩展型、飞地扩展型和一般节点集

① 冒亚龙，何镜堂.数字技术时代的长株潭城市群空间形态[J].城市发展研究，2009，10：49.

聚发展型三种模式[①]。

当经济发展到一定阶段后，随着采掘、纺织、食品工业、商业等产业的集中，区域通道建设的加快，商品流的增加，区域的节点和通道逐渐形成，都市圈空间网络化景观开始发育。这个过程中，区域单元相对封闭，首位城市得到极化，都市圈主要呈现单节点、向心通道的网络形态。特别是在工业化时代，批量大生产、大消费成为典型特征，城市在空间上就表现为生产要素在地域上的过度集中。

随着经济的不断增强，区域内小型节点快速成长，大中型节点间的交通、运输、通信等通道建设加快，生产力流量扩大，城市之间、城乡之间专业化协作加强，区域空间网络化景观开始形成和逐步完善，空间网络化处于发展状态。在这个过程中，技术的不断进步与发展使分散的生产得以发展；劳动力、资金、生产、市场的空间多向流动使城市不断向其边缘区扩展并相互渗透乃至融合，形成区域中城市的组合体；圈内以较明显的自然景观分隔，并以快速交通相联系，成为彼此紧密联系的有机整体；区域内的城市规模不再成为其职能的唯一决定因素，在各种网络化组织的支持下，城市不再仅限于为所在区域服务，城市之间的联系更加广泛和密切，区域也借助网络将其功能散布于各地的特定节点上。

在全球化、知识化和信息化的影响下，远程通信技术使集中和分散化变得更为容易，城市间与区域间信息流动变得复杂化，逐渐构成一个由各网络节点（城市）间的信息联系为主的数字化网络[②]。都市圈网络化组织高度发育，城乡一体化和城乡融合过程迅速推进，多等级、多类型的通道连接节点，有形通道进一步高级化和系统化，无形通道作用迅速提升，区域呈现出节点体系层次分明、结构有序，节点与面域之间过渡自然，空间联系网络整体优化的镶嵌体系形态。此阶段是都市圈网络化发展的高级阶段。在这个阶段，传统规模等级规律作用下的垂直等级体系将逐渐被节点之间的水平互动关联所弱化，区域间不同等级城市横向联系增强，加之新的增长中心的出现，空间将会出现多中心、扁平化和网络化的趋势[③][④]。在实际的都市圈空间发展的过程中，上述的过程有可能是同时存在和同时进行的（图2-6）。

① 郭文炯等.太原大都市区城市化特征、问题与对策[J].经济地理，2000，5(20)：64-66.
② 龙祖坤，朱建民.数字化时代的城市网络特征初探[J].惠州学院学报，2003，2(1)：39.
③ 陈修颖.区域空间结构重组理论初探[J].地理与地理信息科学，2003，2(19)：25，64.
④ 汪明锋.城市网络空间的生产与消费[M].北京：科学出版社，2007：84.

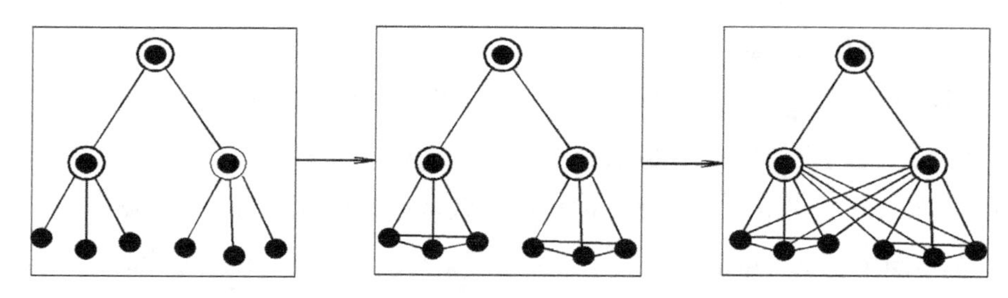

图2-6 都市圈空间网络化的基本过程

2.3.3 都市圈网络化构成

21世纪的中国经济与社会进入了新一轮的转型期，随着国家经济向全球经济转型、地方空间向流动空间的转化，都市圈区域内的空间网络组织走向更高的发展形式。都市圈网络化是都市圈空间组织的一种新模式，其本质属性就是反映都市圈网络化系统运行所形成的一系列组织关系和相互作用关系的动态的、非线性的空间关联性。运用经济学要素观点与区域发展学的网络概念进行审视，都市圈网络化是对城市规模经济的集中、分散以及过密、过疏现象的协调与整合的最好形式[①]，是可供选择的区域经济空间组织的理想形式。都市圈网络化构成复杂，从宏观角度来看可分为都市圈空间网络化和经济网络化两个层面，经济网络化是都市圈网络化的本质和核心，空间网络化是都市圈网络的外部形态，是节点空间相互作用与合作的先决条件，能够形成都市圈网络化发展的巨大引力场。都市圈区域的空间网络化可以进一步分为城镇节点网络化、基础设施网络化、生态安全网络化等，经济网络化包括产业集群网络化、区域创新网络化、企业网络化、市场网络化等（图2-7）。

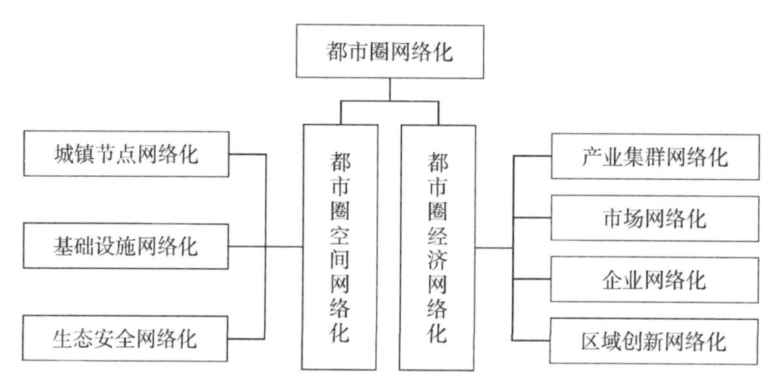

图2-7 都市圈网络化系统构成

① 年福华，姚士谋等.试论城市群区域内的网络化组织[J].地理科学，2002，22（5）：571.

2.3.4 都市圈网络化测度

都市圈网络化是节点、通道、面域与流动空间在一定城市间协议支持基础上构成的，最终实现网络经济和资源共享的都市圈结构体系，根据上述都市圈网络化的基本构成，用拓扑分析的方法可将都市圈交通图通过抽象转换成拓扑图。拓扑分析是遵循图论原理，将空间要素抽象为点、线、面并探讨其结构关系的现代数学分析技术。这一技术在地理与城市空间分析领域得到了比较广泛的应用，首先在原交通图中舍弃一切与节点无关的信息，以网络中节点之间的高速公路与铁路作为连线将节点连接起来，连接时不考虑节点间的长度与方向（设定网络中节点数目为N，节点连线数为L，亚网络节点数目为S）。在这种拓扑结构下，有的学者提出区域空间网络化量度的几个指标，包括连接性指数、回数性指数、连通性指数、广延性指数、有序性指数等[①]。有的学者提出网络均衡度的城市网络量度指标[②]。还有的学者提出了城市网络中节点、通道、流要素的优化指标。表2-4综合归纳了当前研究中区域空间网络化测度的各项指标。这些指标都是为了简化网络化研究的复杂程度，无论是关于空间网络的理论解释还是抽象分析，均是从某种特定视角对空间网络的一种理解和抽象，其测度也大多偏向于抽象的定量研究。但事实上，都市圈系统是一个复杂巨系统，与其他网络系统相比有其自身特点和不同内涵，都市圈系统也不可能忽略一切除节点和通道以外的信息而仅仅简化为节点和通道之间的简单关系。因此拓扑结构下的空间网络化测度指标只能作为都市圈网络化发展水平综合评价的定量指标参考内容，除此之外，还应当统筹考虑都市圈发展的经济、社会、人文等定性指标要素，这部分内容将在本书第4章作专门研究。

区域空间网络化测度的各项指标　　表2-4

要素	衡量指标	计算公式	指标说明
节点	结构容量指数	$S_C=\lim \ln N(r), \ln(r)\to 0, r\to 1$	结构容量指数是对城市规模结构的测度。结构容量指数越大，城市总体规模越大，城市体系越复杂
	均衡度指数	$\lambda=\sqrt{\sum_{i=1}^{R}(N_i/i-N\Big/\sum_{i=1}^{R}i)^2\Big/R}$	均衡度指数反映网络节点分布的空间均衡程度；该指数值越小，各级城市之间的规模就越相近越集中，相互之间的差距就越小，规模分布越均衡，首位度越高

① 蔡斌斌.空间网络化理论与实践[D].武汉：华中师范大学，1999，1：21-23.

② 陈睿.都市圈空间结构的经济绩效研究[D].北京：北京大学，2007，6：21-23.

续表

要素	衡量指标	计算公式	指标说明
通道	连接性指数α	$\alpha=\dfrac{\sum_{s=1}^{n}L}{\sum_{s=1}^{n}N}(0\leqslant\alpha\leqslant3)$	连接性指数是空间网络内每个节点连线的平均数，用于简单量度网络的连接性。当α=0时，表示无网络存在，或网络为无连接性的孤立聚落；随着a值的增大，网络的繁复性增加，呈枝或网状展开
	回路性指数β	$\beta=\dfrac{\sum_{s=1}^{n}L-\sum_{s=1}^{n}N+S}{2\sum_{s=1}^{n}N-5S}(0\leqslant\beta\leqslant1)$	回路性指数是网络内回路实际连线数与最大连线数之比，用于量度网络的回路性。当β=0时表示网络内无回路存在；随着β值的增大，网络回路性增强；当β=1时表示网络已达到最大限度的回路数目
	连通性指数γ	$\gamma=\dfrac{\sum_{s=1}^{n}L}{3(\sum_{s=1}^{n}N-2S)}(0\leqslant\gamma\leqslant1)$	连通性指数是网络内连线的实际数目与连线的最大数目之比，用于量度网络的连通性。当γ=0时，表示网络内无连线；随着γ值的增大，网络内连线数目增多，网络连通性增强；当γ=时，表示网络内每个节点都同其他所有节点有连线
	广延性指数	$\varphi=\dfrac{3(\sum_{s=1}^{n}N-2S)}{3\sum_{s=1}^{n}N-5S}(0\leqslant\varphi\leqslant1)$	广延性指数是网络内最大的连线数与最大的回路数之比，用于量度网络的空间拓展广延性。当ψ=0时，表示网络在空间上无延伸；随着ψ值增大，网络的广延性增强；当ψ=1时，网络在空间上达到最大延伸度
	运能性指标	$C_{rj}=\sum_{i=1}^{n}(\dfrac{I_i}{L_{lj}}\times C_i)$	运能性指标是城市综合路网平均通过能力指标，单位万吨/年，用于衡量区域通道系统的实际运输效能的大小。C_i为第i种质量道路的最大年通过能力，I_i为第i种质量道路长度，L_{lj}为j地区综合路网总长度（千米）
流	紧密度指标	$A=\sum_{j=1}^{n}d(j,i)\quad i,j\in N$	紧密度指标是按最低费用（或时间）计算的交通通道网络N上各点到某特定点i的最短路径的距离或时间，用于量度网络的可达性
	城市流强度指标	$F_i=GDP_i\cdot K_i$	城市流强度指标是指在城市间的联系中，城市外向功能所产生的聚射能量及城市之间或城乡之间相互影响的数量关系。F_i为i城市的城市流强度，GDP_i为i城市从业人员的人均GDP，K_i为城市流倾向度，指i城市外向总功能量占总功能量的比例
网络	有序性指数	$\theta=\dfrac{C_{\min}/C_{\max}}{L_{\min}/L_{\max}}=\dfrac{\sum_{s=1}^{n}L-\sum_{s=1}^{n}N+S}{2\sum_{s=1}^{n}N-5S}\cdot\dfrac{3(\sum_{s=1}^{n}N-2S)}{\sum_{s=1}^{n}N-S}(0\leqslant\theta\leqslant2)$	有序性指数是网络内回路数的最小值与最大值的比值，与连线数的最小值与最大值的比值之比，用于量度网络的空间结构的有序性。当θ=0时网络呈无序状态；当θ增大时网络的有序度提高；当θ= 2时，网络的有序度达到最高

2.3.5 都市圈网络化效应

空间组织是区域发展的“函数”，区域发展状态可以通过空间组织调控来调整。都市圈网络发展模式的出现是基于节点性质和功能变化所导致的各种复杂的功能联系，有利于发挥低级节点城市的作用，从而能够实现各城市间的有效合作、协同竞争的局面，其功能效应体现在经济增长效应、功能放大效应和和谐共生效应三个方面[①][②]（图2-8）。

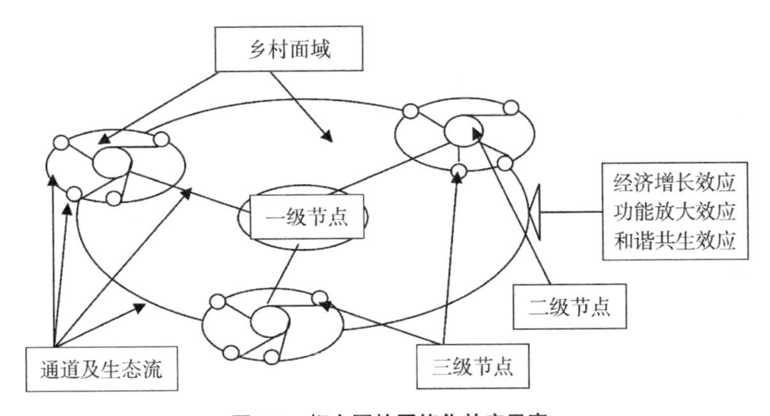

图2-8 都市圈的网络化效应示意

资料来源：根据相关文献资料绘制

（1）经济增长效应

以网络化模式组织都市圈空间从对内对外两个方面能促进区域经济的发展：在对内方面，可以通过加强增长极、增长轴与整个区域之间生产要素交流的广度和密度，促进地区经济一体化的形成；在对外方面，可以通过向外延伸和拓展网络，加强与区外其他区域经济网络的联系，在更大的空间范围内对更多的生产要素进行合理配置和优化组合，逐步实现区域经济的均衡协调发展，促进更大区域内经济的发展。

经济增长在一定程度上取决于空间结构的状态，从空间角度来说，经济增长依赖于空间结构的转变，包括城市内部空间结构和城市外部空间或城市群体组合结构，本书探讨的主要是城市群体组合结构。经济增长效应用数学关系式来表达就是：$E=f(C, H, K, S)$；其中，E为经济增长效应，C为实物资本，H为人力

① 曾菊新.空间经济：系统与结构[M].武汉：武汉出版社，1996：45-77.

② 聂华林等.区域空间结构概论[M].北京：中国社会科学出版社，2008：40-43.

资本，K为技术或知识的存量，S代表空间结构的特征[①]。一方面，区域空间联系网络由于具有不可忽视的空间交易成本，影响或激励着个体的社会经济行为，并通过放大效应，影响着经济绩效的高低；另一方面，经济绩效的变化又反过来影响个人、企业和政府等相关主体的空间经济行为，从而渐进改变甚至是重塑空间结构。都市圈网络化的经济增长效应是由于空间网络组织形式对经济发展的方式和速度产生了影响，促进了经济效益和收益的提高（张弥，2007），完备的都市圈网络应该具备促进区域经济持续发展的功能。都市圈网络的形成是基于城市间的资金流、人力流、技术流、信息流等关系联结，这些“流”通过经济辐射的作用带动节点城市的发展，直接影响着对都市圈区域经济增长贡献的大小，从而影响区域经济的整体发展。从一定意义上说，都市圈空间网络化水平越高，各种生产力要素流越发达，对区域经济增长的贡献就越大；反之，空间网络化水平越低，对区域经济增长的贡献就越小，甚至会有负面效应。二者是正相关的，并且网络化水平在很大程度上决定了经济增长水平（蔡彬彬，1999）。

（2）功能放大效应

现代系统论证明，一个系统的整体功能取决于系统的协同力，即各个子系统的协同作用。都市圈网络化过程就是各城市之间通过各种流（人力流、资金流、技术流、信息流等）的集聚与扩散形式加强协调合作以求系统整体功能增强的过程，表现为整个都市圈网络系统的功能大于其各部分的相加，即$1+1>2$的效应。

首先，在统一的市场引导下，都市圈各部分要素组成了密度合理、高效有序的社会经济网络系统，人力流、资金流、技术流、信息流等生产要素流的充分流通，使得网络内各主体积极互动，在与外界不断进行能量交换的过程中，它们在空间联系的扩展中达到自组织和自适应的目的，不断进行自身结构的调整优化，以适应外部环境的变化并创造出更多的发展机会，产生单个要素无法获得的功能效应。随着都市圈要素流的日益加强，都市圈的各项功能也将逐步升级。其次，在都市圈范围内，空间结构的物质实体要素由于近邻关系和相互作用给该区域带来实效和收益，同时对都市圈发展产生相邻的正效应，这种正效应与物质实体之间的数量比例、距离远近和空间位置有密切关系。由于这种正效应导致都市圈空间增量的变化和规模的进一步扩大，城市内部结构也将进一步完善并产生适应性

① 陈睿.都市圈空间结构的经济绩效研究[D].北京：北京大学，2007：24-25.

变化，这一演变过程必然会产生出新的特殊的功能，即总体性和特殊性的功能，或者说具有综合性整体功能，这种整体功能与原来的功能状态相比发生了质的飞跃，有利于汇集区域整体力量，产生明显的放大效应，形成区域竞争优势，从而创造出更大的社会经济效益。

（3）和谐共生效应①

都市圈有利于中心城市积聚功能的发挥，但不是有了强大的中心城市就一定能形成和谐发展的都市圈系统。由于长期以来行政区划的限制和自成一体的小农经济思想的影响，我国各城镇密集区的发展存在诸多不和谐，例如布局不合理的产业分工，自成一体的经济，重复浪费的基础设施，以邻为壑的环保措施，缺乏协调的城市化管理②，这些不和谐正威胁着都市圈和城镇群的形成与发展，削弱城镇群的综合实力与对外竞争力。在这种背景下，协同作为系统内诸多子系统的相互协调的、合作的或同步的联合作用的集体行为，在都市圈发展中受到越来越多的关注。协同是系统整体相关性的内在表现，是与竞争相对立的合作协作互助。广义上协同既包括合作也包括竞争。在都市圈内部，协同表现为城镇之间的密切协作与分工。从经济学的角度分析，协同符合李嘉图的比较成本学说，更有利于区域经济的发展，更容易获得比较利益。从生物学的角度分析，都市圈整体应当作为其内部各城镇、乡村等共生单元组成的一个共生体，通过协同作用产生和谐共生效应。都市圈网络化系统所产生的和谐共生效应是都市圈内部各城镇、乡村等共生单元经过长期相互作用后达到的和谐稳定的效应，实现各共生单元在功能上相互协调、配合、互补，在空间上相互作用、相互制约。

都市圈内部各城镇、乡村等共生单元的相互作用主要表现在共生单元之间按某种方式进行物质、信息和能量交流。这种相互作用具有三方面的作用：一是促进共生单元某种形式的分工，弥补每一种共生单元在功能上的缺陷；二是促进共生单元的共同进化，物质、信息和能量的交流过程，同时也是共生单元相互适应、相互激励的过程；三是通过这种联系使共生单元按照质量所规定的形式形成某种新的结构。共生单元之间的关系是逐渐相互识别和认识的过程，表现为共生度逐渐提高的过程，最终结果必然会产生一个相对稳定、动态平衡的都市圈共生

① 姜博.辽宁中部城市群空间联系研究[D].长春：东北师范大学，2008：44.

② 顾文选.网络经济与区域一体化——加强城镇密集区的发展与协调[J].城市，2003，6（11）：12.

系统，在这个系统中，各城镇之间、城乡之间处于和谐共生关系之中。根据共生理论，这种和谐共生的状态一般要经历寄生、偏利共生以及互惠共生三个阶段后才能产生。在市场化和经济全球化日益完善的今天，都市圈各城镇之间、城乡之间更多的是互惠共生关系，且在组织程度上更多趋向于连续共生和一体化共生。都市圈各共生单元之间通过物质、信息和能量的交流，促进了各共生单元之间相互弥补、相互适应和相互激励，不仅存在双边双向交流，也存在着多边多向交流，当都市圈发展到一个稳定的高级阶段时，各共生单元之间的空间联系也达到了一种动态的平衡，即从磨合期走向了融合期，形成了一个相对稳定的和谐共生的空间结构，整个共生环境处在一个稳定和谐的状态之中，共生单元之间也形成了和睦共处的关系，相互依存，相辅相成，整个都市圈区域形成一个和谐共生的一体化空间形态。

2.4 小结

结构主义认为理解和认识任何现象和实物都分为表层（上部结构）、过程（下部结构）、控制（深层结构）三个层次。第一层次是表象，都市圈的表层结构包括社会、文化、政治和空间结构，这种结构不能解释自身的存在。创造上部结构的过程在下部结构中，只能通过理论认识并与上部结构的表象进行比较才能理解其性质（R.J.约翰斯顿）。因此，解释都市圈空间结构的形成、演化需要构建科学的理论，只有依赖于理论并与现象结合才能对空间结构的形成和演化做出科学的解释和说明。本章构建了本书的理论框架，首先介绍了作为研究视角的新发展观及其相关理论研究以及作为理论基础的空间组织理论和自组织理论，并将上述理论有机融入都市圈空间结构的研究当中，提出了包括新生态观、新经济观、新动力观、新规划观等四个层面，数量维、质量维、空间维和时间维等四个维度的都市圈网络化发展理论；在此基础上对都市圈网络化的概念、内涵、特征、构成、测度及效应进行研究和总结，本章是全书的理论基础，也是本书的创新点之一。

3 新发展观下都市圈网络化空间解构

经济全球化、信息化时代下的都市圈，其规模与密度都与戈特曼所讲的都市圈完全不同。相比之下，影响都市圈发展能力的要素要复杂得多，主要的影响要素也不可同日而语。都市圈网络化发展是一个诸多影响因素综合作用下的不断变化的动态过程，有其内生的发展动力，也有其外在的推阻力量。分析都市圈网络化发展的主要影响因素，解析都市圈网络化发展的动力机制、推阻机制及实现机制，最后结合太原都市圈的现实条件，从一般到特殊，架构起太原都市圈网络化发展的动力系统。

3.1 发展过程

都市圈网络化组织结构是指都市圈区域内城市之间通过各种物质和非物质系统的关联作用而形成的网络体系，其本质属性就是反映都市圈网络化系统运行所形成的一系列组织关系和相互作用关系的动态的、非线性的空间关联性。都市圈网络化的发展过程就是围绕城市之间空间关联的具体过程展开的，都市圈网络化发展是都市圈空间联系特征的函数。空间关联性本身作为一种客观现象，在学界已经形成一系列较为系统的研究。国外的如美国学者乌尔曼（E.L.Ullmall，1956）指出城市空间关联作用产生的条件有三个：互补性、中介机会和可运输性。英国人海格特（P.Haggett，1972）借用物理学中热传递的三种方式，把城市空间关联作用的形式分为对流、传导和辐射三种类型。国内的城市空间关联作用关系研究，在不同的历史时期、不同的经济社会发展背景下也有不同的热点和侧重点。姜博在对辽宁中部城市群空间联系研究中引用Cooley（1984）的观点，将城市群的空间联系过程分为城市相互作用的需求和期望阶段、城市群空间联系体系的架构阶段、决策者的选择权对城市群空间联系的影响阶段、城市群空间联系的运行阶段、直接因素和间接因素的影响阶段等几个阶段。因此借鉴上述研究成果，可以按照都市圈空间结构各组成要素形成与发展过程，将都市圈网络化发展过程归纳为都市圈网络化需求期望阶段、都市圈网络化基础架构阶段、都市圈网络化要素影响阶段、都市圈网络化运行阶段等四个阶段（图3-1）。

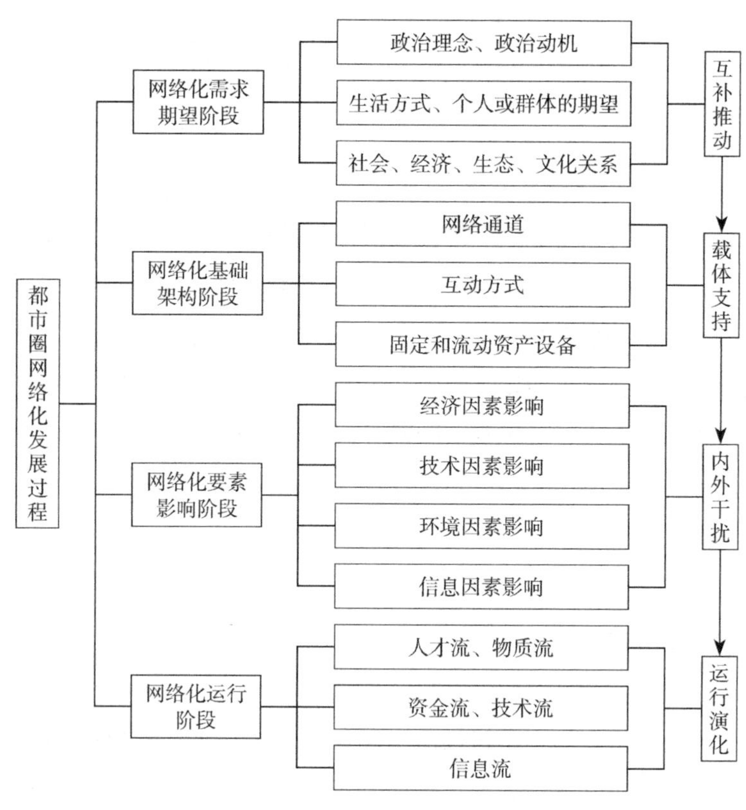

图3-1 都市圈网络化发展过程

上述四个阶段实际是都市圈网络化空间结构各组成要素形成与发展的阶段。按照区域发展战略的一般原理，都市圈通过增长极和点—轴发展模式，使得都市圈节点之间和通道之间产生一些新的经济技术合作，随着区域经济和联系的加强，生产要素和资源配置开始在更大范围的区域之间流动和重新配置。生产要素流动和资源配置过程客观要求对原有的都市圈节点、通道空间进行调整，与相邻区域的整合空间相连成网，新旧节点和通道的连接和不断渐进扩散，促使区域间、城镇间、企业间形成更广泛的专业化分工与协作关系，逐渐在都市圈区域空间上形成以节点和基础设施网络通道为主骨架的，承载人流、物流、信息流、资金流的都市圈网络化空间组织结构。在这个发展过程中，一方面有来自都市圈内部合作领域扩大化的压力，另一方面在全球经济一体化和信息化的新形势下，全球化逐渐融入区域经济一体化中，工业化推动信息产业的快速发展，数字城市与网络时代对都市圈空间组织和结构的形成产生重大的影响，建构都市圈空间结构的网络组织是在一定区域内形成更牢固和平衡的空间结构、增加竞争力和凝聚力的基本要求。

3.2 影响因素

影响都市圈网络化发展的因素有很多，既有既定的资源要素和激发性的物质实体性要素，又有作用其上的宏观调控。实体性的物质要素是都市圈网络化发展中相对独立、性质不同而又共同对都市圈网络化发展起决定作用的有形组合。第4章对都市圈网络化评价选取的25个指标根据都市圈网络化发育影响作用的大小采取层次分析法和专家打分法加权赋值，结果发现其中影响作用最大的前5个制约要素分别为：交通因子、城市流因子、地域差异与分工因子、信息化因子和科技创新因子。

3.2.1 交通因子

在都市圈网络化的形成和发展过程中，基础设施网络的存在是基本条件。随着经济全球化和区域一体化进程的加快，基于基础设施建设在空间上的连续化和网络化，区域资源和生产要素的集散性和流动性，区域之间将进行大量的横向互补式协作，通过交通网络、信息网络等基础设施网络形成空间关联互动的基础。其中，交通运输线路是都市圈基础设施的骨架，也是构成都市圈网络化空间结构的一个要素，交通技术与信息技术的结合正推动着交通运输向高速、灵活、弹性及网络化方向发展。因此，研究影响都市圈网络化发展的交通因子及其作用机制，对于解析都市圈网络化的发展意义重大。总的说来，交通因子对都市圈空间组织的影响主要从以下三个方面发挥作用。

（1）交通网络化推动都市圈空间流动性增强

交通网络是一个复杂系统，它包括铁路、公路、水道、管道和航空5个子网络，各子网络通过线路和节点（场、站及枢纽）相互连接，形成海陆空立体交通网络，是都市圈空间联系的重要载体和重要条件。都市圈区域尺度上城市相互作用和空间联系的加强，改变了交通系统的需求和布局结构，城市之间及城乡之间的交通联系成为区域交通的主体需求。由于城市间及城乡间交通技术（包括交通工具、交通设施）的发展和完善，尤其是以高速铁路、高速公路和城际轻轨等相结合所形成的快速干道网络，极大地缩短了都市圈内部城市间及城乡间的时空距离，从而导致城市间及城乡间要素流动过程中时间和费用的节约，进而使都市圈内部空间联系速度加快、频率增多，一体化趋势进一步显现①。交通网络成为都市圈空间联系的主要推动力。

交通网络的发展与都市圈网络化进程有密切的关系。交通网络是都市圈网络的骨架，是都市圈发展的硬件条件。都市圈区域由于处于不同发展阶段和具有不同特征，其城际交通网络系统的发展过程、特征和速度均不相同，区域城镇节点网络系统的发展状况也有很大的差异，图3-2形象地描述了交通网络拓展与区域网络空间形成的过程。交通网络的演化对都市圈空间结构的影响是巨大的。从最初阶段的居民点与分散的港口之间很少有横向的相互联系开始，发展到随着交通网络的完善各城镇由纵横交错的交通系统联系在一起，城镇群体逐渐形成网络结构，更高等级的交通连线联系着更大、更重要的中心节点城市。从这个过程可以看出，城际交通网络是都市圈空间网络结构形成与演化的基础，每一次交通网络的优化，必然导致都市圈空间网络化的进一步发展。

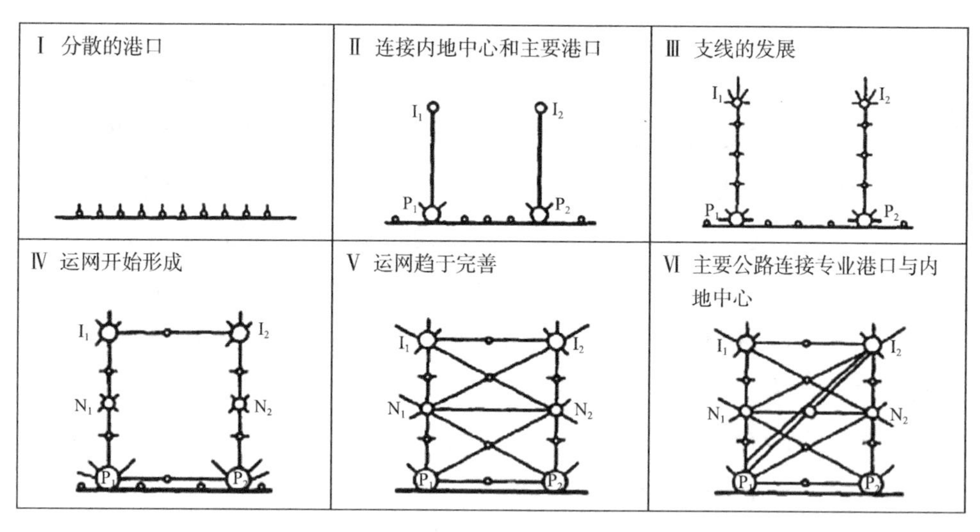

图3-2 交通网络与城市网络空间的形成

资料来源：刘天东.城际交通引导下的城市群空间组织研究[D].长沙：中南大学，2007.

① 姜博.辽宁中部城市群空间联系研究[D].长春：东北师范大学，2008：44.

（2）交通通达性改变节点经济活动区位

戈特曼的都市连绵区理论提出，工业化的快速发展主要依托交通干线，通过融合与集散人口、产业、城镇、要素流的线状空间地域综合体不断生成并带动区域经济系统的迅速发展。胡佛的经济区位研究指出影响经济活动区位结构的三个基本因素，第一个基本因素是生产要素的不完全流动性，即具体的区位资源优势，第二个基本因素是生产过程的不完全可分性，第三个基本因素是产品和服务的不完全流动性，即运输成本的重要性。其中，运输成本的降低是工业和贸易能够实现规模经济的先决条件之一。由于运输费用的下降总是有限的，因此空间距离是经济活动不可能任意布点的重要限制因素，而交通进步是改善和优化经济区位条件的重要手段。交通通达性的提高扩展了都市圈网络节点之间的空间相互作用的深度与广度，增加了都市圈网络节点之间经济运行的机动性，扩大了对外交流的开放程度，从而改变了都市圈网络节点的经济活动区位。优越的经济活动区位蕴藏着巨大的经济潜力，主要表现为投资少，运费低，聚集经济效益高，易聚集区域诸多地理要素，易较快形成中心城市节点，在形成规模经济之后，易拉动都市圈网络化进程。因此，交通通达性是都市圈网络化发展的内在驱动力之一，城镇群体间、城镇间和城乡间能否进行及在多大程度上进行合作，在相当程度上决定于它们之间的交通通达性和本身的禀性。根据我国统计部门的数据显示，凡是高铁线路通达的地方，商业中心和居住中心都得到显著发展，两地之间的经济和社会交往显著增加。

（3）铁路公交化促进都市圈网络化进程

平均时速200多公里、1小时车程、每10多分钟就有一班出发的“铁路公交化”改变了人们的生活方式，更多人选择在小城市生活、在大城市工作的生活方式。同自己在大城市驾车相比，坐高铁不仅不会堵车，还避免了开车的疲劳，加上有生活成本的优势，很多厌倦了大城市喧哗的人开始逐渐被小城镇的宜居生活所吸引。铁路公交化促进了小城镇的企业与居住的区位不断发生着变化，构成了铁路沿线各个大中小城镇新的城市联系与分工。

以高速铁路为例，高速铁路的运行时速最高为500公里，单小时单向输送能力为公共汽车的14倍，列车按规定时刻到发与运行，规律性很强。高速铁路的贯通加快了相关地区区域一体化趋势，客流、物流、资金流、信息流、技术流、文化流等生态流将实现空前的融通，资源异地共享，优势得到互补，一加一大于二的综合效应势必出现。高速铁路最具有竞争力的距离约为500～600公里，最佳用时是2小时，正好是商务活动当天往返最合适的时间[①]。日本的第一条新干线是东京至大阪线，长度约为500公里，连接了东京、横滨、名古屋、大阪、神户等“沿海型”工业地带，对加强三大沿海工业带的联系、打通经济走廊、缓解交通压力的作用十分显著，有力促进了东京都市圈网络化的发展。

3.2.2 信息化因子

随着世界信息技术的不断发展，全球人才流、物流、资金流、信息流、技术流、文化流等生态流跨越国界进行自由流动和配置，城市之间的联系越来越紧密。城市联系的构建是基于城市功能、企业组织与全球化供求运作的空间效应与产业反馈的结果。信息化的发展则促进了城市对这些反馈信息的产生、交流、释放和传递的有序化、高效化，加速了城市空间运动的步伐，空间网络化发展形态成为空间结构理论的必然。

信息化是指社会经济发展从以物理和能源为基础向以知识和信息为基础的转变过程，或者说是社会经济发展的结构重心从物理性空间向知识性空间转变的过程[②]。从地理学角度可以理解为信息和通信技术的广泛应用、特别是互联网的普及导致的信息和知识传递时空阻碍性的大幅度减低[③]。也就是说，在信息基础设施到达的地方，信息和知识的可获得性趋同，空间距离摩擦定律一定程度上失去作用，这种历史性的变化极大地促进了经济、文化、消费等在全球范围内的交流。随着信息化要素对社会经济系统的渗透，当前区域空间结构在发生着迅速的变化，信息活动的变化使得信息网络对区域发展及空间成长的重要性加强。因此，许多国家和地区以提高区域集聚扩散能力、高起点融入经济全球化为目标，建设了由大容量国际出口宽带、互联互通多媒体交换的通信主干网和多种宽带接入网组成的城市信息网络基础设施，整体推进城市的信息化开发与运用。例如，美国20世纪80年代率先提出了国家信息基础设施（NII）和全球信息基础设施（GII）计划，日本、俄罗斯、加拿大、韩国、新加坡、马来西亚和欧洲、南美洲一些国家竞相提出了本国或本地区的“信息高速公路”计划。

① 姜博.轨道黄金链：轨道交通与沿线土地开发[M].长春：东北师范大学，2008：44.

② 乌家培等.信息经济学[M].北京：高等教育出版社，2002：170.

③ 刘卫东.论我国互联网的发展及其潜在空间影响[J].地理研究，2002，21(3)：347-356.

（1）信息化促进产生流动空间

Mulgan（1991）提出基于网络的、远距离联系的城市经济日益重要，这意味着城市正在被信息通信的逻辑或者虚拟规律所推动，这里信息通信是一个新的节点或枢纽、加工和控制中心[①]。作为城市间交流的一部分，信息和通信作为组织控制和协调远距离网络的手段，是信息时代节点城市所必不可少的关键要素，成为区域网络化发展的新动力。信息化因子对区域的作用可以概括为四种效应[②]：协作效应，即在空间上表现为信息空间的扩展与城市空间延伸的协同并进；替代效应，即信息传递减少或取代人员来回通勤；衍生效应，即促进城市经济发展；增强效应，即提高原有物质空间形态网络的功能，例如提高基础设施网络的容量和功效，使其更具吸引力（格雷厄姆，马文，1996）。总之，区域信息高速公路、互联网、遥感等信息通信技术的发展和应用，促使整个区域内要素流之间的快捷交流，促进流动空间的产生，对区域网络化发展的进程产生了重大影响。

流动空间是围绕人流、物流、资金流、信息流和技术流等要素流动而建立起来的空间，以信息技术为基础的网络流线和快速交通流线为支撑，通过节点将流向不同的各种流动相互连接起来[③]。流动空间的媒介包括客观存在的实体空间（一般为高速运输走廊）和以微电子为基础的虚体空间（又称网络空间），卡斯特尔斯（Manuel Castells，1992，2000）把在信息时代中起支配性功能与过程的物质形式定义为流动空间。流动空间是虚体空间与实体空间相互影响、相互融合、二元并存而组成的[④]。随着信息技术的发展，高度发达的城市信息网络基础设施和先进的通信技术手段将使城市实体空间逐渐变“小”，而虚体空间逐渐变“大”，在这一过程中，单纯的极化与扩散逐渐被网络化的空间关系和空间连接所取代，区域空间结构向多元化、多层级转型[⑤]。

（2）流动空间促进都市圈网络化进程

从20世纪90年代末以来，信息化影响下的区域空间研究逐渐成为新的热点。卡斯特尔斯（2000）认为网络化并不是仅仅因为信息技术就能形成，但没有

① Mulgan G. Communication and Control：Networks and the New Economies of Communication [M]. Oxford：Polity Press，1991.

② 王圣学.大城市卫星城研究[M].北京：社会科学文献出版社，2008：61.

③ 沈丽珍.流动空间[M].南京：东南大学出版社，2010：79.

④ 甄峰.信息技术作用下的区域空间重构及发展模式研究[D].南京：南京大学，1999：39.

⑤ 郑伯红.现代世界城市网络化模式研究[D].上海：华东师范大学，2003，5：48.

信息技术网络化就不会存在；国内陆大道（1995）、姚士谋（2001）、甄峰、顾朝林（2002）等进一步分析了信息化对区域空间结构的影响。总体来看，信息化导致的流动空间对城市空间扩展的作用是立体、多方位、多层面的。

流动空间通过城市群、都市圈和全球城市构筑的城市节点在交通流线和网络流线的支持下，重新整合了区域空间关系。首先，流动空间的存在导致传统的中心与边缘的集聚效应差异缩小并弱化，加速了城镇要素流动的发生和城镇网络的形成。其次，流动空间造成的信息通畅性和易得性降低了规划对地理区位和距离等空间因素的依赖性，削弱了空间和时间对信息的限制，一方面时空距离对各种功能活动的空间位置的约束作用将大大缩小，促使普通的商务办公职能向外围延展，改变了城市空间的格局，一定程度上导致了城市空间的扩散化；另一方面在很大程度上减少了产业对原材料的依赖，提高了产业区位选择的灵活性，使得生产技术已经标准化和操作程序化的传统劳动密集型和资本密集型的制造业开始从发达国家或地区向发展中国家或地区扩散，从大城市向分布在交通和通信较发达的城市外围或沿交通走廊延伸的小城镇分离。

通信网络的高度发达促使了区域间和区域内各部分之间社会经济的相互依赖性加强。高度专业化信息的创建和交流对都市圈中心城市变得非常重要。由于这些功能在特定地域的高度集中，就会导致在整个城市体系内这种聚集与分散共存的发展趋势。但分散是有限度的，作为城市发展的两大动力因素，集聚与分散同时发生作用。流动空间在加强城市空间扩散能力的同时，也有内在集聚的要求，一方面高度专业化信息的创建和交流导致区域性中心城市的枢纽作用强化，如大公司的总部、信息、金融、咨询、广告、保险等则加速向中心城市集聚，使都市圈区域出现空间极化现象；另一方面，就人本身而言面对面的交流所传递的信息并非都能通过电信网络实现，因此居住的集中倾向不会改变。这种新的聚集和扩散效应导致了原有集聚与扩散的空间格局的重新组织，使区域空间进一步向网络化有序发展。以往区域发展中起主导作用的传统规模等级规律在区域发展中所起的作用将弱化，城市间水平联系将逐步取代垂直联系，促使流动空间形成的通信网络将取代传统的可达性因素而成为占主导地位的影响因素，从而使区域间的时空距离以及区域间的行政界线模糊与淡化；城市职能的弹性与互补倾向取代了传统的主从服务倾向，异质商品和服务取代了均质商品和服务，单个城市的环境质量与运行效率更多地依赖于区域整体的环境质量与运行效率。

随着信息网络技术的发展和经济全球化进程的加快，某个国家和地区的城市，社会经济因素越来越处于不确定性或难以对自身发展拥有绝对自主性；区域城镇空间的群体性及网络化特征使单纯从各个体城市角度出发，确定未来发展规模、目标的现实可能性将被削弱，城市功能作用更大程度上与区域发展背景有关。在网络化城市的职能关系中，交通枢纽地区和节点地区在区域整体网络中的作用突出，是城市及区域功能转型中新功能要素成长最活跃的区位，如高技术园区、航空港、出口加工区以及区域性的游憩地带等等，这些功能区不同于传统意义上的城市功能区的概念，它们更具有区域性意义。

3.2.3 地域差异与分工因子

(1) 地域差异的要素类型

各个节点及其所在区域都存在生产力要素禀赋的差异，这些差异包括自然、社会、经济等多方面内容，其中区域自然系统性质的地域差异是形成地域分工的自然基础，属于影响区域发展的基本要素；区域社会、经济系统性质的地域差异是形成地域分工的重要原因，属于影响区域发展的根本要素。这些地域差异要素的综合就形成节点地理势能差异，决定了节点之间各种生产要素流动的强弱。

“差异—分工—合作”是社会经济发展进步的基本规律和原动力。赫克歇尔—俄林的要素禀赋学说指出，区域之间或国家之间生产要素的禀赋差异是它们之间出现分工和发生贸易的主要原因。随着经济的发展，每一个节点都会在地理位置、自然资源、历史条件和社会经济因素等地域差异因素的影响下确立自己的主要职能，节点之间进行相应的分工，在分工的基础上开展经济协作，最终形成都市圈内部节点之间在功能上相互协调、配合、互补，在空间上相互作用、相互制约的网络系统。

(2) 地域分工的生成动力

如上所述，正是由于特定地域之间存在生产要素的禀赋差异，所在区域之间才会具有一定的互补性与发生劳动力、商品、技术、资金或信息等方面供求关系的可能。生产要素的禀赋差异是形成地域分工的基础条件。同类产品生产厂商在特定区域集聚进行生产上的分工协作，原因只可能有三种：或者是该地区拥有资源的绝对优势或者相对优势，或者是该地区拥有生产该产品的技术优势，或者是该地区具有生产该产品的市场优势等。在生产厂商利益最大化目标的驱使下，同类产品生产厂商特定集聚而产生规模效应。为获取最优的经济效益和最大的消费满足是形成地域分工的根本动力。这些动力创造了生产系统在地理上的集聚和群集趋势，从而形成既定地域的经济增长核心（斯科特）。因此相关区域之间才有建立经济、社会和生态环境联系的必要，城市之间开始进行相应的分工和城市流联系。

在都市圈发展过程中，不同城市之间只有形成良好的分工协作关系，充分发挥各自的比较优势，合理进行产业整合，将比较优势提升为竞争优势，最大可能地获得地域分工和专业协作的经济利益，才能促进区域经济发展。亚当·斯密1776年在《国民财富的性质和原因研究》中提出劳动的社会分工在空间上表现为由比较优势支配的地域分工。地域分工的范围与程度直接影响着资源的空间配置，引导着城镇化过程中人口与产业的流向。地域差异存在的普遍性促使都市圈内部城市功能产生分化，进而保证了都市圈空间关联的有序发展①。都市圈城市之间功能互补性的大小与都市圈空间联系的强弱成正比关系。

（3）地域分工的功能效应

城市之间功能互补性越强，城市分工越发展，城市间要素流动越频繁，这种流动产生一种平衡机制，使得每种生产要素纯收益及区域收入趋于平衡状态。城市之间通过优势互补、优势共享或优势叠加，把分散的经济活动有机地组织起来，把潜在的经济活力激发出来，形成一种合作生产力，从而形成和促进了都市圈的网络化发展。城市间的分工必然要求专业化，专业化会形成区域内的分工结构，使得城市间的关联度加强。从专业化协作的角度来看，区域经济专业化可分为横向区域经济专业化和纵向区域经济专业化，前者是各种产品的生产分别在不同区域中集聚进行生产的过程；后者是在各种生产组织的产业链条上，相同或相近的某种中间产品转移到同一区域进行生产的过程。斯密—李嘉图的成本学说认为，分工和专业化可以促进劳动生产率的提高，国际上横向区域经济专业化分工是各种形式分工中的最高阶段，按照成本优势原理，这种国际分工通过自由贸易能促进各国劳动生产率的提高。通过城市间的分工与专业化协作，可以弥补本城市短缺因素的不足并且增强优势因素，促使要素配置和空间组合更加合理化以及要素组合的质量、效率向更高层次发展。

赫克歇尔—俄林的要素禀赋学说表明，由于城市地域差异的存在而产生了城市地域分工，在城市地域分工的深化过程中，各城市经济发展的专业化倾向日益突出，伴随着城市之间竞争的加剧也出现了城市之间相互依赖程度的加深。出

① 于亚滨.哈尔滨都市圈空间发展机制与调控研究[D].长春：东北师范大学，2006：80-82.

于各自发展利益的需要，城市之间在分工的基础上就必然要开始寻求合作和发展。都市圈各城市通过网络化的协作发展所获得的经济综合优势而产生的经济效益是分散条件下所难以取得的，这种发展模式为分工提供了保障，使城市功能能够存在和发展。可以说，都市圈的网络化发展是与城市功能互补和地域分工相伴而生的，都市圈网络化发展可以冲破要素区际流动的种种障碍，强化城际经济联系，促使都市圈内城市之间构成的分工网络由低水平向高水平的演进，从而形成都市圈空间内有机的经济网络，提高区域发展的整体性和协调能力。

3.2.4 生态流因子

区域是一个由城市和乡村组成的巨大的人工生态系统，具有开放性、不稳定性及社会性等特点，是城乡之间诸要素相互作用下构成的有机体。在这个巨大的人工生态系统中，任何一个城市作为一种特定的生态组分都不可能孤立存在，各生态组分之间存在着物质循环、能量流动及信息传递等生态流动。在都市圈这个人工生态系统中，生态流指的是各城镇、城乡间发生的人力流、物质流、资金流、信息及技术等要素的交换强度，是节点之间空间互动强度的反映，在经济地理学科中称之为城市流。生态流（城市流）是都市圈空间互动过程的实质内容，是产生都市圈网络化关系的重要因素。为了区域的平衡稳定和进一步发展，城市之间、城乡之间总是不断地进行着资源、能源与信息等交换，这种交换在空间上的映射即为空间互动。空间互动可以促使一定地域内的城镇相互联系组合为一个有机的空间综合体，同时使区域城镇之间的分工加强，使城镇区位选择的自由度提高，产生了专业化职能[①]。

（1）生态流的表现方式

“流”是城镇间、城乡间相互作用的实质载体，集中体现了城镇、城乡之间的各种关联。一个地区形成了增长极（各类中心城镇）和增长轴（交通沿线），随着增长极、增长轴的影响范围不断扩大，将会在较大区域内形成劳动力、商品、资金、技术、信息等生产要素的流动网，这个过程实质上就是生产力的空间转换过程。根据1972年海格特城市空间相互作用形式的分析可知，生态流的流动方式主要表现为对流、传导和辐射三种类型。对流是以物质和人的移动为特征的，如产品、原材料在生产地和消费地之间的运输，邮件和包裹的输送及人力流动

① 段进.城市空间发展论[M].南京：江苏科学技术出版社，2006：140.

等；传导是指城市间的各种交易过程，表现为资金流；辐射往往是信息的流动和新思想、观念、新技术等创新的扩散等。表3-1对主要生态流的表现方式进行了比较分析。

主要生态流表现方式的比较　　表3-1

类型	主要动因	流动方式	主要表现
人力流	工资差异	对流	一方面是劳动者由人口稀少、经济不发达的地区流向人口密集、经济较发达的地区；另一方面是劳动者由人口密集、经济较发达的地区迁往人口稀少、经济落后的地区
物质流	生产力位势差	对流	一方面是中心与腹地的垂直交流；另一方面是都市圈作为一个整体与圈外之间不断地进行着水平和垂直的双向交流
资金流	区际利润差异	传导	跨地区投资的母公司和子公司的生产联系有两种形式：垂直联合与水平联合
信息、技术流	创新优势差异	辐射	一般是从先进地区流向落后地区。空间扩散的形式：近邻扩散、等级扩散和位移扩散

（2）生态流的生成动力

随着生产力水平和全球化影响日益增强，只有通过对生态流的“流源”和“流汇”的有效管理才能实现都市圈空间内“流”的有序和高效运动，才能有效推动都市圈空间网络化的发展。这就要求首先研究和认识城市系统中生态流发生的条件及规律性。段进总结生态流发生的规律性包括：一是供需空间互动原则，即两地的相互作用需要一地有某种东西提供，而另一地对此东西有需要；二是中间空间作用，即有的城市承担了两地的交流之间中转、集散、交易等中介的空间作用，因而产生了作为中间作用的空间互动；三是中心作用，即区域中心节点为周围其他次级节点提供各种服务而产生与次级节点的空间互动；四是空间易达性前提，即空间易达性提高使空间互动阻力降低，对城市流的发生提供了优越的条件①。

由于都市圈区域空间互动而产生的生态流，其生成动力是都市圈区域空间存在的“生产力差”。都市圈区域社会生产力受到非均衡发展规律的制约影响，必然要依托特定地域表现为不同空间分布状态，从而形成空间上的生产力差。李晓凡将生产力差的具体内容归纳为同质差与异质差、区位差与时序差、数量差

① 段进.城市空间发展论[M].南京：江苏科学技术出版社，2006：140.

与质量差、局部差与整体差、硬件差与软件差、配置差与运营差六个方面[①]。陈修颖从区域空间生产力要素发生集聚与扩散的动力角度分析，将生产力分解为区位差、整体差和协同差三个方面，表3-2对生产力差的主要表现方式进行了比较分析。程必定将各种生产力差进行综合，设计出综合位势差的计算方法[②]，高位势区域x和低位势区域y之间的综合位势差H的计算公式为：$H=\{[(A_x-A_y)/A_y]+[(B_x-B_y)/B_y]\}*[1+(C_x-C_y)]$；其中A为绝对位势差，即两地经济发展水平的总差值，可以用经济发展的总量指标计算；B为相对位势差，即两地人均经计量的差值，可以用经济发展的总量指标的人均值计算；C为物价位势差，可以用物价总量指标计算。

生产力差的主要表现方式 **表3-2**

生产力差	主要表现方式
区位差	经济开发的容量差异，如可开发资源、土地承载力、水资源承载力、生态环境容量等
	生产力的具体状态差异，如产业的空间密度，企业与市场、交通枢纽的接近程度，区域基础设施网络密度等
	自然条件的具体差异，如气候、水资源、自然灾害、生态环境等
整体差	总量上表现为禀赋存量的地域差异
	结构上表现为影响全局的数量配比、属性组合的差异，产业关联方面的优劣差异
	功能上表现为区域在制衡、增值、应变、创新机制及其实现过程方面的优劣差异
协同差	同一生产过程所需求的各种生产要素的配比差异，如钢铁工业中煤铁资源的空间组合差异情况等

资料来源：陈修颖．区域空间结构重组——理论与实证研究[M].东南大学出版社，2005：59.

（3）生态流的功能效应

都市圈系统作为空间经济联系的系统，其构成基础是各种经济活动主体之间所形成的有序的物质和非物质交往关系，即生态流。生态流具有客观性、有序性和依托性三个特征含义。客观性是指这种经济网络中生态流的形成带有自发性和多向性，并非出自于人们的主观意愿，也不是政府和任何集团的规定，而是区域经济系统运行到一定程度的客观产物。有序性是指构成经济网络的生态流要素之间、要素与系统之间存在着有规则的联系，表现为一定的秩序性。依托性是指网络系统的形成和发展依托于作为经济联系渠道的交通等基础设施网络。空间经济

① 李晓帆．生产力流动论[M].北京：人民出版社，1993：96.

② 程必定．区域经济空间秩序[M].合肥：安徽人民出版社，1998：47.

联系系统的形成依托于交通线网通道，有了交通线网通道但未保持正常的要素流动关系，也并不能形成经济网络系统。

借鉴Dematteis的空间联系理论，运用空间交互模型的定量分析方法，生成最大引力连接线分布图来分析中国城市体系的空间联系状态及其演变过程，可以直观地发现，连接线越多的城市其在城市体系中的总吸引力越大，且具有越高的空间支配地位，从而成为城市体系中较高等级的节点。连接线数目越多、节点等级越高，城市网络化的程度就越高。方创琳通过对中国城市体系从1975年到2003年“网络联系”演化过程的分析发现，随着节点城市空间引力范围的不断扩大，城市体系的基础网络逐渐区域完善，城市体系的网络化水平不断提高[①]。

3.2.5 技术进步与创新因子

技术进步与创新因子通过改变产业结构和劳动组织结构，进而影响都市圈网络化进程。最具实质促进意义的有三点：其一，农业技术创新使农业劳动生产率提高，把农村劳动力从土地上解放出来，推动人口向城镇转移。其二，先进的运输技术使大量的生产力要素流动成为可能，并大幅降低运输成本，对城市郊区化和城镇密集带的出现起着推波助澜的作用。其三，发达的通信技术使得城市文明的传播得以借助电子手段向更广大、更偏远的农村地区深入，有力地改变了农村的价值观念和生活方式，加快了城乡网络化的步伐[②]。

（1）技术进步与创新的空间扩散

黑格斯特兰德（1953）对技术进步与创新空间扩散规律和内在机制进行了详尽的研究，提出了“邻近效应”和“等级效应”两个重要规律。前者是指创新从创新源逐渐向周围地区扩散，后者是指在一个城市体系中，创新总是按照城市的等级来扩散。技术进步与创新的空间扩散有多种形式，可以归纳为：波浪式扩散、辐射式扩散和等级式扩散。在信息化高度发达的全球化时代，等级式扩散是最普遍的方式，因为它能以最快的速度将技术进步与创新扩散到全球空间。技术进步与创新的空间扩散过程在国际层面表现为：当发明企业在该领域获得了一定的领先优势后，通过转让生产许可证的方式，使该技术通过能将此技术迅速转换

① 方创琳.区域规划与空间管治论[M].北京：商务印书馆，2007.

② 张沛等.中国城镇化的理论与实践——西部地区发展研究与探索[M].南京：东南大学出版社，2009.

为生产能力的大型企业在全球范围内扩散。刚开始时进入该领域的门槛极高，只有拥有雄厚资金和技术实力的大型企业集团才能获得该项技术的扩散。在国家层面表现为，首先是在最高等级的中心地接受从国外传入的技术进步与创新，当该点确立了在国内市场上的领先优势后，该项技术开始向国内同领域内的先进企业扩散，使地区层面内的核心企业也拥有了该项技术。接着是面上的扩散，消费品生产的技术进步与创新扩散在企业间跳跃式传播，农业部门的新生产方法呈波浪式扩散。

从空间角度来分析，技术进步与创新的空间扩散受多种因素的制约[①]：第一，受自然条件和自然资源的制约，包括气候、土壤、地质和地貌等，这些因素相互联系、相互制约，共同影响着区域的生产活动，同时也影响到区域对技术进步与创新的采纳。第二，地理空间上的障碍物，比如高山、河流等也会影响创新的扩散。纵观我国区域经济发展的不平衡状况可以明显地观察到，山区和远离城市的地区基本都是经济上最落后的地区，这种空间上的障碍无疑是影响知识、技术、创新扩散以及创新扩散的结果——经济发展的重要因素。第三，技术进步与创新的扩散在很大程度上受制于空间距离，难以扩散到离中心地区或城市较远的地区，因此城市交通、信息网络越完善、通达性越强，技术进步与创新扩散得就越快。第四，各种节点经济活动的空间聚集促进技术进步与创新的扩散，在其他条件相同的情况下，由于空间聚集使得城镇间、企业间的信息交流更加充分，技术进步与创新扩散的速度就越快。空间聚集度高、经济发达的大城市往往是各种信息集中和传播的中心，可以准确、及时地了解到市场的动态、消费者的心理以及对新产品的需求变化，又可以了解到世界各地科技发展的现状与趋势，因此，尽管与其他地区相比，大城市地租高、水电费高、原料和燃料价格高，但创新扩散的初期主要在空间聚集度高的大城市进行，然后逐步由大城市地区向周边地区或其他中小城市扩散。第五，制度为经济社会确定了秩序，必然会影响区域采纳技术进步与创新的决策和行为。

(2) 技术进步与创新对空间的影响

在空间影响方面，技术进步与创新带来的生产组织方式变革重塑了区域生产过程和要素的结合方式，改变了原有空间系统的生产组合方式和地域劳动分工。早在一个世纪之前，新古典经济学家Alfred Marshall就曾指出运输和通信手段的

① 王飞."空间" 和创新扩散[J]. http：//www.studa.net/jingjililun/081202/15441552-2.html.

每一次成本降低都会改变使产业本地化的力量，使产业布局的“离心力”增强[①]。美国早期著名经济地理学家Russen Smith提出，通信和运输技术的进步促成了具有明显地理特征的世界市场的形成，即控制功能位于世界的几个角落、而生产可以分布于全球。产业组织变化对空间结构影响的一个突出特征是，在原来的生产组织基础上，新产业配置和原有产业分工带来了企业在更大的地域范围内的群集。Wilbanks总结了技术进步与创新对地理的主要影响，例如技术决定着克服空间距离的能力，导致时空压缩或时空汇聚，因而影响着空间区位的重要性和有效空间组织的运作；新技术还会改变地区原有的竞争优势，为地区发展创造新的机会，因此技术的产生地和最初扩散地常成为空间上的新增长点；技术也可以通过改变社会对自然的需求和改变环境管理的手段，进而影响产业和居民点的空间组织方式以及人们的生活方式，重新塑造着人地关系[②][③]。

因此可以说，技术进步与创新是区域空间结构发展的根本动力[④]。都市圈网络化的发展进程与现代交通技术的发展相伴而生。技术进步与创新导致运输革新，产生新的交通方式，改进交通工具、交通线路、提高路网密度、运输效率等，促进现代交通网络的完善，提高空间的可接近性，缩短空间流动的时间，从而产生时空收缩效应，使“日常都市圈”的半径不断扩大，加速都市圈区域内生产要素的空间流动，增加都市圈的空间关联度，从而促使都市圈向着网络化的方向发展。

3.2.6 诸因子的共同作用

都市圈网络化发展受到经济发展、社会文化、基础设施等诸要素共同作用和影响，在不同历史时期和不同的区域发展背景下，这些要素发挥的作用也不同，某一要素与其他要素复合叠加才能产生巨大的推动作用，而某一关键要素的缺失可能造成都市圈网络化进程的延缓甚至停滞。在信息化和经济全球化的背景下，

① GillesPie A，Rechardson R，Cornford J.Regional Development and the New Economy，Researeh Paper of the Center for Urban and Regional Development Studies[J]. University of Newcastle Upon Tyne，UK，2000.

② 刘卫东，甄峰.信息化对社会经济空间组织的影响研究[J].地理学报，2004，10（59）：67-70.

③ 刘卫东.信息化与社会经济空间重组.中国区域发展的理论与实践[M].北京：科学出版社，2003：493-520.

④ 陆大道.区域发展及其空间结构[M].北京：科学出版社，1995.

地理区位、自然环境、社会文化等要素对都市圈网络化进程的影响程度在下降，交通、信息化、地域差异与分工、技术进步与创新、生态流等因素发挥着越来越重要的作用。交通因子与信息化因子为都市圈网络化发展提供支撑载体，使传统地缘距离转化为速度和成本，网络区位的重要性日益凸显；地域差异与分工因子为都市圈网络化发展提供分工协作的基础；技术进步与创新因子为都市圈网络化发展提供动力支持；生态流因子则是都市圈网络化发展的核心影响要素。图3-3为都市圈网络化影响要素分析图。

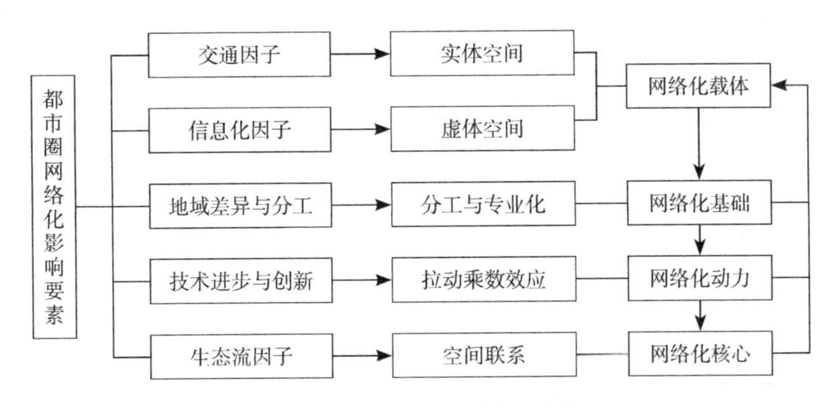

图3-3 都市圈网络化影响要素分析图

3.3 发展机制

关于区域空间形态现实中常存在着两种观点：一种认为区域空间形态是可以认知的，从社会经济学角度，将都市圈空间演化视作社会经济演化过程，有规律可循和可以规划；另一种认为区域空间形态是不可规划的或难以有效果的，以城镇形态学为基础，将都市圈空间演化视为一个类似于有机体的空间生长组织过程，主张只进行微观层面的城镇空间研究（张京祥，2000）。这两种观点的相互独立往往会造成从城镇形态学中研究出的空间过程似乎是独立于具体区域的社会经济背景，与实际城镇空间发展状况有很大的误差；从社会经济学中归纳出的结论却很难在空间实践中体现出具体性和可操作性。一些学者也注意到上述两种基本思路的不足，试图在研究中注意两者的对应关系。弗里德曼把经济发展阶段论（进化论）和空间过程（极化论）之间进行综合建立了区域空间演化模型。张京祥将城市群的空间演化视作空间自组织、社会经济演化以及空间结构组织的复合过程，从这三个方面揭示了城市群空间演化的总体机制[①]。叶玉瑶将城市群空间演化的动力归结为自然生长力、市场驱动力以及政府调控力三类[②]。

这些研究从方法论上帮助我们对都市圈空间演化机制的研究从经济发展和空间过程两个方面全面理解。都市圈网络化是在尊重都市圈内城市间差别性发展规律和互补性发展规律的基础上，通过优化城市间的空间联系实现有序的网络化空间组织过程，促使都市圈整体协调发展。其发展实质是都市圈所在区域经济、社会演化的共同过程，其空间形态离不开具体区域的社会经济背景而按自在规律运行。对其发展机制的系统研究正是为了探索区域空间组合过程的复杂性。都市圈空间网络化发展是在原有空间结构的基础上，通过动力机制、实现机制以及推阻机制的交织作用下，形成都市圈内生产要素互补、产业关联互动、基础设施和生态环境共建共享、政策协同、地域镶嵌等网络化发展趋势，并遵循组织机制最终促使都市圈向网络化方向有序发展（如图3-4）。

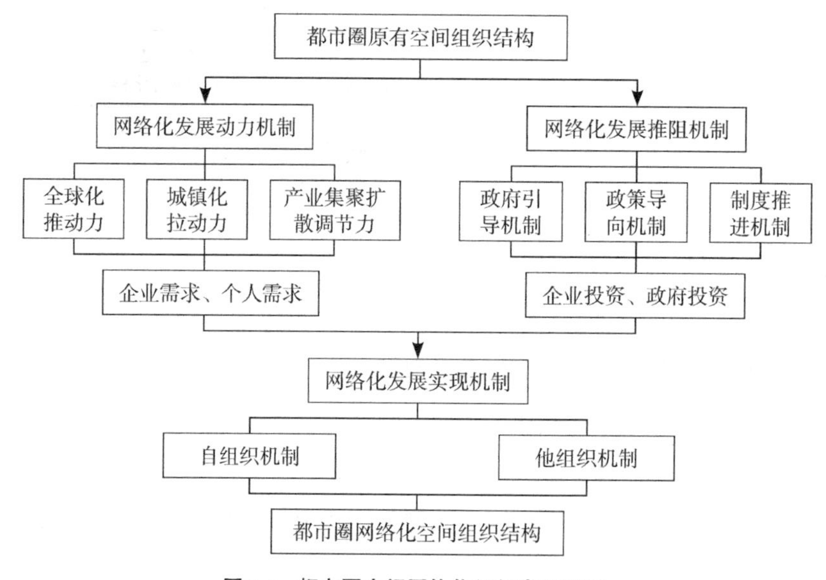

图3-4 都市圈空间网络化组织发展机制

3.3.1 动力机制

都市圈空间网络化发展的动力机制是对都市圈空间网络化形成和发展起到推动和拉动作用的力量，及时协调、改善这些力量，使之在都市圈空间持续、有序

① 张京祥.城镇群体空间组合[M].南京：东南大学出版社，2000：87.

② 叶玉瑶.城市群空间演化动力机制初探[J].城市规划，2006（1）：61-66.

发展中发挥作用，形成以既定资源为约束，资源配置方式为条件，各种制度为保障的都市圈网络化系统。

（1）推动力机制——全球化

全球化对城市及其相互关系产生了深刻的影响，引起全球节点之间的经济合作、贸易交流和资源整合，构成了全球化生产要素流动的需求驱动，导致“生态流”的产生，是都市圈网络化发展的推动力。尼格尔·特里夫特把全球化的过程分解成五个方面：一是信贷资金的筹集、发放和使用的日益集中化，并由此产生金融业对于生产的统治日益加强的后果。二是“知识结构”和“专家系统”的作用日益增长。三是全球范围内卖主控制市场的局面日益发展。四是一个跨国经营者阶层发展。五是一种跨国经济外交的出现以及民族国家权力的全球化[①]。全球化泛指经济全球化、文化全球化、环境问题全球化、通信网络全球化等，一般特指经济全球化。经济全球化通常被理解为世界范围内经济活动的网络联系，主要表现为金融资本在全球范围内的迅速流动、跨国投资的迅速增长、跨国公司垄断势力的强化、产业链在全球范围内的空间重组、国际经济组织（如世界贸易组织、国际货币基金组织）影响力的上升等，投资和贸易自由化是其基础和核心。但对吉登斯来说，全球化是指那些强化着世界范围内的社会关系和相互依赖性的过程，这是一个具有广泛意义的社会现象。全球化不应被简单地理解为世界系统的社会和经济体系的发展，似乎远离个人关注的范围，同时它也是一个地方性现象，会影响到我们所有人的日常生活[②]。

全球化与区域发展的关系在学术界中引起了广泛的讨论。最具代表性的思想来自社会经济学家Amin和Thrift[③]。他们强调要把经济机构放在相关的网络和制度联系中，并认为这对经济生存是必须的；使网络中的机构和个人成功的因素是拥有信息，信息可以是不公开和非正式的，如某种技能，或公开和正式的，如各种管理过程；强调网络的学习能力，不同的网络具有不同的积累知识和创新能力；强调相互依赖的网络之间存在力量不对称性；强调“路径依赖”，即网络具有稳定性，但同时由于网络依赖于生长环境，也会随环境而发生变化。自20世

① 孙施文.现代城市规划理论[M].北京：中国建筑工业出版社，2007：521-522.

② Anthony Giddens.Sociology（4th ed）.2001.赵旭东等译.社会学[M].北京：北京大学出版社，2003：66-67.

③ Amin，A. & Thrift，N. Globalisation，socioeconomics，territoriality. Society，Place，Economy[M]. Lee，R. & Willis，J. Arnold，1997：151-161.

纪90年代以来，“嵌入”理论被逐渐用来研究全球化与区域发展之间的关系。在经济活动的空间研究中，跨国投资建立的本地产业联系被看作是“嵌入”的最重要的单一指标（刘卫东，2003）。一般来讲，“嵌入”式外资会建立较多的本地产业联系，从而更有利于地区经济发展。“嵌入”可分为主动嵌入和被动嵌入两种方式，主动嵌入主要是当地良好的基础设施、适宜的制度环境、有竞争力的产业基础以及采用新生产方式引发的；被动嵌入是外资与当地的“制度约束”之间协调的结果，这里的制度不仅仅指国家或地方机构及其政策法规，更重要的是潜移默化的日常行为规范、机构（政府的和非政府的）之间默契协作关系的形成等[①]。从这个角度出发，全球化及其空间影响的动力可以有一个比较完整的解释，既包括经济因素、也包括社会、制度、政治和文化等要素。在这些因素的共同作用下，全球化的影响日益深入，各地区的经济体系越来越开放，各类生产要素跨地区流动的规模不断扩张；交通和信息通信的技术革命使得资源跨地区的成本日益降低，为经济全球化提供了强有力的技术支持，同时经济全球化为技术的进步提供了动力；跨国公司在世界经济中的主导地位也越来越突出，并直接影响到所涉及的具体国家和地区的经济状况。在全球化进程中，这些经济运行的过程及其特征，对全球范围内的空间经济结构进行了全面的重组，从而导致了城市和区域体系的变化（吉登斯，2003）。

随着我国参与全球化过程的逐步深入，全球化因素和力量将对我国区域发展及其空间构成产生深刻的影响。首先，城市的发展不再仅仅取决于其自身禀赋，而是更多地受到城市所在的区域的背景影响，尤其取决于其所在都市圈（城市群）在经济全球化中的作用，因此，都市圈内部城市之间及其与外部相邻其他城市间的相互作用关系变得越来越重要，同时也正在发生新的变化。其次，面对21世纪的知识经济和信息社会，全球化进程加快，城市不仅要面对彼此间的竞争，更要面对全球竞争，单一城市正在失去以往独立经济实体的功能，而以区域整体协作在激烈的竞争环境中生存发展是必然选择。第三，知识经济需要信息产业支撑和承载，而信息的生产和传输需要发达的物质基础设施，这些高投入的设施又迫使城市走网络化协作道路，以期成为信息网络中极度集聚的节点[②]。

目前，太原都市圈以“嵌入”式外资调动区域地方行政政府发展经济和城镇

① 刘卫东.论全球化与地区发展之间的辩证关系[J].世界地理研究，2003，3(12)：5-6.

② 王士君.城市相互作用与整合发展的理论和实证研究[D].长春：东北师范大学，2003：28-30.

化的积极性正逐步增高，太原台资富士康高科技企业集群就是国际资源聚集的直接结果。但总体上利用外资程度远远赶不上太原都市圈经济网络化发展的要求，并且在利用外资中还存在着很多问题。例如：第一，吸引外商直接投资能力差。从近几年的太原及其周边地区实际利用外资总额来源看，对外借款大多高于外商直接投资额，而且从2008年到2018年数据统计看，外商在太原的直接投资额基本上呈下降趋势，特别是在2014～2018年这个阶段下降趋势非常明显。造成这一结果的原因主要是与山西对外开放的环境有关，特别表现在政府的职责不明确，服务意识差，部门间的协调性差，外商投资在太原的许多具体问题都难以顺利解决，这样的政府服务与沿海各开放城市相比，是很难吸引外商投资的。第二，外商直接投资太原的投资结构不合理。在太原的外商投资企业多数集中在制造业，外商投资山西主要是看中了山西的资源，投资集中于煤炭、焦炭、花岗石开采、铝、铁、镁冶炼行业，而对山西的高新技术产业、金融、信息和文化产业的投资兴趣比较小。对资源的简单依赖势必会带来产业结构发展不合理、环境污染严重等问题，这样的投资结构也对太原都市圈的投资环境带来了很大负面影响[①]。第三，都市圈区域内各地区经济外向度不同，差异显著，主要存在于核心与边缘。当一个地区的经济活动对外联系很少的时候，大多数企业投资于电子商务的回报预期也很小，所以边缘地区在缺少外来投资和对外贸易很少的情况下，互联网应用服务的市场得不到发展（汪明锋，2007）。随着近年外资向太原都市圈的逐步扩散，太原都市圈的网络化经济相对滞后的这种困境将会有所改善，但仍然需要长时间的积极引导。

（2）拉动力机制——城镇化

21世纪以来，我国进入了城镇化的高速发展期，城镇化发展呈现出城镇区域化和区域城镇化的发展态势，都市圈、城市群和城市带极大地拓展了城市发展空间，已成为区域“新一轮财富增长的战略平台”和推进城镇化的主体形态，为城镇区域化发展开辟了新的空间，同时为区域城镇化发展创造新的突破。城镇化进程的推进无疑促进了区域城镇化水平和城市规模，促进了区域基础设施网络发展程度和城镇之间、城乡之间的相互关联，对都市圈网络化发展起到拉动作用。当一个区域因城镇化的深入而出现一定的城市个数并且城市颇具规模时，都市圈

① 任力军，孙建中.山西资本国际化途径研究[J].山西大学学报（哲学社会科学版），2007，30（4）：90.

网络化的形成也具备了坚实的基础。

城镇化是工业化推动的结果，即工业和商业发展形成聚集经济、进而产生对农村劳动力的持续不断的需求；城市预期收入远比农村要高，生活条件和个人发展条件比农村优越，因而吸引农村人口大量涌向城市；农业劳动生产率提高将越来越多的农村劳动力排挤出了农业生产领域，于是农村剩余劳动力就不得不去非农业领域特别是城市寻找就业机会。在我国城镇化过程中，学界通常把城市的拉力与乡村的推力认定为构成城镇化持续推进的动力机制。“若干经济较发达地区城镇化道路”课题组（1983）首次明确概括了我国城镇化的五个动力：国家有计划投资、大中城市自身发展与扩散、乡村工业化、地方经济的发展和外资引进的刺激。国家有计划投资、大中城市自身发展与扩散是城市的拉力，乡村工业化、地方经济的发展是乡村的推力，外资引进的刺激可以看作是除“拉力”和“推力”之外的第三种力量。

美国经济学家钱纳里采用“典型事实”统计方法分析得出，一个地区的城镇化水平，是该地区经济发展水平的结果，或者说随着人均收入水平的提高，城镇化水平将会随之得到相应提高，也就是说工业化程度、城镇化水平和人均国民生产总值三者之间存在正相关关系。2008年太原都市圈的人均GDP为31475元，简单易行的做法是将现价GDP美元按照相应的平减指数换算成国际标准模式所使用的1964年美元，即约等于1500美元，按照钱纳里的标准模型此时的城市水平应该为65.80%，而此时太原都市圈的城镇化率为61.70%，相差4.1个百分点。以上分析表明，太原都市圈大量的城市人口为城镇之间的要素流动提供了巨大的消费市场，但在拓展圈层边缘地区，城镇化进程还很落后，城镇空间分布密度也呈现出边缘化特征，基础设施网络的投资建设不足，与基本圈层特别是核心圈层的差异十分显著。由于作为都市圈网络化支撑载体的基础设施网络的投资建设首先要考虑规模效应，因此，边缘地区的城镇化水平滞后是都市圈拓展圈层网络化发展缓慢的主要因素。只有圈内城市规模扩大、城镇化水平显著提高时，基础设施网络化在都市圈才可能全面完善。

（3）调节力机制——产业集聚与扩散

区域空间结构是经济社会活动的空间表现形式，产业集聚与扩散所带来的深刻变化必将对都市圈区域空间结构产生十分巨大的影响[①]。产业集聚与扩散作

① 郭力君.知识经济与城市空间结构研究[D].天津：天津大学，2005，2.

用很大程度上决定了都市圈产业网络化的生产和消费空间格局。产业集聚与扩散的进行伴随着城市间分工协作方式的演化以及产业结构的演化和升级，进而影响城市之间的关联互动方式，并在空间上体现为中心—外围的空间结构或网络化结构。

首先，从城市间分工协作的角度来看，都市圈内部城市之间基于区域产业链的分工协作关系强化了城市间经济联系，促进了都市圈网络化发展。各城市中心之间存在着两种类型的分工与联系：一是由若干同一产业内生产互补性产品的专业化城市组成的互补性网络，城市之间通常存在着垂直分工与联系。各城市属于相同的产业区，多存在于多中心的城市体系中；二是由若干功能相似的专业化城市组成的协同性网络，城市之间通常存在着水平分工与联系（Camagni，1994）。通过城市之间的分工协作，可以促进生产要素的合理流动和优化配置，从而调整和优化都市圈整体产业结构。都市圈产业区域分工大体经历三个阶段：一是产业间分工，即不同区域基于比较优势发展不同的产业部门，进行专业化生产，这种专业化可称为部门专业化，它是经济发展早期阶段的产业分工形式。二是产业内分工，即不同区域都在发展同一个产业部门，但其产品种类不同，这种专业化可称为产品专业化。这种专业化一般是基于比较优势或者规模经济。三是产业链分工，即虽然很多地区都在生产同一产品，但是各个区域按照产业链的不同环节、工序甚至模块进行专业化分工，这种专业化称为功能专业化[①]。例如：发达城市将技术成熟但生产成本上升的一些产业转移到发展水平相对低的地区。对于这些地区而言，可以通过承接发达城市转移出来的产业而提升自己产业的技术水平，对于发达城市来说则延伸了自己原有的产业链条。在长三角城市群，上海经济发展已进入后工业阶段，一些轻纺产业需要转移，而江浙地区的经济尚处于轻加工业化阶段，这样城市之间产业结构的配套性与互补性就十分明显，通过城市产业整合，形成产业的专业化分工，从而有利于长三角城市群综合实力的整体提高。

其次，从当今世界产业结构调整的主要趋势来看：第一，知识化产业（主要包括信息产业、科学研究与教育等知识生产产业、邮电通信、新闻传媒、文化交流等知识传媒产业以及知识出版印刷产业等）在整个国民经济中所占比重不断增大、所处地位日益提高，其中以信息产业的迅速崛起最为突出。第二，制造业和服务业的高技术化趋势日趋明显。一方面制造业和服务业已成为高技术装备的重

① 赵勇.区域一体化视角下的城市群形成机理研究[D].西安：西北大学，2009：65-67.

要采购者，另一方面，制造业和服务业的研发活动日益密集。第三，伴随着知识技术密集程度的提高，经济发展对科技人才的依赖性大大增强，就业结构日益高技能化。另外，第三产业的比重不断提高，出现了经济服务化趋势。上述产业结构调整趋势使得产业结构呈现高度开放性，工业经济时代的垂直分工体系将逐步让位于水平分工方式，信息技术和信息产业的发展特别是近年来迅速发展起来的信息高速公路，在某种程度上使得空间距离产生的阻碍变小，一定程度上降低了地区间的交易成本，促进了都市圈产业网络化发展的进程。

早在20世纪90年代中期，山西就提出了把调整产业结构作为经济工作的重点和主线的思路，并开始建立高新技术开发区，希望通过产业规划和产业政策，培植带动产业升级的主导产业。其中太原高新技术产业区经过20年的发展，现已形成一定规模的高新技术产业群，涵盖光机电一体化、电子信息、新材料、环境保护、高效节能、生物医学、航空航天、核应用等多项高新技术产业，涌现了大量高技术企业，引发了新的空间极化效应。但从目前都市圈各城市的工业部门结构来看，产业结构的趋同，使得都市圈各地区的区域分工不明确，产业的互补性较差。主导产业结构相似性强，主要都是以资源性工业为主的重工业型结构，轻工业发展普遍较慢。这种产业结构趋同不利于推进太原都市圈产业分工协作的发展，产业结构布局与调整应当打破地区界限，强调生产要素互补和产业互动，依据技术经济的内在联系，鼓励组建跨地区的企业集团，以便加强地区之间的合作，加快形成有机的城际战略产业链，根据比较优势原则形成主导产业、支柱产业和优势产业上的分工，实现都市圈区域产业发展优势互补，以强带弱，推动太原都市圈整体区域经济协调发展。

3.3.2 推阻机制

推阻机制反映了都市圈网络化发展的制度平台建设，主要包括政府引导机制、政府导向机制和制度推进机制，有效保证了都市圈网络化成本收益信号的真实性和灵敏性。

（1）政府引导机制

政府引导机制在这里有几层含义：一是都市圈网络化发展必须重视政府作用的发挥，通过政府意识影响群众意识，进而达成都市圈网络化的共识，树立协作分工共赢的意识。二是改变政府作用的方式，即都市圈发展必须由跨行政区联合协调机构和监督机构制定总体规划，对都市圈发展进程、城市间职能分工、产业集群发展、生态共建等方面，实行必要的宏观调控，负责组织协调城镇之间的经济合作，为制定城镇协调发展的都市圈规划和相关政策而搭建平台，以此来突破行政的藩篱，协调要素整合、产业布局和跨行政区域的重大项目建设，促进资源共享，发展互动。三是寻找“有为”和“无为”的契合，无为不表示政府放弃必要的宏观调控。在区域产业发展的统一规划、交通等基础设施的网络化、市场建设的整体性，以及社会和环境等问题的协调治理方面，需要由城市政府来积极协作。特别在产业发展上高新技术产业和现代服务业更需要政府的大力扶持和引导；企业跨地区经济合作方面更需要政府发挥积极的协调作用。四是管理体系由垂直管理体系转变为网络状的协作体系。当今社会受到全球化和信息化的深刻影响，已经不能保证单个行政地域单元在竞争环境中绝对受益或绝对遭损，强调各个行政地域单元的及时、互动式交流合作就成为各个行政单元的必然与主动选择。而有关城际利益则要通过协议进行城市间的有序转移，地方政府之间的相互关系作用是城市群空间联系的一个重要保证。

（2）政策导向机制

政策是政府重要的调控手段，政策取向不仅影响都市圈网络化的进程，而且也决定都市圈网络化的速度和特点。在市场经济体制下，政策促进机制是推动都市圈网络化发展的又一重要动力，通过政策促进来生成、催化与提升市场力量，促进都市圈网络化发展。一方面根据都市圈发展要求，适时制定和出台一系列推进都市圈网络化发展的政策，引导和保证都市圈沿着正确的方向健康稳定发展。例如，加强都市圈各种区域经济合作组织的建设，制定和完善有关区域经济合作的有关政策规定和法律法规，形成城镇之间的互动发展机制以加强彼此之间的横向交流与合作；制定并执行统一的解决都市圈公共问题的公共政策，加强都市圈城镇间及城乡间的协调发展，提升都市圈综合竞争力。又如通过税制调整，包括出口退税政策、外来投资税收减免政策等，建立中小企业孵化器机制，采取鼓励向高新技术企业贷款等措施刺激企业加大投资力度，在快速成长过程中获取专业化经济的好处，从而推动整体分工水平的提高。另一方面通过政策消除那些阻碍市场机制作用、限制人口流动和资源要素集聚的障碍，促进都市圈有序发展。例如，通过行政区划调整和组织创新、出台鼓励人才流动的相关政策等举措创造一个良好的制度环境。政策促进机制的关键就是要废除抑制都市圈发展的体制壁垒，并通过制定和实施区域产业一体化、区域经济一体化、城乡一体化等政策，影响都市圈城镇布局变化，促进都市圈网络化发展。

（3）制度推进机制

制度表现为社会行动的结果，制度作为一种公共产品，提供了人类相互影响的框架和社会成员行动的通用信息，以规范个体行为和经济秩序的合作与竞争关系。制度具有三大功能，一是约束功能：制度设定了禁止和惩罚机制，对违反制度者进行惩戒以维护公平和组织的持久存在；二是规范功能：制度规定了组织中个别行动和集体行动的规范，提供人们据以行动的基本框架，从而降低了个人与组织行为的不确定性；三是激励功能：制度提供了一种经济的刺激结构，使个人利益与社会利益协同起来。制度因素不仅直接反映在都市圈的城镇发展政策上，而且还会通过产业结构转换制度安排和经济要素流动制度安排及其他制度安排促进或延缓甚至阻碍都市圈发展的进程。换言之，不同的制度框架或制度安排组合对都市圈发展的作用各不相同。如果缺乏有效率的制度，或是提供不利于生产要素重新聚集的制度安排，即使发生了结构转换和要素流动亦并不必然导致都市圈有序发展。都市圈的构成本身即是以核心城市与周边地区的联系为核心的，其制度性特征决定了都市圈网络化的核心激励就在于能达成区域内各主体的一致行动，形成区域合力。都市圈网络化进程是以有效率的制度安排来保障的，主要体现在以下几个方面：加强横向之间的交流与合作的机制，加强各种区域经济合作组织建设机制，加强区域经济合作组织间利益协调机制，促进中介组织的发育与健全机制等。

3.3.3 实现机制

都市圈网络化的实现机制是都市圈网络化发展的动力机制和推阻机制转变为网络化结果的路径和作用过程。都市圈空间结构是通过都市圈空间内部的自组织过程和空间他组织过程相互交替，逐步朝着理性的方向发展而形成的。在实现形式上，都市圈空间组织可以归结为自组织和他组织的叠加过程。从都市圈空间发展的历史演化来看，自组织机制作为空间发展内在的规律性机制，表现为隐性而永久地作用于城镇空间发展和演化，更为根本；而他组织机制是在空间演化到一定阶段上，为对付日益增大的空间复杂性而演化出来的，表现为显性地作用于城镇空间发展。都市圈空间发展兼有自组织和他组织两种机制的特性（段进，2006）。从下述自组织机制和他组织机制两个过程进行整体考察将有助于对都市圈网络化空间过程与规划作用的理解。

（1）自组织机制

自组织机制在一定程度上反映了都市圈网络化发展的客观规律。从系统自组织原理的角度分析，都市圈网络化发展过程实际上是都市圈内部城市之间及城乡之间的空间联系从无序走向有序的一种自组织过程。自组织是系统内部力量的互动创造出一种“自生自发的秩序”，这种自发秩序源于内部或者自我生成[①]（哈耶克，2000）。通俗地理解自组织就是当系统演化无需外界的特定干扰、仅依靠系统内部各要素的相互协调便能达到某种目标。

自组织系统的行为模式具有以下突出的特征：一是信息共享，系统中每一个单元都掌握全套的游戏规则和行为准则；二是短程通信，每个单元在决定自己的对策行为时，除了根据它自身的状态以外还要了解与它临近的单元的状态，而所得到的信息往往也是不完整的或非良态的；三是单元自律，自组织系统中的组成单元具有独立决策的能力；四是并行操作，系统中各个单元的决策行动是并行的，并不需要按某种标准来排队，以决定其决策行动顺序；五是整体协调，在诸单元并行决策与行动的情况下系统结构和游戏规则保证了整个系统的协调一致性和稳定性；六是微观决策，每个单元所做出的决策与系统中其他单元的行为无关，所有单元各自行为的总和决定整个系统的宏观行为；七是迭代趋优，自组织系统的宏观调整和演化是在反复迭代中不断趋于优化[②]。在区域空间发展演化中出现的由于受土地和资源制约、可达性制约、中间型制约和均匀制约等不同类型的空间规模效应在距离轴上的差异影响，从而自发地形成明确土地利用分区的现象就是区域空间发展自组织机制作用的结果（顾朝林，2000）。充分认识自组织理论的这些基本内容，对于揭示都市圈网络化组织过程规律是极其重要的。都市圈的发展演变首先是都市圈系统的自组织过程，源于空间系统背后的社会经济等深层机制作用（段进，2000）。都市圈区域空间发展自组织作为城市个体行为的宏观体现，是一种多因子共同作用、相互关联、互为制约的自下而上的空间组织机制。

都市圈作为一个开放的系统，通过内部各组成要素的相互作用和相互联系来得到不断的提升和优化。空间竞争和空间协同作用是都市圈自组织系统演化的内在动力，空间竞争是保持空间类型个性特性的状态和趋势的因素，源于空间竞争

① [英]弗里德里希·冯·哈耶克.经济、科学与政治[M].南京：江苏人民出版社，2000：21-26.
② 张永强.城市空间发展自组织研究[D].南京：东南大学，2004：24.

而产生的空间协同则是保持空间系统集体性的状态和趋势的因素，空间竞争和协同不仅相互依赖，而且在一定的条件下可以相互转化。

在没有规划控制的条件下，都市圈空间的集聚与扩散、空间的蔓延与跨越、空间结构的包容与转变等等都是在一种无形力量的控制下发生着，在市场机制的作用下，都市圈空间联系最根本的动力是利益驱动。

1）利益驱动

客观上，追求经济利益最大化成为都市圈空间结构形成演变的根本原因。利益主要包括区域经济利益、社会利益和生态利益等，获得社会、经济和生态环境效益的共赢是都市圈网络化的动力源泉。合理的分工是获得上述利益的保障①。都市圈内各城镇都有追求各自利益最大化的要求，生产要素在利益驱动下向利益势能高的区域流动，并遵循着沿资源递减方向和相对优势递减方向的距离衰减的区位择优规律，自发自主地发生着各种行为，并在周边建设的相应影响下在位置选择、规模大小、使用性质以及风格形式等方面与现有的城市环境不断地发生着往复碰撞和自我调适，在反复迭代中不断趋于优化、实现空间涨落有序②。在都市圈形成初期的点轴空间中，由于生产要素集聚与扩散及其中心城市与周围城镇之间形成的相互关联作用，产生空间自组织集聚现象，使生产要素在一定空间范围内形成互补和规模效应，并产生出新的创新因素；当空间集聚达到一定程度，个体建设的成功空间模式不断地被复制和运用，一定空间范围内的过度聚集导致了空间发展的不经济和城市空间的发展性短缺；出于经济利益最大化的考虑，空间则自发向外扩散。在集聚与扩散的共同作用下逐渐形成都市圈发展的新空间——网络化空间。

2）市场机制

市场机制是一种竞争机制，竞争是系统演化的最活跃的动力，各个经济行为主体之间为自身利益最大化而相互展开竞争，由此形成了经济内部必然的联系和影响。市场机制推动了都市圈内生产要素的自由流动，促进了圈内产业、人口的集聚和扩散效应的发挥，推动了经济结构的调整和提升，加速了圈内资源的优化配置效率，促进了都市圈整体经济的增长。在都市圈内部各城市之间，中心城市先进的人才、技术、信息、资金、管理和文化等要素在市场机制的引导下向边缘

① 朱英明.城市群经济空间分析[M].北京：科学出版社，2004.

② 张永强.城市空间发展自组织研究[D].南京：东南大学，2004：24.

城市发生涓滴、扩展和流转。在市场机制作用下城市可以成为都市圈经济整合的载体，它在利益驱动下能主动寻找并确定目标与相关城市进行合作实现经济要素的城际流动。

在都市圈网络化进程中引入市场区规则（自由市场规则），可以保护都市圈内部最基本的经济联系，并将保持经济联系的原始状态，避免行政干预强加的经济联系的偶然性，使都市圈网络化具有更牢固的基础；还可以大大提高城市网络的供给效率，实现资源的优化配置，从而改变传统的政府投资方式，积极地进行投融资方式的创新，通过新的投融资方式，让更多的投资主体参与都市圈网络化进程，最终促进都市圈网络化的建设[①]。我国珠三角、长三角、京津冀三大都市圈内的各城市之所以出现明显的分工，根本原因在于市场机制推动了城市政府、企业等市场主体的理性选择、推动了都市圈内各城市的原始功能定位、促进了产业的合理布局。目前太原都市圈市场机制发展不成熟，在本该由市场机制进行资源配置的某些领域，政府还必然发挥着不可替代的调控作用，远未达到由市场机制的作用来进行商业化运作。为此，应当建立和完善各种要素市场，建立专业机构提供各种要素信息，引导和促进生产要素、人才在太原都市圈内部的自由流动，为都市圈网络化发展的“弹性交换环境”营造基本支撑。

（2）他组织机制

他组织力来自事物外部的组织过程。城市规划控制作为一种来自于城市空间系统外部的组织手段，是对城市空间发展的特定干预，被界定为城市空间发展的他组织。城市规划作用于城市空间结构的形成与发展中，呈现一种目标—结果的线性操作模式，具有阶段性和实效性特征，试图“使系统偏离目标的变化控制在允许范围之内”（J.B.麦克劳林），是一种自上而下的空间他组织机制[②]。只有在城市规划的他组织机制影响下，都市圈才能通过合理聚集和分散发展而达到选择性集聚、群体空间优化的目的，否则就会任意蔓延、无序生长。

城市规划是通过影响自组织机制而发挥作用，这种影响可以分为市场增进型和市场干扰型两类。市场增进型是城市规划与空间分工的内在规律相吻合，因而可以有效地推动区域分工演进。在城市规划领域，如果规划中的空间布局与未来的发展趋势相吻合就会加速城市的发展，从而使规划本身的落实更加顺畅。市场

① 张弥.城市体系的网络结构[M].北京：中国水利水电出版社，2007：65.

② 张永强.城市空间发展自组织研究[D].南京：东南大学，2004：24.

干扰型则恰好与市场增进型相反，即城市规划与城市经济的内在规律相背离，在城市规划编制过程中，如果空间布局和未来劳动空间分工的发展趋势背道而驰，则规划本身纸上谈兵的命运就无法避免。城市规划作为一种城市空间他组织力量，不可能也不应该孤立地分析规划本身，而应该更多地思考作为外生干预力量的城市规划是如何影响内部自组织的进程的。这包括对经济态势的准确把握、城市规划与政策对既有经济过程的影响效应评估、可能的风险和后果等方面的考虑[①]。可以说，新的发展形势对城市规划的编制提出了更新、更高的要求。

1）全球信息化社会中的城市规划

格雷姆（Stephen Graham）和马文（Simon Marvin）从城市规划具体工作与信息技术发展的角度，探讨了将信息技术的运用结合进城市规划的趋势和方法[②]，他们认为信息时代下的城市规划战略至少应当包括三个方面：一是经交通运输与电子通信相结合的战略，例如，将城市交通、电子通信和土地使用安排结合组成“城市通勤走廊”，实现城市空间形态的重新组织；二是城市层次的信息技术发展与普及的战略，旨在提供完整意义上的、覆盖整个城市的社区网络、地方经济发展和公共服务的信息技术体系；三是在城市的特定地区形成“信息区”等。对于新发展形势中的规划师夏铸九认为应当具备不同的视野和能力[③]：一是在全球信息化的城市与区域网络中分析具体问题的能力，强调的是不同领域知识对规划与设计的支持，具备分析城市与区域问题的能力，强调方法，懂得发问，要求过程的开放性；二是信息时代的城市规划需要信息时代新的城市管理方式和新的政府角色与之配合，信息技术使政府具备了开放式、让市民参与决策过程的能力，可以及时响应信息、资本、权力的流动变化，进而在全球经济的压力下寻找地方发展，维护地方人民的利益；三是在方法层面上，城市规划师应当具备新形势下的应变能力和使用多种方法来面对规划和设计的新挑战。总的说来，信息时代的城市规划应当考虑场所社会中面对面的相互作用，利用交通流等有效维持这些交往，同时还要考虑非场所社会中的相互作用，利用电子媒介中的信息流将其很好地结合在一起。当这两种作用有机结合在一起后就

① 石崧.城市空间他组织[J].规划师，2007，11（23）：28-30.

② Stephen Graham，Simon Marvin.Urban planning and the technological future of cities，2000，引自孙施文.现代城市规划理论[M].北京：中国建筑工业出版社，2009：540-541.

③ 夏铸九.在巨型城市中争论空间的意义.引自孙施文.现代城市规划理论[M].北京：中国建筑工业出版社，2009：540-541.

出现了城市规划的可能趋向。

2）倡导多元性与公平性的城市规划

当前社会不再是一个具有单一价值观的社会，也不再是一个单一文化和单一群体的社会。各种阶层、文化背景的行为主体都可以组成各自的利益团体，追求自身利益的最大化，形成一个互动的、竞争的多元化局面。都市圈具有典型的多元化特征，如何在都市圈内容纳这种多元竞争的状态，并在不同价值判断下形成共同的行动，成为迫切需要研究的问题。在一个充满利益竞争和在地位、资源等方面存在着严重不平等的社会中，以社会公平为目的的城市规划受到了广泛的关注。克鲁姆霍尔兹通过实证性的研究，回顾了20世纪70年代中公平规划实施的状况，提出以社会公平为目的的城市规划在推进过程中需要注意和不断改进的内容。哈伯马斯提出的“交往理性”为多元性与公平性的城市规划提供了重要的方法论基础。实现“交往合理化”的重点在于建立社会成员认可并尊重的公共规范，建立规范的原则：一是普遍化原则，确定的规范标准应当能代表大多数人的意志，能为人们普遍认可并遵循。二是论证原则，要让所有相关主体都能参加制定规范标准的商谈和论证，以求达到意见的一致。由于解决规划中个团体利益的协调、远近期目标安排等问题的方案不可能一劳永逸的一次性获得，这种公众参与的过程也将按照某种程序持续地发生着作用和功能：首先，使某一共同体中的每个成员都能够凌驾于其他意见之上的可能性；其次，杜绝某一种意见凌驾于其他意见之上的可能性；最后，是各种不同的意见最终能够汇总为一种为整个共同体所接受的“一致性”的意见①。

3.4 太原都市圈网络化动力模型

太原都市圈网络化发展的一个重要表现在于内部城镇优势互补，形成合理配套的产业分工与协作网络，结合上述影响网络化发展过程的因子分析和各种机制分析，产业空间集聚及其分工协作是都市圈网络化发展的主动力——不需要任何其他媒介即可推动网络化的力量。通过分析世界许多城市群网络化发展的进程，不难看出，除了主动力的作用还受到其他许多力量的推动，如跨国公司带动、政府行为影响等，但这些力量的作用在市场机制作用下都要通过转化为主动

① 孙施文.现代城市规划理论[M].北京：中国建筑工业出版社，2007：521-522.

力才能实现。因此，将这类力量归为网络化发展的从动力——以市场为媒介经由主动力实现其对网络化的促进作用。值得思考的是，与发达地区的城市群相比，太原都市圈经济发展相对落后，尚处于低水平网络化起步阶段，网络化发展的原动力或起始动力是什么呢？本书认为突破当前瓶颈的主要途径应当是创新，只有创新这一动力引擎才能将太原都市圈引入网络化的动力轨道。因此，可以提出一个太原都市圈网络化发展“三力合一”的动力模型（图3-5）。

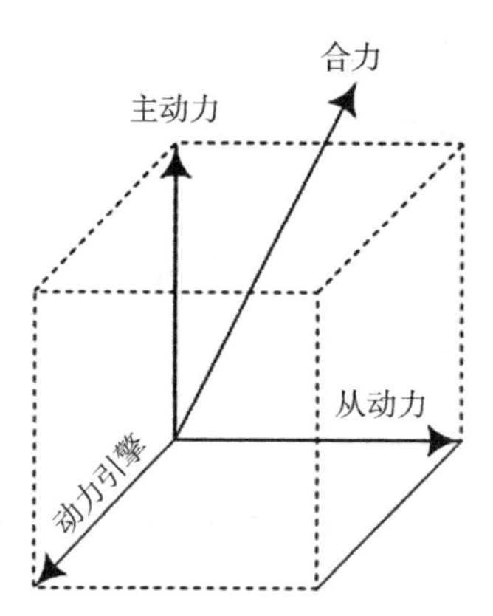

图3-5　太原都市圈网络化动力模型

3.4.1 动力引擎

创新是太原都市圈网络化发展的动力引擎。太原都市圈长期以来作为国家能源和重化工基地，受国家宏观调控和政府指令的影响而形成的自上而下型城镇化弱化了网络化发展中主、从动力系统的作用，要强化这一作用，使主、从动力得以充分发挥，必须依靠创新驱动，将太原都市圈纳入到以自上而下和自下而上相结合的综合型城镇化轨道上来。

创新驱动是推动经济社会发展并有别于传统驱动的一个经济概念，从长期看，创新具有放大动力功能的内生机制，能够形成不竭的原动力。创新驱动是由推进创新的各种驱动因素构成的，可分为外在驱动因素和内在驱动因素两类。内在驱动因素主要表现为区域内创新主体强烈的创新诉求、区域自身向前发展的内在倾向等；外在驱动因素外延较广，全球飞速发展及其由此导致的全球信息化与一体化趋势对创新起着前瞻性的导向作用，国家的宏观科技、经济与产业发展政策对创新起着导向与保障作用，同时企业的现实技术需求对创新起着引擎与拉动效应，科技创新较为突出的国内外相关地区的示范效应等则对创新有着强劲的借鉴与激励功能[①]。创新驱动的主要类型可以归纳为产业创新驱动、科技创新驱动、城市创新驱动和制度创新驱动四大类。

国内外网络化发展比较成熟的都市圈（城市群）为了提升自身的综合竞争力，一直以来都在不断进行各种创新活动。以德国鲁尔城市群为例，鲁尔城市群位于德国西部，经历了200多年的工业发展，是世界上最重要的工业区之一，硬煤、焦炭、钢铁、电力、硫酸以及合成橡胶、军事工业、重型机械等在德国占有重要地位。20世纪50～60年代，该地区经历了煤炭、钢铁行业危机，后经鲁尔煤管区开发协会的统一规划和指导，成功实现了鲁尔城市群的复兴。鲁尔城市群就是将创新作为其发展的重要推力，其创新主要表现在它把各个城市的历史挖掘出来、文化保留下来，将工业发展的历史作为一个有价值的“卖点”[②]。例如，埃森（鲁尔城市群的核心城市之一）的矿区已经申报世界文化遗产；把城市变成一个公园，用机械化向游客展示工业时代的文明；把工厂变成一个艺术馆，在废弃的工厂里举办上万人参加的大型音乐会；把以前的车间变成大型餐厅，给周边居民带来更多的就业机会等等。正是由于创新尤其是城市创新，使鲁尔区以崭新的面貌向世人展现出来。

实践已经证明，太原都市圈所形成的以大量消耗物质资源为基础的、受资源的瓶颈制约的那种“收入—投资—资源消耗—竞争力—收入”的传统发展模式是难以持续的。而都市圈网络化的发展模式更强调创新的重要作用，重视研发投资和自主创新，区域竞争力建立在以知识和人力资本积累为核心的创新基础上，并由此形成“收入—研发投资—创新—竞争力—收入”的循环。当前，除了积极完善产业创新系统和科技创新系统外，太原都市圈急需进行的创新还有城市创新和制度创新。城市创新是一种全方位覆盖、全社会参与、全过程联动的城市整体创新，主要依靠科技、知识、人力、文化、体制等创新要素驱动发展，主要通过优化创新资源配置、加强网络化创新主体合作、不断完善创新机制和营造良好创新环境等方式来推动区域发展。制度是通过对各种经济社会运行规则的制定和执行来影响区域发展，包括就业制度、户籍制度、土地制度、社会保障制度、行政区划体系等方面。通过制度创新可以创造都市圈网络化的发展条件，逐步建立完善的产业、基础设施、文化交流等方面的跨地区合作机制，消除网络化进程中

① 曹大贵等.科学发展观与历史文化名城建设[M].南京：东南大学出版社，2009.
② 冯革群.德国鲁尔区工业地域变迁的模式与启示[J].世界地理研究，2006，3（9）.

的政策制度障碍，通过设置新的制度安排弥合市场机制的缺失，将有助于实现区域一体化的目标。总而言之，创新对太原都市圈网络化发展具有深厚影响。在强调创新作用的同时，还应意识到创新也是需要基础和条件的。创新只有在足够的要素运行环境中才能切实起到乘数效应和放大动力机制的效果，创新和生产要素的积累流动存在互为前提、互相促进的关系。太原都市圈网络化发展过程中必须要有一个大量资金的集中投入期，通过资金的大量投入改善太原都市圈的交通网络、基础设施网络和政策网络等投资环境，使太原都市圈各要素的积累达到门槛存量。

3.4.2 主力驱动

太原都市圈网络化发展的主动力可以归纳为产业空间集聚力和横向区域协作力（图3-6）。其中，产业空间集聚力是产业集群空间区位形成的主要推力，因经济联系密切或生产要素指向性相同而形成集聚，通过产生规模效应、降低交流成本、强化创新学习的氛围、促进生产要素的交流，从而促进都市圈内部城镇的发展和城镇间要素的流动，因而决定都市圈网络化的空间进程。但是，空间经济集聚程度一旦超越某个极限，即集聚过度时，生产成本增加，点域空间区位优势丧失殆尽，这时横向区域协作力促使企业从高度集聚的点域空间向外扩散。横向区域协作力是区域间在经济发展、设施建设和生态环保等方面的互利合作，特别是在产业方面的分工协作。横向区域协作力使得太原都市圈中心城市以及周边发达地区城市的产业发生梯度空间转移的可能。城市产业转移的主要方式包括：一是通过压缩落后传统城市支柱产业的生产规模，让出有关产业的生产和销售市场；二是通过生产技术转让及技术人员的跨区域流动，对太原传统企业或产业进行改造和嫁接，实现产业的空间转移。三是通过外包加工的形式将部分生产工艺程序、配套生产及部分原有产业的外延生产直接转移到周边城市。产业空间集聚力

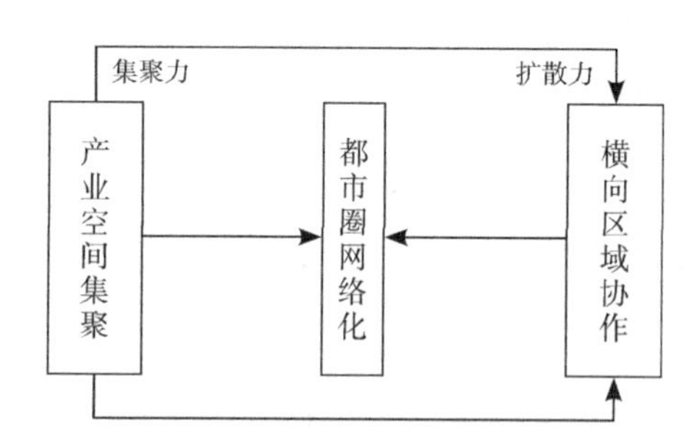

图3-6 太原都市圈网络化发展主动力运行机制

和横向区域协作力通过集聚与扩散的双重作用力，在产业创新这一动力引擎的共同作用下使太原都市圈向着网络化发展的方向迈进。

“网络化”发展最为典型的荷兰兰斯塔德城市群正是基于上述横向区域协作而由典型专业化城市组成的城市群网络，并借助高度协同的交通和通信网络发生相互作用。它把一个大城市所具有的多种职能，分散到大、中、小城市，形成了职能分工明确、专业化特点明显、相互协作紧密的有机结构。在兰斯塔德城市群中，海牙作为政治文化中心，重点发展旅游、服务等第三产业；阿姆斯特丹作为全国金融经济中心，兼有港口工业和轻工业；鹿特丹是世界上吞吐量最大的港口，也是重工业基地；乌德列支则是国家的交通枢纽。同时，大量的轻型加工工业则分布在莱登、哈姆勒以及围绕希尔维萨姆的赫特古伊地区。正是基于这种各城市的分工与协作，使得兰斯塔德城市群的内部形成了优化的产业布局，资源得到了有效的配置，这在刺激经济发展的同时，也防止了交通拥挤、生态环境恶化等城市病的出现，进而更好地发挥了其对本国经济增长的促进作用。世界典型“网络化”城市群的发展实践证明，根据城市群内各城市的现实情况准确地进行产业定位并建立有效率的产业链，形成合理的分工协作体系，可以减少“阴影效应”的产生。

3.4.3 从力调控

作为一种复杂的社会经济过程，太原都市圈网络化发展的进程还受其他一些力量的作用，这些力量一般要以产业空间集聚及其分工协作为媒介，即以主动力为媒介。第一，政府行为的示范作用。政府是推动都市圈演化的行为主体。太原都市圈市场机制的不健全导致资源要素的配置和经济运行不可能实现帕雷托最优，政府的作用因此而更加突出。在太原都市圈的发展过程中，地方政府应当重新定向，促进太原都市圈建立、完善市场体制并规范运行，鼓励城市间产业分工合作，以都市圈整体利益最大化为目标，为都市圈网络化发展提供较为有利的制度环境。同时，还应依靠高级别行政协调管理的有效干预和相关地区的积极参与，发挥协会组织的积极作用，保障都市圈网络化发展与规划实施。第二，外资的带动作用。太原都市圈的发展在很大程度上依赖于资本投入的多少，外资的流入无疑对流入地区的各种结构均会产生影响。我国实行对外开放以来，外资的作用在沿海开放地区这种影响结果已经相当清晰，同时应当注意，在吸引并利用外资促进网络化时，要把握方向，合理引进，坚决杜绝接受发达地区或国家的淘汰产业项目，利用外资时要统一规划，合理实施。第三，人的主体因素的促进作用，即强调人在社会问题中的能动作用。高素质的人口、先进开放的思想观念必会促进都市圈网络化，相反，素质低劣的人口、封闭落后的思想也必会成为都市圈网络化的绊脚石[①]。

3.5 小结

空间组织是社会非空间组织的反映（Maurice Yeates，1990）。就都市圈空间组织而言，“社会经济发展的决定因素往往是空间组织的基本的决定因素”。这些因素的相互配置组合与上层作用支撑着都市圈向网络化的方向发展。因此，只有对物质实体要素和上层作用的发生机制与规律进行系统的研究，才能为都市圈网络化发展机制的研究提供科学的依据。本章从社会经济发展和空间过程两个方面对都市圈空间演化机制的研究进行全面理解，并构建了包含动力引擎、主力驱动、从力调控“三力合一”的太原都市圈网络化动力模型，这也是本章的一个创新点。

① 张沛等.中国城镇化的理论与实践——西部地区发展研究与探索[M].南京：东南大学出版社，2009.

4 太原都市圈空间发展现状解析

4.1 空间界定

都市圈是按经济与环境功能整合的需求构筑而成的城镇群体空间单元，中心城市与外围地区在经济、交通等因素的作用下逐步形成了网络化的空间布局，其自身并不存在既定的行政边界，动态地看，都市圈的边界是模糊的。因此都市圈研究首先应明确都市圈的空间范围。一个明确而又合理的都市圈空间范围是保证一定区域内各城市实现合理功能整合的关键，它是对都市圈进行各项研究的基础。

4.1.1 太原行政区划沿革

古时“太原”属于地域泛称，并非行政地名。“太原”一词的出现最早见于《诗经·小雅》中的《六月》篇：“薄伐玁狁，至于太原。”当时的太原指的是今甘肃省平凉市以北与环县以南的地域。而现在的太原地区时称大夏、夏墟。直到秦并六国，实行了郡县制，才将太原郡治于晋阳。从此有了太原郡和太原国。盛唐开始在中国实行道、州（府）、县的行政区划制度后设立太原府，才延续至民国。中华人民共和国成立后太原市定为山西省省会。太原设郡后历代辖区范围变化如下：太原郡包括晋阳、介休、榆次、中都、盂、平陶、汾阳、京陵、阳曲、原平、广武等城邑，即今天太原市、晋中市、吕梁市、阳泉市、忻州市（除河曲、偏关2县）与朔州部分地域（《汉书》地理志第八上）；魏晋南北朝时期太原郡、太原国的管辖范围基本延续了秦汉的行政区划。隋朝太原郡管辖范围是今太原市、阳泉市以及晋中的祁县以北、吕梁市东部一些县域，唐代沿袭之；晚唐以后直至元明清各代实行省、州（府）、县三级地方行政区划制度，中国的行政区域面积才逐步划小。即使如此，以太原为中心的州、府行政建置所辖地域也均大于今天太原市的行政范围。今天的晋中市榆次区、太谷、祁县、文水、交城无一例外均归其管辖。元代为满足中央集权统治和防止军阀割据，开启省制先河，太原府直隶中书省，行政辖区面积随即缩小，但仍为今太原市辖区面积两倍以上。明初太原府并领汾州与辽州两个直隶州，辖区范围最为广阔，与今天太原市、晋中市、阳泉市、忻州市、吕梁市的行政范围基本吻合；清代太原府辖区虽然缩小，但是同样包括了榆次、太谷、祁县、文水、交城等县。

分析历代太原历史辖区范围，从战国太原郡始，至秦太原郡—唐太原府—南北朝太原郡—明太原府—清太原郡，太原范围历经了多次变化，其中比较稳定的范围包含太原市域、晋中榆次、太谷、祁县和吕梁交城、文水。综观中国历代行政区划沿革的历史，一是历代太原辖区范围都比今天的太原行政区大得多；二是太原在历次政权更迭和区划调整中，其中心位置始终没有发生过变化。唯有宋灭北汉时虽然毁掉晋阳城，一度将并州治所移至榆次，但是随后很快又迁至宋太原城（今迎泽大街、解放路、西羊市、新建路围合的地区），大体是在现太原市中心区的位置。

通过历史分析不难看出：① 山西历代政治、经济、文化中心始终没有脱离今太原市区范围这个中心，对这一地区繁衍生息的人们具有很强的凝聚力和向心力。② 太原在历代行政区划制度中，一直作为州、府地方行政治所和二级行政单元建制独立存在。③ 今晋中市榆次区、寿阳县、太谷县、祁县、文水县、交城县始终为太原郡、太原国、太原府核心辖区，形成深厚的历史地理渊源及和谐共生的人文价值。

确定太原都市圈的空间范围首先应当考虑这种悠久的历史渊源和内在的人文联系。尤其是市场经济和信息时代带来的现代交通工具早已取代了农耕经济时代车马交通的落后交通方式之后，太原和周边地区的时空距离大大缩短，相互联系和相互协作较之古代社会更加便捷，更加紧密。虽然它们现在隶属于不同的城市，但是在市场主导资源配置的规律推动下，太原市作为一个相对独立的经济文化单元，通过都市圈这样一种区域经济组织形式协调区域间经济发展的职能正在一天一天加大，一步一步走向现实。

4.1.2 空间界定方法综述

都市圈范围的界定方法，学术界已提出了比较成熟的几种方法：① 依据城市和区域的相互吸引及空间相互作用原理，利用中心城市与周边城市的质量或综合实力因子及两城市间的距离计算城市间引力的平衡点，中心城市与周边城市平衡点的连线就是都市圈的理论界限[①]。② 依据周围地区与中心城市的人口及通勤率来确定都市圈的范围。但通勤资料的不完善使得这种方法较难适用[②]。③ 按照都市圈的人力流、物流、资金流、信息流的规模、流向、疏密程度进行划分。该方法在理论上比较严密。④ 按照经济区的划分方法，界定都市圈的区域范围。这种划分方法比较粗糙，缺乏科学的理论支持。⑤ 根据中心城市经济势能量级确定中心城市的辐射圈半径，并根据城市间的经济距离划定进入都市圈的城市和区域。此方法既考虑了中心城市的实力又结合了城市间的经济联系，资料的取得也相对容易，具有较强的实用性[③]。

孙娟的都市圈空间界定方法[④]综合考虑了上述方法，以影响都市圈空间界定的空间要素、时间要素、流量要素及引力要素通过对各种“流”的研究，界定出4个空间范围，将4个空间范围进行叠加得出都市圈的圈层结构。王建伟等则进一步对四个要素所产生的“流”进行了量化分析[⑤]。借鉴前两者的方法，结合国内外对都市圈的研究和太原市行政区划的历史沿革，本书尝试对该种界定都市圈空间范围的方法进一步创新，以合理时空距离为基本原则，定性与定量方法相结合，既要实现都市圈空间界定的科学性，又要兼顾其简便性和可行性（表4-1）。

都市圈空间界定方法 **表4-1**

	含义	所采用指标	量化方法
空间要素	主要反映的是距离、自然障碍、文化分异等要素的综合影响	指标采用当量半径；当存在自然障碍或文化分异时在自然障碍或文化分异的方向上都市圈的半径应乘以一个权重系数	根据国外都市圈域经济发展的实践及理论，结合我国都市圈发展的实际，中国核心城市经济势能量级和都市圈当量半径的确定，可参照表3-2的划分标准进行

① 李璐，季建华.都市圈空间界定方法研究[J].统计与决策，2007，2：109.

② 李颖.沈阳都市圈生成与发育的实证研究[D].大连：东北财经大学，2003：11.

③ 高汝熹，罗明义.城市圈域经济论[M].昆明：云南大学出版社，1998：297-301.

④ 孙娟.都市圈空间界定方法研究——以南京都市圈为例[J].城市规划汇刊，2004，4：73.

⑤ 王建伟等.都市圈圈层界定方法[J].建筑科学与工程学报，2007，2(24)：91-94.

续表

	含义	所采用指标	量化方法
时间要素	反映的是核心城市对外交通联系的方便程度，即相同的时间内，从核心城市出发能行驶的距离范围	采用划定"1h交通圈"和"2h交通圈"，实际上是通过时间来衡量相对距离	主要考虑快速交通的影响，这里仅考虑高速公路的流量；高速公路的设计行车速度平均为80 km/h
流量要素	反映城市间实际联系的紧密程度，表现为人流、物流、资金流、信息流、技术流等等空间流在城市间的流动现象	指标采用月客流比例；月客流比例在15%以上（参照邹军等对江苏省内都市圈界定时提出的相关标准）的县域范围	月客流量为$Y=60\%\times2\times30\times30X$ 式中：X为某城市与中心城市的单向车辆发送数
引力要素	反映的是城市与城市之间存在的相互作用力，表现为一个城市的辐射力和另一个城市的接受力	指标采用都市圈核心城市与其他城市的经济联系强度；经济联系强度同它们的人口乘积成正比，同它们之间距离的平方成反比	城市间的距离可用公式表示（康弗斯于1949年提出断裂点公式）$D_a=\frac{D_{ab}}{1+\sqrt{P_b/P_a}}$ 式中：D_a为从断裂点到中心城市的距离；D_{ab}为a和b两个城市间的距离；P_a为圈域内其他城市人口；P_b为中心城市的人口

以上述四个要素确定的空间范围分别取其交集，构成核心圈层，圈层内城市之间人流、物流、资金流、信息流联系非常紧密，交通十分便捷，是都市圈日常通勤即可以到达的范围；取其并集，构成基本圈层，是与核心圈层联系相对紧密的地域联合体和经济协作区，在这个圈层内城市间社会经济活动有着一定的经济、社会协作联系，但是并不紧密；取其补集，构成都市圈拓展圈层，是都市圈核心区辐射影响下联系相对松散的地域空间，主要依靠核心圈层的辐射以及基本圈层的带动（图4-1）。

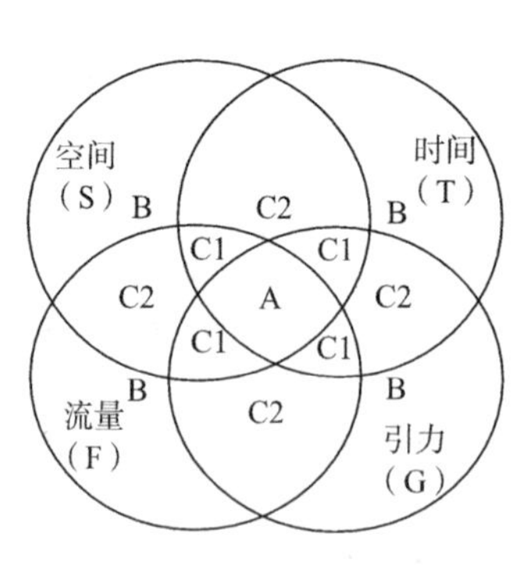

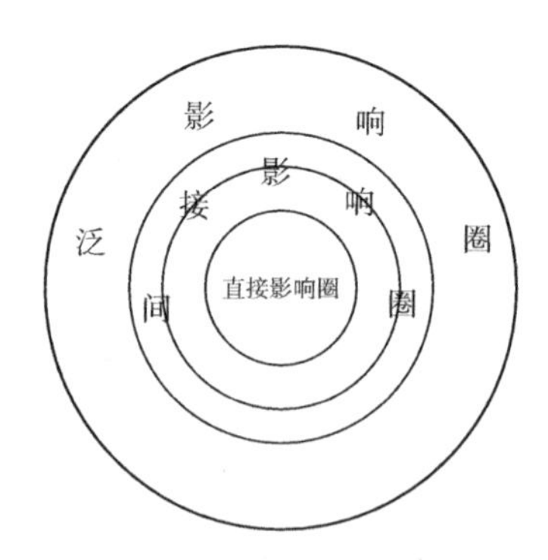

图4-1　都市圈空间界定示意

资料来源：孙娟.都市圈空间界定方法研究——以南京都市圈为例[J].城市规划汇刊，2004，4：73.

4.1.3 太原都市圈空间界定

考虑到组织协调的难易程度以及保持经济区划与行政区划的一致性，这里以《山西省城镇体系规划（2003—2020）》确定的晋中经济区范围作为备选城市，采用上述方法来界定大太原都市圈空间范围。晋中经济区包括太原、忻原、介孝汾、离柳中、阳泉、宁武六个二级经济区，共含太原、晋中、忻州、阳泉、吕梁五个地级市和古交、原平、介休、孝义、汾阳、五个县级市以及阳曲、娄烦、清徐、交城、文水、祁县、太谷、榆社、定襄、五台、代县、繁峙、平遥、灵石、交口、石楼、柳林、中阳、方山、临县、岚县、兴县、平定、盂县、昔阳、和顺、左权、寿阳、宁武、静乐、神池、五寨、岢岚、河曲、保德、偏关等36个县。该范围人口1438万人，国土面积7.42万km^2。实际上，从该地域目前的发展情况看，太原市的首位度虽然达9以上，但是由于其综合经济实力较弱，经济结构和产业结构不够合理，所以在经济区的很多偏远地方，受太原市的辐射影响十分微弱。鉴于现阶段经济发展水平，把晋中经济区统一规划为太原都市圈的范围既不现实也不科学，因此对太原都市圈的研究首先应明确太原都市圈的空间范围。太原在大太原都市圈经济空间联系中的核心作用毋庸置疑，因此都市圈的界定主要考虑太原本身的空间要素、时间要素、流量要素及对周边城市的引力要素作用。

（1）空间要素界定

都市圈空间的界定是针对具体空间的一种划分，首先遵循的是“地域临近优先”的原则。当核心城市初步选定以后，以空间要素为准则来界定都市圈圈层时，以核心城市的国内生产总值将作为经济势能的基本度量标准。若核心城市国内生产总值高，则表明其经济势能大，与周围地区的经济关联度强，都市圈半径也大；反之亦成立。以国内生产总值作为中心城市经济势能量级与都市圈半径划分的基本标准，比较简便易行。同时，考虑到中国城市化水平较低，城市相对分散，因此按中心城市经济势能量级确定都市圈半径时可适当放宽一点。对太原市经济势能量级和太原都市圈域半径的确定，可参照表4-2的划分标准进行。

参照表4-2的划分标准，并通过专家讨论，确定以太原市为中心的都市圈半径约为100km，在此范围内包括：太原市区、晋中市区、忻州、定襄、古交、阳曲、清徐、娄烦、文水、交城、祁县、寿阳、太谷、平遥、静乐15个县市（表4-3）。

核心城市经济势能量级与都市圈域半径划分标准　　表4-2

市区国内生产总值	中心城市量级	都市圈域半径（R=km）
5000亿元以上	1级	300
1500亿元～5000亿元	2级	200
1500亿元以下	3级	100

资料来源：高汝熙等.2007中国都市圈评价报告[M].上海：格致出版社，2008，8.

太原市都市圈内（半径100km）的城市基本情况　　表4-3

城市	行政级别	等级	与太原市距离（km）
太原市区	地级市	省域中心	0
晋中市区	地级市	市域中心	25
古交	县级市	县级中心	53
清徐	县	县域中心	35
阳曲	县	县域中心	22.5
娄烦	县	县域中心	97
忻州	地级市	市域中心	75
定襄	县	县域中心	90
静乐	县	县域中心	80
文水	县	县域中心	76
交城	县	县域中心	55
祁县	县	县域中心	67
平遥	县	县域中心	94
太谷	县	县域中心	49
寿阳	县	县域中心	70

（2）时间要素界定

根据国内各都市圈规划经验，都市圈范围一般界定在以中心城市为核心的高速公路1小时时空距离内。太原市对外联系的主要交通方式为公路，目前高速公路网建设已比较成熟，形成以中心城区为核心的环城+放射状布局网络，周边各中、小城市皆处在高速公路辐射带内。本书主要考虑快速交通的影响，根据高速公路和一级公路的设计速度来确定"1小时交通圈"的范围。界定步骤如下：① 确定以太原市区边界与高速公路的交界点作为起始计算点；② 确定每条道路的设计时速与计算时速；③ 确定以起始点向外扩散的0.5h能到达的城市；④ 确定以起始点向外扩散的0.5h和1h能达到的城市。确定1h内能到达的所有城市范围即是太原1小时交通圈的范围所在。

由于高速公路和一级公路的行车速度受公路等级、交通量以及天气等原因的影响，使计算车速难以确定，因此将计算车速定义为相应道路等级的设计车速乘以一个折减系数得到的速度（王德，2001）。同时考虑到道路状况的改善，定义高速公路的折减系数为0.9，一级道路干扰稍大折减系数为0.8。确定以太原市区边界与高速公路的交界点作为起始点向外扩散的1h能到达的城市包括：太原市区、晋中市区、阳曲、清徐、原平、寿阳、榆社、文水、交城、汾阳、介休、祁县、太谷、平遥（表4-4）。

太原市1小时交通圈内的城市 　　　**表4-4**

高速公路	设计时速（km/h）	计算时速（km/h）	1h交通圈
环城高速	100	90	阳曲县、清徐县
太旧高速	80	72	榆次区、寿阳县
太长高速	100	90	榆次区、太谷县、榆社县
太佳高速	100	90	娄烦县、阳曲县
太古高速	100	90	古交市
大运高速	100	90	清徐县、交城县、忻州市、祁县
原太公路	100	90	原平市、阳曲县
祁临公路	100	90	祁县、平遥县、介休市
夏汾高速	100	90	交城市、文水县、汾阳市

（3）流量要素界定

在考虑流量要素进行空间界定时，主要以公路客运班线为依据。虽然以长途汽车客运班次的多少来衡量城市之间的客流量不全面，但可以比较近似地反映城市之间的社会经济联系程度。通过对太原市六个长途汽车站（太原站、太原客运西站、太原建南汽车站、太原迎宾汽车站、太原东站以及五公司汽车站）和通往晋中城区的公交车（不包括单位自备车和通勤车）的客流调查，总结出太原都市圈的范围。首先根据收集资料排列出太原对外日发车次超过24次的线路（以保证客运班次平均至少0.5h有一班，以日均12h为运行时段）；根据式4-1计算各城市与太原的月客流量，然后找出这些城市中月客流比例在15%以上（参照邹军等对江苏省内都市圈界定时提出的相关标准）的县域范围定义为太原的都市圈范围，包括：太原市区、晋中市区、阳曲、娄烦、祁县、平遥、太谷、寿阳、盂县、汾阳、孝义、文水、离石、灵石。

$$Y = X \times 30 \times 55\% \times 30 \times 2 \qquad (式4\text{-}1)$$

Y——表示某城市与中心城市的月客流

X——表示某城市与中心城市的单向发送车辆数

注：长途客车平均额定座位约30座，平均满载率约50%～60%。

（4）引力要素界定

都市圈是由多个城市聚合而成的高密度的关联紧密的区域空间，在这个空间里往往存在着多个中小城市，每个城市的绝对影响区域在空间上相互交错重叠。城市与城市间存在一种相互作用力，表现为一个城市的辐射力与另一个城市的接受力之间的作用。通过都市圈中核心城市与其他城市的经济联系强弱，来确定哪几个城市与核心城市作用力更强，联系更紧密，由此便可得出都市圈的圈层结构。

经济动力学中的经济引力论认为，“万有引力原理也同样适用于经济联系，即城市之间的经济联系也存在着相互吸引的规律性”。著名地理学家塔费认为：“经济联系强度同他们的人口乘积成正比，同他们之间距离的平方成反比”，即：

$$R_{ij} = \frac{\sqrt{P_i V_i}\sqrt{P_j V_j}}{D_{ij}^2} \qquad (式4\text{-}2)$$

式中：P_i、P_j分别为城市i、j的人口总数；V_i、V_j分别为城市i、j的国内生产总值；D_{ij}为城市i、j之间的最短交通距离（交通方式为2018年区域城市间的铁路、国道、高速公路，未考虑航空）。

根据康弗斯1949年提出的断裂点模型（Breaking Point Model），可更为简便、明确地划分出城市吸引范围，两个城市间的分界点（断裂点）可为都市圈的空间层次结构划分提供依据，并能反映相邻城市间竞争能力的大小。根据以下公式计算核心城市太原与周边各地市的引力平衡点（引力断裂点），即：

$$D_A = \frac{D_{AB}}{1 + \sqrt{P_B / P_A}} \qquad (式4\text{-}3)$$

式中：D_A为从断裂点到中心城市的距离；D_{AB}为A和B两个城市间的距离；P_B为圈域内其他城市人口；P_A为中心城市的人口。对引力断裂公式的计算结果，通常的处理方法是如果断裂点落在核心城市太原市的有效作用半径之内该城市就属于太原市的吸引范围[①][②]。这里的有效作用半径是在当前交通技术背景下，城市建成区所能扩展的最大半径，也就是极限范围。据研究城市的有效扩展范围不超过城市交通工具半个小时的行车旅程[③]，则太原市基于交通工具平均行车速度的有效作用半径约为30～40 km。计算结果如表4-5。以太原市为中心的都市圈范围确定为：太原市区、晋中市区、古交、清徐、阳曲（表4-5）。

引力要素界定都市圈范围 **表4-5**

城市	GDP（亿元）	人口（万人）	与太原市最短距离（km）	经济联系强度	断裂点到中心城市的距离（km）
太原市区	3606.093	293.899	0	—	—
晋中市区	299.7849	66.8836	25	233.2396	16.9257
古交市	36.6075	21.6967	60	8.0593	47.1807
清徐县	173.6571	33.7134	35	64.3027	26.1450
阳曲县	45.7077	14.8017	22.5	52.8936	18.3761

（5）综合界定

综上所述，通过对空间要素、时间要素、流量要素及引力要素下各种“流”的研究，界定出4个空间范围。将这4个空间范围进行综合叠加取其交集，得出太原都市圈核心圈层包括：太原市区、晋中市区、清徐县和阳曲县，这是中心城市太原的直接影响圈和日常通勤圈，在这个圈层内，城市之间各种生态流联系非常紧密，交通十分便捷，也是太原都市区范围。

将这4个空间范围进行叠加，取三要素相交和两两要素相交所包含的部分，得出太原都市圈间接影响圈，包括：孝义市、汾阳市、介休市、文水县、交城县、太谷县、祁县、平遥县。这部分与太原都市圈核心圈层一起共同构成了太原都市圈的基本圈层。这一圈层与中心城市太原有着密切的社会经济联系。

太原都市圈的并集部分即太原都市圈的规划范围，涉及太原、晋中、吕梁、阳泉、忻州5个地级市的23个县市，包括太原市区、清徐县、阳曲县、古交市、晋中市区、太谷县、祁县、平遥县、介休市、文水县、交城县、孝义市、汾阳市、忻州市区、定襄县、原平市、阳泉市区、平定县、寿阳县、吕梁市区、柳林县、中阳县、盂县，它是太原都市区的拓展圈层，是省域经济与社会事业最为发

① 贾若祥，侯晓丽.山东省省际边界地区发展研究[J].地域研究与开发，2003，22（2）：30-34.

② 朱才斌，邓耀东.城市区域定位的基本方法[J].城市规划，2000，24（7）：32-35.

③ 姜世国.都市区范围界定方法探讨[J].地理与地理信息科学，2004，1（20）：70.

达的核心区域和最为重要的城镇密集地区（表4-6）。

太原都市圈范围 **表4-6**

名称	范围内市县名称
核心圈层	太原都市区（太原市区、清徐县、阳曲县、晋中市区）
基本圈层	太原市区、清徐县、阳曲县、晋中市区、孝义市、汾阳市、介休市、文水县、交城县、太谷县、祁县、平遥县
太原都市圈	太原市区、清徐县、阳曲县、晋中市区、太谷县、祁县、平遥县、介休市、文水县、交城县、孝义市、汾阳市、忻州市区、定襄县、原平市、阳泉市区、平定县、寿阳县、吕梁市区、柳林县、中阳县、古交市、盂县

4.2 外部环境

太原都市圈的发展受到中部地区整体生产力、产业发展思路、交通网络建设等各个方面的影响，同时受到外围周边都市圈（城市群）横向关联的影响，必须通过与外部区域的相互协调才能实现共同发展。因此，太原都市圈规划发展不能仅仅局限于太原都市圈区域范围，应站在中部地区乃至全国的更高层次上分析其发展。

4.2.1 区域环境影响分析

（1）环渤海经济发达地区经济辐射影响

太原都市圈在国家层面上东西联动的节点地位十分突出。一方面，太原都市圈是中部地区最接近于环渤海地区的城市群，历来与环渤海地区联系紧密，是京津冀经济区的传统腹地，同时位于中原城市群与西北开发的交汇处，与之有密切的经济联系。其独特的地理区位使之成为中国东、西经济发展的联系纽带和重要节点，直接沟通了其西至陕西、东至环渤海经济圈的联系，更有利于其参与西部大开发以及接受环渤海经济发达地区的经济辐射和带动（图4-2）。另一方面，太原都市圈是天津辐射三北地区交通通道（天津—北京—太原—兰州）以及北京联系西南地区交通通道（北京—石家庄—太原—西安，再至重庆、成都等西南地区）上的重要节点区域，是北方内陆地区与山东沿海港区的物资进出口的重要集散区（联系青岛、济南与内陆的银川、兰州等城市），同时也是山西省内的城镇密集区，未来“沟通南北、承东启西”的中心地位作用将日益突出。随着石太、太中银铁路、西安—太原客运专线、西山货运专线的修建和武宿机场的扩建，将极大地改善太原都市圈的区域交通条件。

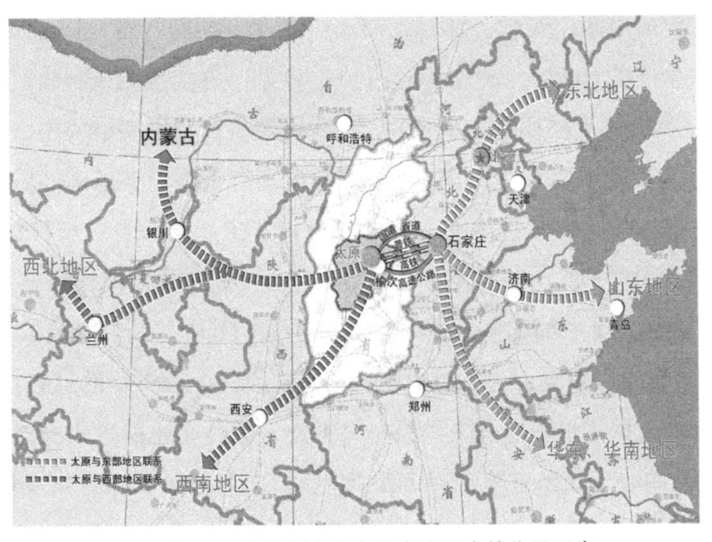

图4-2　太原都市圈在承东启西中的作用示意

随着2014年京津冀一体化国家战略的确定，一般性产业特别是高消耗产业，区域性物流基地、区域性专业市场等部分第三产业，部分教育、医疗、培训机构等社会公共服务功能，部分行政性、事业性服务机构和企业总部等四类非首都功能明确成为疏解对象。太原都市圈应积极思考相应的对接策略，构筑京津冀生态屏障，增加向京津冀地区的清洁能源供应，支持参与京津冀电力市场化交易，鼓励与京津冀地区探索跨区域共建园区的投资开发和运营管理模式。

（2）中部地区城镇群多级网络化发展影响

原有国家城市群空间的格局主要基于“两横三纵”战略格局，随着京津冀一体化等战略实施，未来将形成以多级网络化“城市群”为主体形态，以各级中心城市为战略引领的多中心、网络化、开放式的国家城镇空间格局。以多极网络化城市群为主体形态的国家城镇化发展战略，是充分利用城市体系、交通、信息、企业组织和社会组织等各种快速发育的网络，进行多极化网络型的区域开发，培育具有全国意义的核心竞争力的城市群，参与全国的区际分工和竞争，同时，发挥其对区内的空间组织核心作用，促进区域内部协调发展[①]。

促进中部地区崛起，是落实四大板块区域布局和“三大战略”的重要内容，要努力把中部地区建设成为全国重要先进制造业中心、全国新型城镇化重点区、全国现代农业发展核心区、全国生态文明建设示范区、全方位开放重要支撑

① 覃成林.中部地区经济崛起战略研究[J].中州学刊，2002（6）.

区。中部地区包括山西、安徽、江西、河南、湖北、湖南六省，国土面积103万平方公里，占全国的10.7%，2018年总人口3.69亿，占全国的26.4%，地区生产总值19.26万亿元，占全国比重为21.4%，在我国经济社会发展格局中占有重要地位[①]。有别于东部地区的特大城市群，中部地区在有条件、有基础的城市密集区域，设定武汉都市圈、太原都市圈、皖江城市群、中原城市群、长株潭城市群、长株潭城市群六大城市群（都市圈），在区域性极点城市及中部城市群（都市圈）的基础上，建立起整个中部的多极网络化发展模式。其中，获国务院2016年底批复的《中原城市群发展规划》明确将中原城市群建设为全国重要的高新技术产业、先进制造业和现代服务业基地，能源原材料基地、综合交通枢纽和物流中心，区域性的科技创新中心。获国务院2015年底批复的《长江中游城市群发展规划》中，将武汉城市群、长株潭城市群和环鄱阳湖城市群结成1小时经济圈的“中三角”。

尽管过去十年来太原都市圈在区域城镇化发展格局中错失区域发展制高点，与周边城市群存在一定竞争关系，但是作为中部地区的重要组成部分，太原都市圈的发展应充分融入“中部崛起”的大格局中去，加强与周边城市群的交通和技术合作，着眼于中部地区的整体功能与合作互动，走资源共享、产业互补、生态共建、各具特色、协调发展的可持续发展之路。根据《促进中部地区崛起“十三五”规划》，山西要抓住中部崛起战略带来的新机遇，强化太原都市圈功能，加快传统产业转型升级，建设全国资源型经济转型示范区和重要的制造业、文化旅游业基地。

4.2.2 山西省域发展环境影响分析

（1）国家资源型经济转型综合配套改革试验区

山西省作为我国重要的能源基地和老工业基地，在中部六省中其地位最特殊，自然条件和产业结构与另外五省有很大差距，其自然条件近似于西北。山西煤炭、铝土矿等资源丰富，但产业主要为低端的初级加工，资源优势没有转化为更大的经济优势，要素集聚没有足够的平台，产业转型缺乏有效的载体，改革创新、对外开放的大格局没有完全形成。2010年末国家发展与改革委员会正式批复设立“山西省国家资源型经济转型综合配套改革试验区”，这标志着山西省成

① 国家发展和改革委员会.促进中部地区崛起规划[R]. http：//www.china.com.cn/policy/txt/2010-01/12/content_19218531.htm.

为继上海浦东新区、天津滨海新区、深圳市、武汉城市圈、湖南长株潭城市群、重庆市和成都市以及沈阳经济区之后，国务院批准设立的第九个国家综合配套改革试验区，其最大优势是具有先行先试的政策试验权，可以较好地凭借这种优势寻求经济社会的全面发展。习近平总书记视察山西时充满期待地对山西提出了“争当全国能源革命排头兵”的要求。国家发改委2017 年提出《国务院关于支持山西省进一步深化改革促进资源型经济转型发展的意见》中总体要求：将山西省建设成为创新创业活力充分释放、经济发展内生动力不断增强、新旧动能转换成效显著的资源型经济转型发展示范区。2019年太原能源低碳发展论坛召开之际，习近平总书记从建设人类命运共同体的高度指出“能源低碳发展关乎人类未来”，充分体现了能源转型的必要性和紧迫性。世界能源转型看中国，中国能源转型看山西，山西省肩负着资源型地区转型升级和能源革命探索的历史使命。

（2）山西省内四大经济分区的发展影响

改革开放以来山西省加快推进城镇化进程，逐步形成了以太原为中心的大城市区，以及以大同为中心的晋北、以长治市为中心的晋东南、以临汾、侯马、运城为中心的晋西南等城市体系，沿主要交通干线形成了不断拓展的“K”型城市发展轴（图4-4）。以上述城市体系为基础，综合考虑区域经济联系方式、强度与特征，以及区域开发与经济组织等因素，将山西省划分为晋北、晋中、晋南和晋东南四个一级经济区。其中，晋中经济区的城镇化水平位于四大经济分区之首，而以太原、晋中为核心城市的太原经济区城镇化水平又位居晋中经济区的首位。围绕这四大经济区，《山西省新型城镇化（2015—2020）》提出优化以太原都市圈、晋北城镇群、晋南城镇群、晋东南城镇群为核心的“一核一圈三群”的城镇化总体布局，其中太原都市圈是省域经济与社会事业最为发达的核心区域和最为重要的城镇密集地区，必须通过基础设施一体化和市场要素流动，提高太原盆地城镇密集区对都市圈内城镇组群的辐射强度，形成“核辐射圈、圈拱卫核”的态势，让“一圈”更加完备。

但由于山西还未形成一个成熟的市场经济体系，市场一体化的水平还处在中级阶段，因此，市场的全要素流动受到诸多体制性障碍，导致四个城镇组群的产业结构类似，专业化水平仍然不高，互补性不强，相互联系松散，使得各区域的发展相对独立，呈现出强竞争弱共生的发展态势，山西作为一个系统整体的功能和作用严重衰竭。

（3）山西省“倚煤崛起”的不适应性

20 世纪80年代初，为了保证全国经济建设的能源供应，中央做出了把山西定位为全国能源重化工基地的战略决策，其省会城市太原是全国重要的优质冶金、重型机械产业开发和技术创新基地。省内设市城市中有3/4以上属于典型的资源型工矿城市，大同、阳泉、长治、晋城、古交、霍州、介休、原平、轩岗、朔州、孝义约11座城市都是比较典型的煤炭资源型城市。这些城市的主导产业或为采掘工业，或为原材料工业，其中煤炭工业的支柱地位最为突出。20世纪八九十年代，山西以能源基地的大规模开发建设为主线，在中央倾斜式的投资拉动下，逐步形成以能源工业为核心，以冶金、化工、建材、机械等高耗能重型产业为主导，以国有大中型企业为骨干的产业结构，经济发展基本上是依赖自然资源特别是矿产资源开发，发展采掘、能源及相关的重化工业，生产和输出初级产品来实现的。在这个进程中，山西省在传统发展观指导下的以经济绝对增长为目标，大规模、大面积、高强度的开发造成了一系列的城市问题和社会矛盾，特别是处于新旧两种经济管理体制转轨时期，传统体制所具有的较大刚性和运行惯性，市场发育不完善，体制屏障，政策错位，使各利益主体之间的摩擦与碰撞日益凸显，山西能源重化工基地作为一个系统其整体的功能和作用严重衰竭，山西旧的“倚煤崛起”的发展道路已经出现了严重的不适应症状。由于过度的资源开采，造成生态环境严重恶化，全省因采煤造成的采空区面积近5000平方公里，约占全省面积的3%，其中沉陷区面积约3000平方公里。煤炭开采对水资源的破坏也十分严重，每采一吨煤破坏伴生的水资源2.48吨。因煤炭开发所造成的森林损失面积超过6000平方公里，受影响森林面积达43300平方公里。此外，由于对城镇化战略认识不足，忽视了集聚因素和可持续性对社会经济发展的重要作用等因素，使得城镇化滞后对山西能源重化工基地经济发展造成了直接的负面影响，使得相当一部分工业企业布局过散，出现“村村点火、处处冒烟”的现象，不仅丧失了产业集聚效益，更严重的是造成区域环境承载能力滞后，污染严重，难以有效地治理环境问题。随着国家能源开发重点的战略西移，国内各主要用煤省市市场发育成熟所产生的巨大活力，国家对能源基地扶持型政策的逐步改变以及能源大规模开发造成的外部不经济状况等等，都使得围绕建设能源基地所形成的发展模式已经很难给山西经济带来持续稳定的高速发展[①]。

与此同时，山西大规模、大面积、高强度的开发也造成了一系列的社会矛

① 吉迎东，卞坤．山西综改试验区增长动力与创新驱动研究[J].科技管理研究，2011（22）：87-91.

盾，特别是处于新旧两种经济管理体制转轨时期，传统体制所具有的较大刚性和运行惯性，市场发育的不完善，体制屏障，政策错位，使基地内部各利益主体之间的摩擦与碰撞日益凸显，省内各城市在共同发展中为获取有利的发展地位和相对有限的发展条件而进行非协同竞争，而且越来越激烈，区域基础设施重复建设、和相邻城市之间市政设施各行其是等不合理现象层出不穷，忽略了城市间互补关系的重要性。山西“倚煤崛起”的旧的发展道路已经出现了不适应症状，省内亟需构建支撑区域未来经济发展和聚集人口的空间载体。

4.3 内部基础

4.3.1 地理区位分析

太原都市圈地理区位优势明显，地处我国东、中、西三大经济带的结合部，东临河北，据石家庄约175.8km；西接陕西，距西安651km，距银川约651km；北连内蒙古，距呼和浩特约600km；南承河南，距离亚欧大通道中心城市郑州430km，距离京津冀核心距离分别为513、539、232km，是支撑中部开发的重要节点区域，位于津京冀城镇群与国家能源基地的对接点，分别在200km与400km的有效辐射范围内，能有效承接京津冀与雄安新区的外溢功能，融入世界级城市群的建设，是天津滨海新区辐射西北地区通道上的重要节点。随着经济全球化进程的加速推进，太原都市圈与圈外城镇群体的经济联系、社会联系、人口移动等方面必将日益频繁和活跃，中枢的区域优势对未来山西省与省外区域之间的联系必将产生积极的影响。

太原都市圈位于山西省中部，地处晋中盆地。盆地既是地形地貌上的“低地”，也是经济发展上的“高地”，晋中盆地就是坐镇中枢、辐射全省的“制高点”，位于山西省“K”形城市发展轴的交点。从山西省的人居环境适宜性条件来看，太原都市圈所在的晋中盆地是山西省适宜集中建设的主要区域。太原都市圈内部各城镇在地理上相互邻近，相互依存，自然形成了联系紧密的同一区域。多数地级城市之间的公路距离都在100km以内，这种地理空间上的邻近性客观上促进了圈内城市之间的经济社会联系，为各城镇开展区域交流与合作提供了有利的空间基础，是构成都市圈空间网络化的基础。

但太原都市圈的区位优势尚未充分发挥。在高铁飞速发展的今天，太原都市圈高铁发展却相对滞后，截止到2019年12月，开通运营的高速铁路仅有4条，分别是大张客专、大西高铁、石太客专、韩原线，至今还没有一条全线时速超过300公里的出晋高铁客运大通道和贯通全省南北—东西向的高铁主动脉。

4.3.2 资源环境分析

（1）矿产资源优势突出

太原都市圈矿产资源优势突出，特别是煤、铁、铝土资源在山西省占有重要的地位，但当前产业主要为低端的初级加工，资源优势没有转化为更大的经济优势。都市圈内晋中基地作为山西省三个国家大型煤炭基地之一，是中国最大的炼焦煤生产基地，主要分布有西山、东山、离柳等矿区，截至2018年，探明的煤矿资源占山西省的29%（约占全国的0.5%）。铁矿资源占山西省的43%。煤炭、焦炭、铝土矿等资源决定了区域发展电力、铁合金、电解铝具有得天独厚的要素条件、成本优势和竞争优势。从整体上看，太原都市圈矿产资源对该区域的经济发展支撑能力较强，对经济开发、城镇建设已经并将继续发挥其巨大而深远的影响。

（2）文旅资源丰富

太原都市圈文旅资源种类多样，资源价值高，开发潜力大，拥有国家级文物保护单位58处，在山西省12.7%的国土面积上集中了全省21.4%的国家级文物保护单位（表4-7）。以太原为中心的晋阳文化具有高度的包容性、开放性和多元性的特点，中华民族5000年文明在太原都有遗存，道教、佛教、伊斯兰文化多元融合。这其中，近代的晋商文化是中国近代文化中最耀眼的一部分，是中国近代商业文化的典范。晋商不仅创造了中国近代史上最辉煌的商业文明，而且以雄厚的资本、对中国文化的深刻领悟，为山西留下了可游览、可触摸的商

太原都市圈旅游资源概况　　表4-7

类 型	全国数量	山西数量	都市圈数量
世界文化遗产/处	36	3	1
国家历史文化名城/个	134	6	3
国家优秀旅游城市/个（2010年）	339	5	1
国家风景名胜区/个	244	6	0
国家自然保护区/个	303	7	1
国家森林公园/个	881	18	6
全国重点文物保护单位/处（1-7批）	4295	452	157

业文明的物质实体——气势恢宏的传统院落和城池，留下了具有国际影响力的旅游资源，同时也为太原都市圈旅游产业发展奠定了坚实的资源基础，对城镇职能的多样化和城镇职能体系结构的优化发挥重要作用。随着社会主义市场经济体制的完善和经济全球化的推进，太原都市圈应更多地以资源优势、文化优势为基础，与京津冀城镇群、长三角山东半岛都市圈等优势互补，在国家经济体系中发挥应有的功能。

（3）生态环境承载力较低

太原都市圈5个地市中有4个城市在京津冀大气污染传输通道“2+26”城市和汾渭平原11个城市名单中，这4个城市的GDP占都市圈GDP的比重为88.78%，占全省GDP的比重为43.24%。可见强化环境约束对太原都市圈经济增长和产业发展形成较大制约。太原都市圈所在的太原盆地位于环境容量极度超载区，生态环境十分脆弱，面临严重的生态危机，直接影响到太原都市圈的生态安全，并制约着城市的可持续发展。

太原都市圈内山多平地少，水资源缺乏，生态环境本来就脆弱；资源型产业结构和粗放的增长方式，导致都市圈单位增加值的能耗与排放水平居高不下，造成大气环境污染严重，地表水量急剧减少、水质严重恶化，地下水位快速下降、水质变差，地表植被恢复困难等诸多生态环境问题。在太原都市圈的发展过程中，由于过于关注生产功能的加强，忽视圈内生态功能的保护和强化，表现在空间上就是城市的绿色空间不断被蚕食，难以形成绿地系统和生态功能体系，其恶果是现代化的城市没有与之相适应的绿色空间，导致生态环境功能的严重失调。

4.3.3 产业经济分析

（1）产业演进

太原都市圈是山西省能源重化工基地的核心区域，其产业演进大体经历了四个发展阶段：快速起步阶段、缓慢成长阶段、多元化跨越发展阶段、升级性结构调整阶段。

快速起步阶段（1949～1959年）：在国家大规模投资推动下，在较短时间内建立了相对完善的重工业生产体系，奠定了城市和区域发展的初步构架，集中了大规模的城市人口，产业发展以冶金、电力、化工机械、燃料等重化工业为主，成组、平衡、生产和生活一体化布局。在工业体系建成之后的一段时期，城市的发展主要是在重工业体系内部循环，对周围农村的影响相对较小，对劳动力的吸纳能力较小，城市发展相对缓慢。缓慢成长阶段（1960 ～ 1979年）：构成以资源型产业体系和少量非资源型产业为主的产业构成，以全民所有制为主，加以少量的集体企业，以冶金等重化工业为主的工业体系进一步强化。多元化跨越发展阶段（1980 ～ 1999年）：这个阶段重化工业基地的区域性质决定了重化工业依然是主要产业，但轻工业比重有所提高，到20世纪90年代，老工业区整体处于停滞、衰退状态，工业园区的兴起促进了新兴产业的发展，园区经济成为推动区域经济发展的新的增长点，技术、资本和劳动力的投入以及服务业发展开始成为区域发展的主要推动力之一。升级性结构调整阶段（2000年～至今）：这个阶段区域产业升级特征明显，初级生产逐步向外围城镇迁移，原有产业向都市圈腹地转移，高新技术产业比重提高，重新重工业化。

（2）产业结构

1）三次产业处于“二三一”发展格局

整体来看太原都市圈产业结构演进，近十年来第二产业比例呈现波动式下降，尤其是2013年以后下降得最为迅速，而第三产业呈现波动式上升，2015年开始第三产业的比重超过了第二产业，呈现出“三、二、一”的产业结构特征（图4-3）。这与山西作为煤炭资源型区域这一特征有紧密的联系，煤炭价格近年来下滑得较快，进而使得山西第二产业不景气，进而提高了第三产业的份额。用产业结构高级化指数可以比较清晰地表征产业结构由低级到高级发展的过程，用公式表示为：TS = P3/ P2，其中，TS 表示产业结构高级化指数，P3为第三产业产值，P2为第二产业产值。太原都市圈产业结构高级化指数如表4-8。

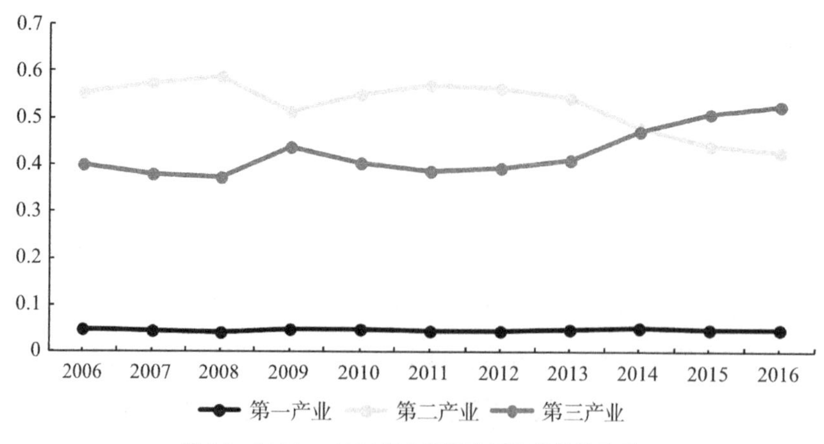

图4-3　2006 ～ 2016年太原都市圈产业结构变动

2016年太原都市圈各县域单元产业结构高级化情况　　表4-8

地级市	县市	第一产业	第二产业	第三产业	三次产业比值	产业结构高级化
太原市	小店区	1.11%	49.01%	49.88%	1:43.98:44.76	1.018
	迎泽区	0.06%	13.38%	86.56%	1:242.89:1571.06	6.468
	杏花岭区	0.10%	18.73%	81.18%	1:191.82:831.49	4.335
	尖草坪区	1.45%	60.41%	38.13%	1:41.55:26.23	0.631
	万柏林区	0.14%	50.90%	48.97%	1:374.99:360.79	0.962
	晋源区	7.14%	35.59%	57.27%	1:4.98:8.02	1.610
	清徐县	11.12%	52.28%	36.59%	1:4.70:3.29	0.700
	阳曲县	15.06%	52.83%	32.12%	1:3.51:2.13	0.607
	古交市	7.20%	35.70%	57.10%	1:4.96:7.93	1.599
阳泉市	阳泉城区	0.00	13.77%	86.23%	—	—
	阳泉矿区	0.00	71.70%	28.30%	—	—
	阳泉郊区	2.65%	56.64%	40.71%	1:21.37:15.36	0.719
	平定县	4.48%	55.22%	40.29%	1:12.32:8.99	0.730
	盂县	3.05%	60.46%	36.49%	1:19.81:11.95	0.603
晋中市	榆次区	9.23%	30.09%	60.67%	1:3.26:6.57	2.015
	寿阳县	14.28%	47.94%	37.78%	1:3.36:2.65	0.789
	太谷县	21.80%	25.36%	52.84%	1:1.16:2.42	2.086
	祁县	23.95%	27.18%	48.86%	1:1.13:2.04	1.805
	平遥县	13.92%	33.75%	52.33%	1:2.42:3.76	1.554
	介休市	4.34%	53.09%	42.57%	1:12.24:9.82	0.802
忻州市	忻府区	7.75%	25.89%	66.36%	1:3.34:8.56	2.563
	定襄县	10.02%	45.92%	44.06%	1:4.58:4.4	0.961
	原平市	10.45%	40.56%	48.99%	1:3.88:4.69	1.209
吕梁市	离石区	2.88%	23.53%	73.60%	1:8.18:25.59	3.128
	文水县	18.93%	52.59%	28.48%	1:2.78:1.5	0.540
	交城县	5.73%	55.58%	38.69%	1:9.69:6.75	0.697
	柳林县	1.64%	64.92%	33.44%	1:39.53:20.37	0.515
	中阳县	3.05%	63.31%	33.63%	1:20.74:11.02	0.531
	孝义市	2.83%	61.64%	35.53%	1:21.75:12.54	0.577
	汾阳市	6.78%	48.67%	44.55%	1:7.18:6.57	0.915

2）工业内部资源型产业规模一枝独大

结合钱纳里、库兹涅茨、霍夫曼以及罗斯托等学者的工业化发展理论，选取经济发展水平（人均GDP）、产业结构（三次产业结构）、工业结构（霍夫曼系数)、空间结构(城镇化率)和就业结构(第一产业就业人员占比)五个指标对工业化阶段进行判定，可得出太原都市圈目前处于工业化中期向后期过渡阶段，这一阶段经济的基本特征为资本密集型，产业形态由基础类重化工业等资本资料工业为主，产业结构单一问题突出。

区位商能够衡量区域要素的空间分布情况，是长期以来得到广泛应用的衡量区域产业集聚程度与专业化水平的重要指标，区位商能够衡量区域要素的空间分布情况，从而对产业结构、产业布局以及区域经济发展做出评价和政策建议。太原都市圈的高区位商产业主要集中在煤炭、冶炼、能源等资源加工型工业领域，而深加工行业和高端制造业发展相对弱势(图4-4)。一方面，太原都市圈的五个核心城市无论是基础性产业还是新兴科技研发方向都集中在煤炭相关行业，围绕“煤”来大做文章，煤炭已然成为太原都市圈的集聚产业和主导产业。另一方面，作为太原都市圈工业门类的集聚产业和主导产业的煤炭行业，其净资产收益率与全国相比并没有竞争优势，具体来说，区位商大于3的16个相对集聚的工业门类中，仅有装备制造业与电力2个工业门类的净资产收益率高于全国水平。

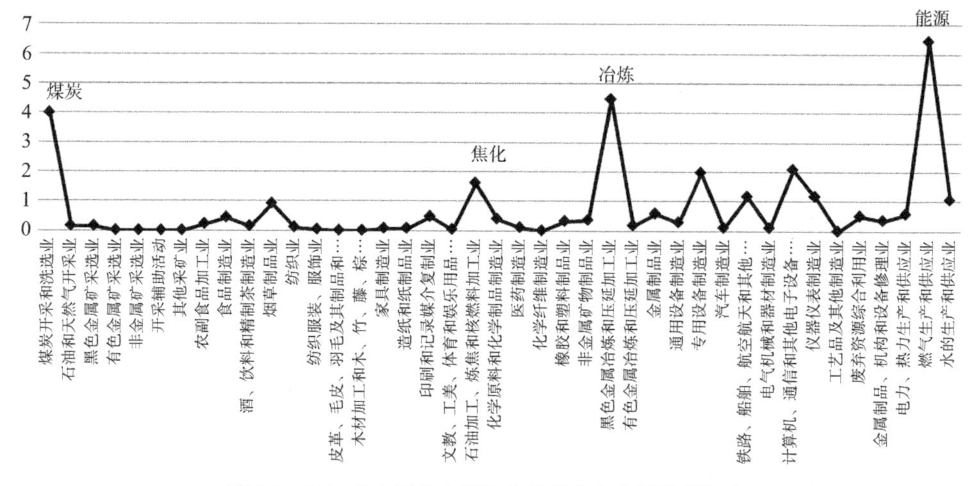

图4-4 2016年太原都市圈工业各行业在全国的区位商

3)第三产业

从第三产业内部来看，信息传输、软件和信息技术服务业、金融业、租赁和商业服务业、科学研究和技术服务业等四类产业区位商都小于1，表明产业集聚程度与专业化水平不足，新兴产业、现代服务业发展仍较为滞后。从产业空间布局来看，第三产业空间布局呈现“小而散”的局面。各产业、各企业之间协同性不强，产业集中度低，加之没有形成专业化水平高、规模效应明显的产业体系，导致地区第三产业的综合竞争力较弱、产业优势不明显，产业集群效应有待进一步加强。在对外合作上，缺乏跨区域性的大合作大联盟，导致产业相关信息渠道不畅通。

从产业演进的角度看，在工业化从中期向工业化后期转变过程中，经济结构变动的明显特征为第三产业发展速度加快，产业结构逐步走向“三、二、一”的结构。工业化中后期，经济增长方式从资源型、粗放型向集约型、高加工转变，技术、资本、资源和劳动力等生产要素从传统产业向现代产业流动，产品的科技含量增加，加工程度向深度发展。从太原都市圈来看，随着工业化进程的加快，技术密集型产业比重将会相对加大，加工程度不断深化。未来一段时间内伴随科研、技术开发投入的逐步增加，中介服务、金融业、物流业等生产性服务业的进一步发展，集群化和网络化将成为太原都市圈产业组织的发展趋势，区域内城镇间产业分工日益深化，中心城市与腹地其他城镇之间逐步形成总部与车间、服务与生产、加工与原料等分工协作关系。

4.3.4 空间经济分析

（1）空间经济概况

太原都市圈以太原盆地为主体，包括太原市区、清徐县、阳曲县、古交市、晋中市区、太谷县、祁县、平遥县、介休市、文水县、交城县、孝义市、汾阳市、忻州市区、定襄县、原平市、阳泉市区、平定县、寿阳县、吕梁市区、柳林县、中阳县、盂县等23个县市，国土面积3.2万平方公里，人口1258万，人均GDP61593元。其中核心圈层包括太原市区、晋中市区、清徐县城和阳曲县城，国土面积0.54万平方公里，常住人口746万，人均GDP62850元（2018年末），城镇化水平达到86%。太原都市圈人口主要分布在太原盆地、忻定盆地内中心城镇和交通干道沿线地区，人口密度呈现中东部地区高、西北部地区低的特征，其中太原都市区人口密度达1372人/平方公里，而阳泉城镇群人口密度仅为191人/平方公里，空间差异较大（表4-9）。

太原都市圈各县域单元空间经济概况　　表4-9

区域	总人口（万人）	地区生产总值（亿元）	地方财政收入（亿元）	社会消费品零售总额（亿元）	土地面积（平方公里）	人口密度（人/平方公里）
太原市区	293.9	3606.1	121.9	1555.4	1460	2013
晋中市区	66.9	299.8	236.1	656.3	1311	510

续表

区域	总人口（万人）	地区生产总值（亿元）	地方财政收入（亿元）	社会消费品零售总额（亿元）	土地面积（平方公里）	人口密度（人/平方公里）
阳曲县	14.8	45.7	15.1	17.0	2059	72
清徐县	33.7	173.7	13.0	67.8	609	554
太原都市区合计	746.3	4690.2	386.2	2296.5	5439	1372
离石	33.6	81.4	9.6	76.8	1339	251
柳林	33.2	175.9	24.1	43.6	1287.3	258
中阳	14.7	67.1	6.3	15.1	1441.4	102
离柳中城镇群合计	81.5	324.4	40.1	135.5	4067.7	200
介休	42.3	180.4	20.0	102.9	744	569
孝义	48.8	438.9	21.0	148.0	945.8	516
汾阳	43.5	132.1	8.7	69.9	1179	369
平遥	52.1	116.5	6.7	68.0	1260	413
灵石	27.2	226.3	18.2	81.6	1206	226
介孝汾城镇群合计	213.9	1094.2	74.5	470.4	5334.8	401
忻州市区	56.7	989.1	4.9	117.9	1987	285
定襄县	22.5	51.7	2.1	25.0	865	261
原平市	50.7	158.2	9.7	77.2	2571	197
忻定原城镇群合计	129.9	1199.0	16.7	220.1	5418	240
阳泉市区	19.9	215.0	5.9	188.6	653.6	304
盂县	32.4	122.9	18.0	55.2	2514.4	129
平定县	34.6	105.2	9.7	38.5	1390.9	249
阳泉城镇群合计	86.9	443.1	33.5	282.3	4558.9	191
太原都市圈	1528	7751	551	3405	24818	507
山西省	3729	17027	2292.6	7338.5	156579	238

资料来源：《山西省统计年鉴2019》《太原统计年鉴2019》《晋中统计年鉴2019》《吕梁统计年鉴2019》《阳泉统计年鉴2019》《忻州统计年鉴2019》。

太原都市圈是山西省的经济核心区，2018年底太原都市圈以占全省15.9%的用地，容纳了33.7%的人口，创造了全省45.5%的GDP，近五年都市圈人均GDP增长水平均高于全省和全国平均水平。都市圈内部的介孝汾城镇组群、阳泉城镇组群、忻定原城镇组群、离柳中城镇组群已逐步成长为与太原都市区为核心的次中心区域。通过对上述城镇群体主要指标的比较分析不难看出，太原都市区（即都市圈核心圈层）不仅是全省城镇体系的组织核心，更是经济发展的增长极核。太原都市圈地区生产总值2018年末为7751亿元，其中核心圈层太原都市区GDP占60.5%，离柳中城镇群GDP占4.2%；从人均GDP水平来看，都市圈内部明显以核心圈层太原都市区和介孝汾城镇群为中心形成两个增长极核（图4-5）。2014～2018年都市圈在全省经济总量地位几乎没有任何变化，都市圈年均GDP增长率与山西省的同期增速大致相当，这与其核心都市圈的龙头地位极不相称，难以发挥强大的辐射带动作用。这表明太原都市圈与山西全省一样，都是以资源型的产业为主导，都得益于前几年的资源景气，但都市圈自身并没有形成超越全省的新经济增长点和增长方式。

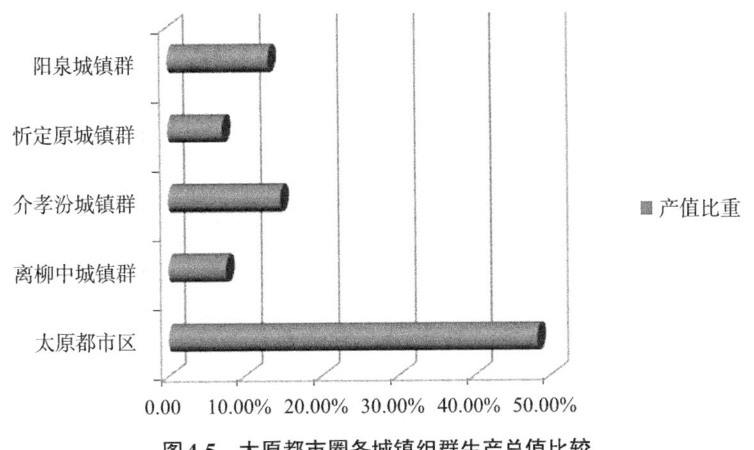

图4-5　太原都市圈各城镇组群生产总值比较

（2）中心节点经济势能分析

太原市作为山西省省会，太原都市圈的中心节点，在特定的空间范围内与北部忻州市、东部阳泉市、东南晋中市、西部吕梁市有着紧密的经济联系，表现为人口流、物质流、资金流、技术流、信息流等各种生态流在空间上的互动，这些生态流以集聚、扩散等方式使中心节点成为巨大的磁场。太原市全境面积 6988 平方公里，其中建成区面积 364.25 平方公里，下辖迎泽、杏花岭、万柏林、尖草坪、小店、晋源 6 城区及古交、清徐、阳曲、娄烦等 4 县市。2019年太原市国内生产总值为4028.51亿元，固定资产投资1063.28 亿元，社会消费品零售总额 1952.81亿元。全市三次产业结构比例为 1.1:37.7:61.2。

参考肖金成、高汝熙关于都市圈中心节点经济势能的测定方法，将中心节点国内生产总值作为衡量经济势能的基本度量标准，反映中心节点的经济势能大小。经济势能越大，即国内生产总值越高，表明中心节点与周边地区的经济关联度越强，其吸引力和辐射力范围越大，节点区域范围半径也越大。例如，日本三大都市圈的辐射半径一般在150公里左右。为了更全面地反映中心节点的经济势能，可采用经济势能指数=市区国内生产总值 ×（基础设施指数+服务设施指数）× 资金利税率。其中，基础设施指数主要选择与城市居民生活密切相关的指标来衡量，具体选定人均居住面积、人均铺装道路面积、万人拥有公共汽车数、人均生活用水量、人均生活用电量为基本指标，以全国城市平均数为基数计算太原市的基础设施指数。用公式表示为：

$$基础设计指数=\sum_{j=1}^{m}G_{ij}\Big/G_{ej} \qquad（式4-4）$$

G_{ej}为全国城市j项基础设施的平均指标值；G_{ij}为i城市（即太原市）j项基础设施的指标值。资金利税率是反映城市经济效益的综合性指标。

服务设施指数反映城市综合服务能力强弱的指标，具体选用每万人固定电话户数、万人拥有医院床位数、每万人互联网用户数、每万人邮政业务总量、每百人图书馆藏书为基本指标，也以全国平均数为基数计算太原市综合服务设施指数。用公式表示为：

$$服务设施指数=\sum_{j=1}^{m}F_{ij}\Big/F_{ej} \qquad（式4-5）$$

F_{ij}为全国城市j项服务设施的平均指标值；F_{ej}为i城市（即太原市）j项服务设施的指标值。

根据以上都市圈中心节点经济势能的测定方法，计算参照历年《太原市统计年鉴》的相关数据，得出太原市经济势能的变化如图4-6。从三十年的发展轨迹来看，太原市的经济地位在全国范围内出现持续性下降。特别是2008年以来，

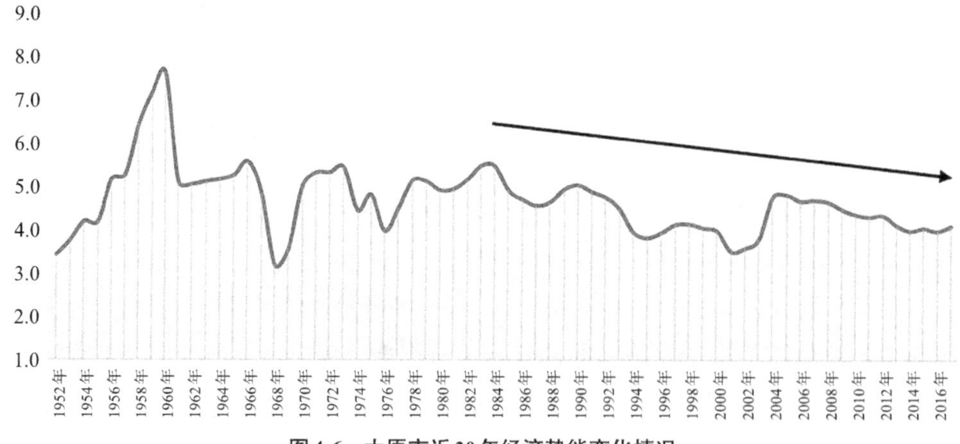

图4-6　太原市近30年经济势能变化情况

太原市经济增速呈现周期性波动，这与煤炭价格高度正相关，由此产生挤压效应，阻碍太原产业多元化进程。近年来，太原从资源依赖转向房地产依赖，加大了城市发展风险。

从中部地区6个省会城市2019年主要经济指标对比情况可以发现（表4-10），太原GDP仅为4028亿元，位居中部地区倒数第一，经济发展的相对落后以及新经济、民营经济的发展滞后使得太原市人才发展空间相对有限，也直接导致太原市的城市规模偏小，2019年全市域常住人口446.19万人，远远不及一二线城市的千万级别常住人口目标。落后的城市经济势能指数表明太原市中心能级较弱，未能形成像武汉、合肥、郑州、长沙那样具有较大辐射力的经济中心，这也进一步加重了太原都市圈内部协调发展的矛盾，导致区域经济发展的特点并不鲜明，使得促进区域发展的措施因缺乏有力的经济保障而难以实施，也使得区域可持续发展战略难以具体落实，从而造成太原在国家战略的地位面临边缘化的可能，成为全国城镇体系规划中东部和中部地区唯一处于城镇发展轴之外的省会城市。

2019年中部六省省会城市主要经济指标对比 **表4-10**

省会城市	国内生产总值（亿元）	人均GDP（元）	三产占比（%）	常住人口（万人）	近5年人口增量（万人）	一般预算收入（亿元）	社会消费品总额（亿元）	上市公司（家）
武汉	16223	145545	60.8	1121	87.4	1564	7450	80
郑州	11590	113139	59.0	1035	97.4	1223	4672	46
长沙	11574	137875	55.2	839	108.3	950	5247	68
合肥	9409	115623	60.6	819	49.3	746	3235	51
南昌	5596	100415	48.8	560	36.0	476	2369	34
太原	4029	90698	61.2	446	16.3	387	1953	18

（3）节点间经济联系强度分析

基于空间相互作用理论和距离衰减规律，采用引力模型和场强模型对太原都市圈周边区域不同主体间的相互作用及空间联系进行研究，公式为：

$$Y_c = \frac{\sqrt{P_i G_i} \times \sqrt{P_c G_c}}{E_{ic}^2} \quad （式4-6）$$

$$C_{ic} = \frac{\sqrt{P_c G_c}}{E_{ic}^2} \quad （式4-7）$$

$$E = \alpha \cdot \beta \cdot D \quad （式4-8）$$

Y为城市间的引力；C为太原市与其他城市之间场强大小；P为其他城市市区人口；G为其他城市市区GDP；E为经济距离；c为周边其他城市；i为太原市；α为通勤距离修正权数，其取值由城市间的交通运输状况决定；β为经济落差修正权数，其取值由周边城市与太原市的人均GDP值之比决定（表4-11）。

修正权数取值表　　表4-11

<table>
<tr><td colspan="8">通勤距离修正权数α</td></tr>
<tr><td>交通工具组合</td><td>火车</td><td>汽车</td><td>轮船</td><td>火车和汽车</td><td>火车和轮船</td><td>汽车和轮船</td><td>火车、汽车和轮船</td></tr>
<tr><td>权数α</td><td>1</td><td>1.2</td><td>1.5</td><td>0.7</td><td>0.8</td><td>1.1</td><td>0.5</td></tr>
<tr><td colspan="8">经济落差修正权数β</td></tr>
<tr><td colspan="4">周边城市人均GDP/核心城市人均GDP</td><td colspan="2">＞70%</td><td>70%≥比值≥45%</td><td>＜45%</td></tr>
<tr><td colspan="4">权数β</td><td colspan="2">0.8</td><td>1.0</td><td>1.2</td></tr>
</table>

资料来源：李璐，季建华.都市圈空间界定方法研究[J].统计与决策，2007，2：110.

根据上述方法，可以分别计算出1998年和2018年太原都市圈与京津冀、长三角、珠三角、胶东半岛城镇群之间的经济联系强度与变化情况，计算结果如表4-12；以及太原市与中西部省会城市之间场强大小及变化情况，计算结果如表4-13。从表4-12中数据来看，目前太原都市圈主要受京津冀城镇群的辐射，其次是胶东半岛、长三角和珠三角城镇群辐射。这种联系格局体现出太原都市圈的经济增长重心将向东转移。因此太原都市圈应积极主动融入环渤海经济圈发展，充分利用京津冀的辐射带动优势，发挥在国家战略布局中的承东启西、沟通南北的交通枢纽作用，努力加强与京津冀地区的互补合作，通过构建与国家交通战略相衔接的区域交通体系，为环渤海重化工业的产业转移提供空间储备、为中西部与环渤海的经济联系提供通道平台，以发挥太原都市圈的国家级甚至世界级的能源基地服务作用，成为国家天津滨海新区向西辐射的重要节点，创建开放型的都市圈。同时必须认识到，太原都市圈作为中部地区承东启西的重要节点区

1998/2018年太原都市圈与沿海城镇群的经济联系强度变化分析表　　表4-12

城市或地区	1998	2018	增长幅度
京津冀	1.8668	43.6681	41.8013
长三角	0.0980	2.5038	2.4058
珠三角	0.0162	0.6060	0.5898
胶东半岛	0.2063	4.6079	4.4016

数据来源：数据根据《中国统计年鉴2009》计算整理。

1998/2018年太原市与中西部省会城市之间场强大小变化表　　表4-13

城市	1998	2018	增长幅度
郑州	0.0024	0.0072	0.0048
呼和浩特	0.0017	0.0060	0.0043
西安	0.0015	0.0050	0.0035
武汉	0.0009	0.0029	0.0020
银川	0.0006	0.0019	0.0013
重庆	0.0004	0.0012	0.0008
合肥	0.0003	0.0011	0.0008
成都	0.0003	0.0009	0.0007
长沙	0.0003	0.0009	0.0006
兰州	0.0003	0.0007	0.0004
南昌	0.0002	0.0006	0.0004
西宁	0.0001	0.0004	0.0002
贵阳	0.0001	0.0003	0.0002
南宁	0.0001	0.0002	0.0002
昆明	0.0001	0.0002	0.0002
乌鲁木齐	0.0000	0.0001	0.0001

数据来源：数据根据《中国统计年鉴2019》计算整理。

域，其潜在腹地在中西部，从表4-13中数据可以发现，郑州、西安、呼和浩特、武汉等中西部中心城市的辐射功能在增强。但由于中西部省区的中心城市发展迅速，太原都市圈的辐射影响范围将受到极大的挤压。

（4）空间经济增长动力分析[①]

采用柯布—道格拉斯生产函数分析空间经济增长的动力。柯布—道格拉斯生产函数最初是美国数学家柯布（C.W.Cobb）和经济学家保罗·道格拉斯（Paul H.Douglas）共同探讨投入和产出的关系时创造的生产函数，是在生产函数的一般形式上作出的改进，引入了技术资源这一因素，是经济学中使用最广泛的一种生产函数形式，它在数理经济学与经济计量学的研究与应用中都具有重要的地位。本书采用柯布—道格拉斯生产函数来分析太原都市圈经济增长动力的动态情况[②]。

① 吉迎东，卞坤．山西综改试验区增长动力与创新驱动研究[J].科技管理研究，2011（22）：87-91.

② 高汝熹等.2007中国都市圈评价报告[M].上海：格致出版社，2008：96.

柯布—道格拉斯生产函数的基本形式：

$$Y=AK^{\alpha}L^{\beta}e^{\mu} \qquad （式4-9）$$

其中，Y代表产出，K为投入的资金量，L为投入的劳动力数量，A是常数，表示综合技术水平，$A>0$，α是资金产出弹性，β是劳动产出弹性，e^{μ}是误差项。

为研究太原市都市圈经济增长动力的纵向对比，将柯布—道格拉斯生产函数写成：

$$Y_t=A_0K_t^{\alpha}L_t^{\beta}e^{\mu} \qquad （式4-10）$$

其中Y_t，K_t，L_t分别代表t时期的产出，资金投入和劳动力投入，A表示初始的技术水平，α是资金产出弹性，β是劳动产出弹性，e^{μ}是误差项。将3-16式两边取对数，得到$\ln Y_t=\ln A_0+\alpha\ln K+\beta\ln L+\mu$，式中如果$\alpha+\beta<1$则表示两种投入的边际产量是递减的，$\alpha+\beta=1$表示规模报酬不变，$\alpha+\beta>1$表示规模报酬递增。

采用索洛“余值”法：$\frac{dAt}{}=\frac{dYt}{}-\alpha\frac{dKt}{}-\beta\frac{dLt}{}$ （式4-11）

$$G_{Kt}=\alpha\frac{dKt}{}\frac{Yt}{}\times 100\% \qquad （式4-12）$$

$$G_{Lt}=\beta\frac{dLt}{}\frac{Yt}{}\times 100\% \qquad （式4-13）$$

$$G_{At}=(1-G_{Kt}-G_{Lt})\times 100\% \qquad （式4-14）$$

G_{Kt}、G_{Lt}、G_{At}分别表示资金流、人力流、技术流对经济增长的贡献率。其中，技术进步是一个广义的概念，又称全要素生产率，它不仅包括生产等方面硬件技术的改进，而且包括管理体制、管理创新、制度变迁等在内的各种软技术，它包括除资本增长和劳动力增长以外全部剩余因素对生产的影响。

1）产出增长指标的选取。本书选取按可比价格计算的地区生产总值作为衡量经济增长的基本指标，基础数据取自相应年份的《山西省统计年鉴》、《中国城市统计年鉴》、《吕梁市统计公报》、《晋中市统计公报》，并以1978年不变价格计算实际GDP。

2）劳动投入增长指标的选取。在经济增长的因素分析中，如果按严格要求，劳动投入指标应当以生产过程中实际投入的标准劳动量或工时数来反映，但这需要进行复杂的换算，考虑到统计数据的可获取性，本书采用太原都市圈的历年从业人数作为劳动投入指标。

3）资本投入指标的选取。在经济增长因素分析中，资本投入量应为直接或间接构成生产能力的资本总量，本书选取太原都市圈的历年全社会固定资产投资作为资本投入指标。

4）关于资金产出弹性和劳动产出弹性的选取。国家发改委和国家统计局推荐在我国资金产出弹性的值在0.25～0.35之间，劳动产出弹性的值在0.65～0.75之间。在本书的分析中，设定α取0.3，β取0.7，计算1978～2008年改革开放30年来太原都市圈各要素贡献率（表4-14）。要素贡献率的计算方法如下：

资本贡献率=资本产出弹性×资本增长速度/产出增长速度

劳动贡献率=劳动产出弹性×劳动增长速度/产出增长速度

科技进步贡献率=1−资本贡献率−劳动贡献率

1978～2008年太原都市圈经济增长各要素贡献率（%）（α=0.3，β=0.7）　　表4-14

GDP平均增长率	就业人口平均增长率	资本投入平均增长率	资本贡献率	劳动力贡献率	科技进步贡献率
年份：1978～2008					
11.87	1.06	22.01	55.65	0.06	44.29
年份：1978～1991					
10.1	4.47	13.39	37.19	41.94	20.88
年份：1992～1999					
11.2	0.03	18.99	50.86	0.19	48.95
年份：1999～2008					
14.3	1.94	24.36	51.11	9.48	39.41

资料来源：国家统计局网站统计数据库、《山西省统计年鉴》《中国城市统计年鉴》《吕梁市统计公报》《晋中市统计公报》《阳泉市统计公报》1978～2008年各卷。

表4-14显示了1978～2008年间，太原都市圈经济增长过程中资本投入、劳动力投入和科技进步对经济增长的作用。通过回顾过去30年本书所指太原都市圈范围内的经济运行情况，呈现出明显的周期性运行趋向，即十年左右一个周期，分别为1978～1991年、1992～1998年、1999～2008年三个经济周期。各项宏观数据显示，太原都市圈的经济运行正在进入当前经济周期的尾部，即改革开放以来第三个较长经济周期的"底部"。所以本书分阶段计算了1978～1991年、

1992～2001年、2002～2008年三个阶段要素贡献率的变化。从1978～2008年整体平均来看，太原都市圈在近30年的发展过程中，劳动力投入的贡献率较弱，资本贡献和科技进步贡献率势均力敌，尽管程度有所区别，但表现出以资本驱动为主、科技进步的拉动逐年提高的基本特征。太原都市圈作为国家重化工基地，决定了其范围内能源重化工业是主要产业，在30年的发展中，随着技术进步与产业升级，从早期大规模吸纳劳动力到后期产业升级过程中对劳动力需求大大降低，劳动力投入数量大大减少，其贡献率也逐步降低。进一步看，在这30年中，经济增长动力的结构发生了很大变化：1）1992年之前的第一阶段，在太原都市圈的经济增长中，劳动力贡献率较高，达到41.94%，显示了太原都市圈劳动力投入对采掘业和化工业快速发展时期的明显作用，创造了较多的就业机会，城市人口和经济规模扩大。2）但在1992～1999年间的第二阶段劳动力贡献大幅度降低至0.19%，而资本投入贡献和科技进步贡献均有较大提高，这一方面显示了太原都市圈以能源重化工产业为主的发展模式受经济周期变化影响显著，国家对经济过热发展的调控措施导致能源产品需求大幅下降时吸纳劳动力数量大大降低，老工业区处于停滞、衰退状态，冶金、煤、焦、化工、电力等能源重化工产业比重显著下降，劳动力投入不升反降，其贡献率大大降低。另一方面，也显示出这一时期新兴产业的发展成为主要推动力，园区建设开始起步，新的经济增长点均突显了对资本投入和科技进步的需求。3）进入第三个阶段（1999～2008年），太原都市圈产业升级特征明显，高新技术产业比重提高，原料型产业向深加工产业转变，新型重工业比重再次提高，以研发、服务、总部行政驻地为主的总部经济有所发展，劳动力的投入尤其是高素质劳动力的投入成为推动发展的重要方面，这一时期劳动力贡献开始上升，资本贡献和科技进步继续保持较高贡献率。

进入新世纪以来，国家工业化速度加快，对能源、冶金等需求猛增。2007年太原都市圈实现GDP2733.4亿元，是2000年的3.4倍（按可比价格计算），四大主导产业（煤、焦、冶金、电力）产值均为2000年的3倍以上。但受资源、环境等因素的制约，这些产业再增长5倍的可能性极小，其中煤焦产业已接近量的极限，有些地市由于资源枯竭导致经济增速下滑，有的地市由于高能耗、高污染受到“区域限批”，能源结构性超耗现象严重。在今后中长期发展中太原都市圈主导产业的主要任务是产能的集中及效益的提高，它们对GDP规模放大的作用将逐渐弱化，今后的发展必须产业升级以实现转型发展，这种趋势已经非常现实地摆在面前。

4.3.5 空间通达性分析

太原都市圈近年来大规模的交通建设，使得中心城市与周边城镇形成较为紧密的联系，为都市圈的发展打下了良好的基础。铁路网以位于山西省中部太原盆地北端的太原、晋中为枢纽，汾河贯穿其间，向各个方向形成六条放射状铁路系统，铁路联系十分便捷。太原是华北铁路交通枢纽之一，通过石太、太焦、同蒲、京原等铁路与省内外保持便捷联系，太古岚地方铁路加强了市区与古交的联系。公路以市区为中心，通过八条主干线辐射全省，同时也是山西省“大字形”高速公路主骨架的节点。太原与圈内各城市之间形成“一环四射”现代化区域公路网络格局；太原都市圈高速公路环线业已启动。太原武宿机场是国内民用航空运输省会干线机场，北京首都国际机场的主备降场，全省唯一的4D级干线机场，现已开通72条航线及至台湾、香港的定期包机航线，覆盖国内外广大地区，通航城市达到50个。区域初步形成了服务山西地区的交通枢纽体系，构建了由航空港、公路网、铁路网共同组成的“一港两网”综合运输网络。目前，以太原为核心的太原都市圈已形成包括铁路、公路、航空等多种形式的综合交通系统。铁路方面，区域内共有铁路8条，包括南北同蒲、石太、太焦（太原—焦作）、京原（北京—原平）以及石太、大西（大同—西安）和太中银三条高速客运专线，在建的太原铁路枢纽西南环线、太焦城际铁路是中部地区的重要铁路枢纽，晋中至太原城际铁路项目建设工作有序推进。铁路路网密度达到全国平均水平的2.35倍。公路方面，区域内以高等级公路为主体的干线公路网建设取得重大进展，实现“县县通”目标。山西中部城镇群已建成公路里程55871公里，公路密度87.2公里/百平方公里。航空方面，太原武宿机场是国际4E级机场，华北第3大国际机场，有航线122条，可通航城市110余个，日均航班91次，机场年客运吞吐量破1200万人次。交通网络建设为山西省“一核一圈”的构建和城镇化提速提质提供了保障。

尽管太原都市圈综合交通发展已有了较大的提高，但从总体上看，综合交通网络建设的滞后仍然是都市圈整体经济发展的薄弱环节。近十年来，太原都市圈内部资源整合不足，客货运量在全国省会城市中排名靠后，尤其是高速公路密度偏低，公路运输差距非常大。太原都市区高速公路密度为3.18公里/百平方公里，公路密度为88.5公里/百平方公里，仅达发达地区都市区的一半，核心区的综合交通枢纽功能远未发挥。城镇群对外联系通道建设缓慢，面临偏离国家大通道的趋势。中部太中银—石太通道中青太客专仅建成石太段，石家庄—太原、太原—延安的高铁线路在城镇群范围内的选线还未落实，太原位于高铁线路末端，西向服务西北地区能力受限。京津冀向西更多通过京广—陇海通道，京津冀向西辐射的最短路径的区位优势未发挥。

4.3.6 城镇化差异分析

（1）都市圈城镇化概况

2018年太原都市圈100万人口以上的大城市2个，50万～100万人口的中等城市3个，50万人口以下的小城市（含县城）18个；城镇化水平高于70%的县域单元有3个，城镇化水平30%～70%的县域单元8个，城镇化水平低于30%的县域单元有12个（表4-15）。可见，太原都市圈内城镇化水平较高的区域集中在太原都市区范围，城镇化水平高达92.4%，以同浦铁路为中轴的中部地带是太原都市圈的主要发育地带，地形平坦、资源丰富、交通发达、经济社会基础条件优越，城镇基础设施较为完备，具有良好的发展前景。而外围地区城镇化水平不高，城镇化水平只有35.3%，总体上这些县域单元依然是所属地级市的边缘县域单元，城镇化进程相对缓慢，具有明显的路径依赖和锁定特征。

2018年太原都市圈城镇化现状 **表4-15**

	县域单元
100万人口以上大城市	太原市区、晋中市区
50万～100万人口中等城市	忻州市区、原平市
50万～100万人口小城市（含县城）	清徐县、阳曲县、古交市、太谷县、祁县、平遥县、介休市、文水县、交城县、孝义市、汾阳市、定襄县、阳泉市区、平定县、寿阳县、吕梁市区、柳林县、中阳县、盂县
城镇化率高于70%	太原市区、晋中市区、阳泉市区
城镇化率30%～70%	古交市、太谷县、介休市、忻府区、原平市、吕梁市区、孝义市、交城县
城镇化率低于30%	清徐县、阳曲县、平定县、盂县、寿阳县、祁县、平遥县、定襄县、汾阳市、文水县、柳林县、中阳县

（2）都市圈城镇化滞后于工业化发展

从城镇化水平与工业化水平分析，一般来讲，城镇化率与工业化率的合理比例范围是1.4～2.5，而太原都市圈比值不足1，城镇化水平滞后于工业化水平。另外，都市圈地区分异现象突出，主要表现为经济发展和城镇化发展的阶段与水平差异悬殊，其中太原都市区已进入工业化后期，而文水县还处在初级产品生产阶段，其人均GDP不及前者的1/6。通过测算太原都市圈五个地级市的经济规模不均衡分布的基尼系数可知，2006～2008年五城市的GDP规模分布呈现集中化趋势，2008～2012年则呈现了均等化发展态势，即都市圈内五个地级市的GDP规模不断收敛，发展差距不断缩小，区域内扩散效应占主导地位。2013～2018年，不均等指数不断提高，表明内部差距扩大，大城市发展较快，而中小城市发展相对较慢，区域极化效应明显强于扩散效应（图4-7）。

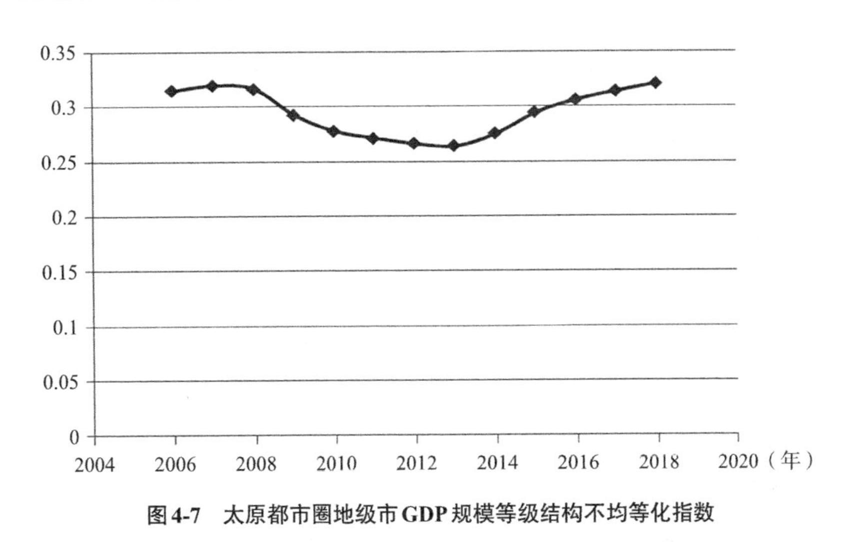

图4-7　太原都市圈地级市GDP规模等级结构不均等化指数

（3）都市圈城镇化空间单核格局显著

目前，太原都市圈在空间上呈现典型的单核格局，即太原市区在都市圈内一极独大。都市圈城镇体系中的中间层次不但在数量上绝对薄弱，其经济发展水平、城市的建设水平也与首位城市太原存在很大的落差。太原市区的国土面积仅为太原都市圈的7%，但却集中了都市圈36%的人口、58%的城镇人口规模、57%的GDP总量、50%的工业经济总量、68%的社会消费品零售总额，空间极化效应非常突出，对太原都市圈内城镇集聚功能显著。但从近几年的发展趋势来看，太原都市圈中心聚集极化的趋势有所减缓。

以太原都市圈核心城市为例，由太原市区人口增长可以看出，太原市区的常住人口增速可以划分成两个阶段。从2000年到2010年是太原市区常住人口的快速增长期，年均增加8.7万，而从2010年到2018年太原市区常住人口的增速大幅放缓，已经下降为了2.2万/年，年均增速仅为0.55%。另外太原还存在人才结构性外流的问题。2000年以来，太原学生考上211类学校共计7万人，返回太原的仅2万人，而考上985类学校共计6万人，返回的则仅为0.5万人，占比不足10%。这表明太原市区的人口快速增长期已过，仅从发展趋势来看，未来太原都市圈核心城市的人口自然增长速度趋缓，城市、城镇之间的人口迁移将成为核心城市人口发展变化的主要原因。从区域来看，缺少发展机会的城市其人口将逐渐流向发展条件好的城市中，这个过程也是区域内城镇规模结构调整优化的过程，这也契合了《国家新型城镇化规划》提出以城市群为主体优化城镇化空间布局和形态。在这一背景下也可以理解目前国内城市出现的“抢人”现象。

（4）都市圈内部小城镇空间分散化程度较高

都市圈城镇体系中的小城镇由于人口规模偏小使得城镇基础设施营运成本过高，城镇经济发展水平不足限制了城镇建设资金的来源，城镇公共服务功能相对薄弱，城镇居民的生活质量与东部地区同规模的城镇居民生活水平相去甚远。据《山西省小城镇发展调查报告》分析，除县城以外的建制镇镇区面积仅相当于全国平均水平的67.4%，镇区人口仅相当于全国平均水平的80%，镇区中城镇人口低于全国平均水平近20个百分点。采用分离度系数对2008年太原都市圈基本圈层的小城镇空间分布进行量化分析，空间分离度系数计算公式为：

$$F=(0.5\times\sqrt{N/A})/S$$

式中N为小城镇数量，A为小城镇镇区平均面积，S为小城镇总面积在区域面积中的比重。F值越小，表明小城镇分布越密集，小城镇之间的距离越小[①]。分析结果表明：太原都市圈小城镇的空间分离度系数为0.105，低于全国平均水平，说明都市圈内小城镇空间分散化程度较高，聚集效应较差。

（5）都市圈内部城镇化水平差异显著

采用泰尔指数法分析太原都市圈县市城镇化水平差异的演变轨迹。泰尔指数具有把整体差异划分为组内与组间差异的特性，通常被用于区域的总差异分解成各个不同部分的差异，来比较不同分类对区域总差异的贡献和影响。公式表示为：

$$T=\sum f(y_i)\log(\mu/y_i)=BT+WT \quad \text{（式4-15）}$$

$$BT=\sum Y_r\log(Y_r/X_r) \quad \text{（式4-16）}$$

$$WT=\sum Y_r\left|\sum(y_i/Y_r)\log(y_i/Y_r/x_i/X_r)\right| \quad \text{（式4-17）}$$

① 陈晓华. 乡村转型与城乡空间整合研究——基于“苏南模式”到“新苏南模式”过程的分析[M]. 合肥：安徽人民出版社，2008.

式中：T为泰尔指数，y_i是i县市的城镇化水平（非农业人口占总人口比重），μ为太原都市圈城镇化水平，$f(y_i)$为i县市的人口x_i占都市圈总人口的比重，k为县市单元的个数，r为组数，BT为区域间差异，WT为区域内部差异。泰尔指数的值在0～1之间，其值越大，表明区域之间的差异越大[①]。受原始数据获取的限制，本书只对1998～2018年太原都市圈主要城镇密集区的城镇化水平差异进行测度。数据来源于1998～2018年山西省统计年鉴、太原市统计年鉴、各县市统计公报。结果表明，太原都市圈城镇化水平总差异呈现不断缩小的趋势，泰尔指数由1998年的0.413缩小到2018年的0.259，并在2018年达到改革开放以来的历史最小值；太原—晋中组群与介孝汾组群之间的差异虽然在缩小，泰尔指数从1998年的0.246缩小到2018年的0.148，但二者的差距仍然较大；太原—晋中组群的内部差异较大，一直占据主要地位。随着太原都市圈县市人口城镇化水平总差异的逐步缩小，太原—晋中组群与介孝汾组群之间及其各自内部差异均不断缩小，且主要表现为太原—晋中组群的内部差异不断缩小，泰尔指数从1998年的0.102缩小到2018年的0.058。

2018年太原都市圈农村经济结构中，农村非农产业产值占农村社会总产值的比重均在85%以上，其中仅农村工业所占比重即在50%以上；农村非农化水平远远高于全省平均水平。与农村经济结构演化相对应，农村劳动力比重持续下降。都市圈平均农村非农劳动力就业比重比全省平均高9.5个百分点，是山西省非农化水平最高的区域。伴随新农村建设的蓬勃开展，农村建设和农民生活有了极大的改善，但是与城市相比或者与发达地区的农村相比，差距依然明显甚至有继续扩大之势，城乡二元结构的矛盾突出。突出体现在城乡居民生活水平和基本公共设施供给等差距较大，资源导向和相对封闭落后的乡镇工业使得农村工业化并没有带来相应的城镇化，农村剩余劳动力向城市转移又面临诸多制度性障碍，农业现代化步伐较慢、农民增收后劲不足，财政支农资金规模不足、结构不合理，乡镇基础设施水平普遍较低，人居环境不容乐观。因此，如何解决三农问题、化解城乡二元矛盾仍将是今后长期艰巨的任务。

（6）太原都市区空间格局整体集中局部分散

通过紧凑度指数来分析太原都市区发展的离散程度。1964年，Cole提出的

① 顾朝林等.中国城市化格局、过程、机理[M].北京：科学出版社，2008：229.

公式如下：紧凑度=A/A'，其中，A为区域面积，A'为该区域最小外接圆面积。如果区域面积与最小外接圆完全重合，即为圆形区域，则认为属于最紧凑的形状，其紧凑度为1。英国学者利用这一指标对Ruddingron城区历史演变过程作了分析，计算出该城1770年建成区紧凑度系数为0.36，1963年为0.43，即有集中紧凑发展的趋势。经调查，2000年到2018年太原市紧凑度指数由0.24增至0.29，可见，太原市城市空间格局紧凑度呈现持续增长的趋势。与上述太原都市区人口变动情况的分析相结合，不难发现，太原都市区空间格局发展整体表现为集中与分散相结合，呈现整体集中局部分散的发展态势。

如图4-8所示，太原市城市空间形态在历史变迁中的发展演变有一定的变化规律：时间上表现为核心辐射发展—跨河发展—带状分散发展三个阶段，城市形态的变化不是稳定的；空间上表现出飞地环状生长与城市本体蔓延相伴互动的规律。以远离城市本体的工业型飞地为先导，引发周围郊区城市化，其增长呈同心环状，具有典型的圈层特征；城市本体不断向周围郊区农村蔓延，最初表现为"马赛克"式的扩展，后期表现为沿交通线迅速轴展延伸。飞地的向心力和城市本体的离心力相互作用，推动了城市一体化进程。太原都市圈空间扩展主要为中心城市外延扩展型。以工业郊迁扩散为例，1983～1997年太原市外迁工业企业20多个，绝大部分迁至建成区边缘。1997～2018年外迁工业企业47个，绝大部分迁至都市圈腹地其他城镇，都市圈外延扩展近年来受交通指向作用显著，空间扩展模式由摊大饼式向轴线扩展模式转换。

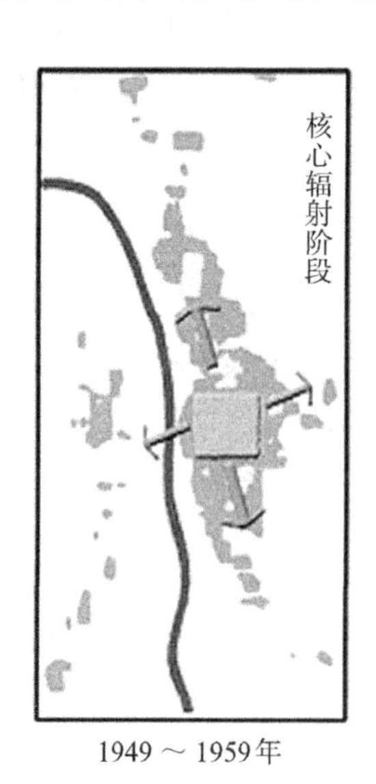

1949～1959年

1959～1976年

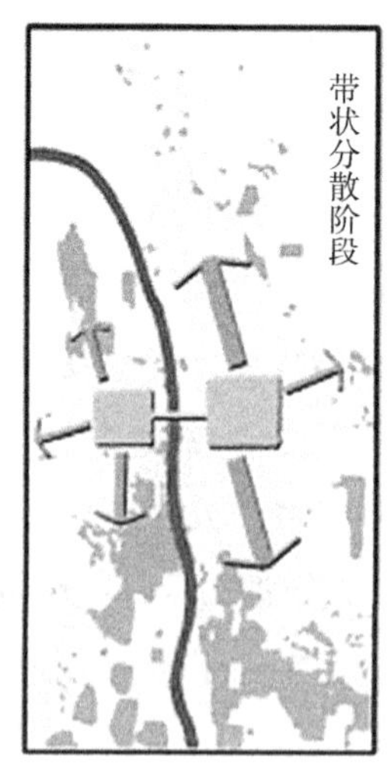

1976年至今

图4-8　太原市城市空间结构变迁图

4.4 小结

本章采用定性与定量相结合的方法以历史资源和详实数据为支撑，在确定太原都市圈合理的空间范围的基础上，通过建立引力模型、场强模型、通达性指数、城市流强度、产业结构相似性、泰尔指数、柯布—道格拉斯生产函数等数学模型，对太原都市圈所处的外部环境和内部基础及未来趋势进行了系统解析，可以得出这样的结论：太原都市圈所处的外部环境为其实施都市圈网络化的发展战略创造了有利条件；其内部城市通达性良好，资本贡献和科技进步继续保持较高贡献率，城镇化水平总差异不断缩小，但不容忽视的中心城市实力不强、城镇之间水平联系不够紧密、小城镇空间分散化程度较高等问题则是制约都市圈网络化发展的主要因素。本章为下文太原都市圈网络化空间的组织构建做出了铺垫和支撑。

5 太原都市圈网络化发展绩效评价

都市圈网络化发展绩效指标体系构建是都市圈网络化发展研判的核心内容，将有助于都市圈发展观念的创新，并使之更好地指导实践。都市圈网络化发展绩效测度指标的主要任务就是要准确地捕捉到影响都市圈网络化发展各个要素相互作用的主要信息，并通过对这些信息的综合了解判断都市圈空间发展的状态变化。

5.1 价值导向

价值观是判断事物的基础（郭彦弘，1991）。从社会发展价值观的演变可以看出规划价值导向多元化的必然性。从"以经济建设为中心"的重规模、重速度、强调不平衡的发展期过渡到重公平、重效益、重整体、强调协调的发展期，新发展观成为社会发展新的价值导向。新发展观是坚持以人为本，坚持公平正义，树立创新、协调、绿色、开放、共享的发展观，促进经济、社会和人的全面发展，强调"按照统筹城乡发展、统筹区域发展、统筹经济社会发展、统筹人与自然和谐发展、统筹国内发展和对外开放的要求"的整体性特征。对都市圈规划价值导向的影响可以通过新发展观在数量维、质量维、空间维和时间维等四个维度全面体现。都市圈规划的目标和效果将直接受价值导向的影响，包括价值导向的具体内容和价值导向体系的内在关联性，并最终体现出一个合力的结果[①]。因

① 李云，高艺.空间资源紧缺下的城市密度演变与政策价值取向[J].城市发展战略，2008，5（15）：9-10.

此，明晰的价值导向对于都市圈空间资源和社会公共资源的合理化利用，以及都市圈规划的有效实施都具有极其显著的实际意义。

5.1.1 数量维度——公正与效益的统一

数量维度用于衡量都市圈的发展度。早期的观念认为发展的问题就是经济增长的问题，发展的目标就是提高人均产值，因此早期评价发展的标准就是国民生产总值的高低。新发展观作为都市圈规划的战略指导，更加强调经济增长在质量、空间和时间上保持延伸性。公正与效益的统一是都市圈规划的价值导向之一。

（1）效益

效益所反映的是人与物的关系，它所追求的在于结果的时效性，即单位时间的劳动投入能够产生出多大的效益，强调永久、持续的获益，包括经济效益、社会效益、生态效益等。经济学上讲的经济效益是指劳动耗费与劳动成果的对比关系。提高经济效益是国民经济发展的本质要求，是经济工作的核心和根本出发点。社会效益是从社会发展的角度来衡量效益，是指最大限度地利用有限的资源满足社会上人们日益增长的物质文化需求。生态效益是指人们在生产中依据生态平衡规律，使自然界的生物系统对人类的生产、生活条件和环境条件产生的有益影响和有利效果，它关系到人类生存发展的根本利益和长远利益。生态效益的基础是生态平衡和生态系统的良性、高效循环。经济效益、社会效益和生态效益三者之间是相互制约、互为因果的关系。效益的获取是都市圈发展的根本动力所在，这里的效益是指通过规划对资源的合理与优化配置，以求得经济效益、社会效益以及生态效益相平衡的综合效益，而不是单指其中的一个方面。对于不同的区域三者之间应有所侧重。当前太原都市圈的发展规划应以生态效益与经济效益并重为主。

（2）公正

公正又称公平正义，是人类最古老最基本的伦理观念，包括个人公正和社会公正，社会公正是个人公正的延伸。社会公正是政治哲学、广义伦理学所研究的领域，探讨的是社会制度、公共政策以及法令等的道德正当性，追求的是制度本身的正义，即社会财富、资源、责任分配是合适的、公正的。根据马克思主义理论，不同的社会形态以及同一社会形态的不同发展阶段对公正的要求是不同的，即公正不是绝对的，它具有相对性。这种相对性主要包含两层意思：其一，公正是与等级、门第、政治偏见等相对立的，但公正不是平均。平均主义是农业社会中所形成的一种强烈的无差别的价值观，只能达到暂时的、相对的分配公平。其二，公正是在一定条件下，一定范围内的公平。不同形式的公正之间存在着某种意义的差别性，如政治公正与经济公正的对立，群体公正与社会公正的对立等，这说明并不存在普遍意义的公正，它有特定的适应范围和条件[①]。规划的公正要在顾及政府等委托部门意见的同时，还要考虑更多的东西，比如企业、社区居民、农民等相关人的利益和价值导向，以及更大尺度范围的公共利益、道德约束等。作为一个纲领性的文件，规划还要为各级地方政府制定宏观政策法规以及管理提供依据，要求管理措施与规则的制定体现出公平的原则，使都市圈整体发展在公平的市场规则下有序发展。都市圈规划倡导的公正包括区际公正和代际公正，是都市圈规划在空间和时间不同维度价值导向的不同体现。

（3）公正与效益的统一

地方政府是城市规划的实施主体，拥有较大资源配置权和追求经济利益最大化的政治组织。由于我国体制转轨过程中政府职能的转化滞后于经济体制的变革，因此目前区域经济运行依然表现为按照行政管辖范围来组织地区经济发展，以"效益至上"、"以GDP为核心"的政府业绩评价标准更加剧了这种状况。按照行政管辖范围来组织地区经济发展的这种"行政区经济"使得地方政府既是宏观调控的主体，又是被调控的客体，因而导致其行为具有"政府"和"经济人"的双重特征[②]，既要满足人们对公正的渴望，又要尽可能利用手中掌握的资源追求地方经济增长最大化。城市规划作为公共政策和地方政府重要的公共干预手段，其价值导向必须体现效益与公正，两者是统一而不可分的。从长远来看公正是为了更高的效益，效益是为了更好的公正，两者是一个螺旋式上升发展的过程。实际上，那种只考虑所谓的社会公正而不考虑交易成本（经济效益）的规划或者只考虑交易成本而不考虑社会公正的规划都是属于市场干扰型的规划，注定规划要失败。

新的发展观是一种整体价值观，既要规定效益的实现方式及其内容，考虑经济效益、社会效益和生态效益的全面实现，又要规定公正要求的现实性和理想意义，考虑区际公正和代际公正的充分体现，是一种涵盖多种价值目标的整体，是

① 陈正云.一体化：效益与公正关系释论[J].天津社会科学. http：//www.lw23.com/paper_110872981/.

② 施源，陈贞.关于行政区经济格局下地方政府规划行为的思考[J].城市规划学刊，2005（2）：45-49.

社会进步的整体利益要求，是公正与效益的统一。都市圈规划价值导向中公正与效益的有机结合，是以区域发展的客观规律为前提的，公正与效益的价值目标也只能置于城市社会存在的客观现实中才有意义。在公正与效益的相互关系上两者同等重要，都是区域发展的内在要求，而当公正与效益的相互关系发生不可调和的矛盾时，应在科学发展的轨道上确立其价值选择的目标，即如果城市发展的要求倾向于社会公正，应当牺牲局部效率来获得城市整体的公正，如果城市发展的要求倾向于效益，则应牺牲局部的公正来换取城市整体的效率，其最终目的都是使城市获得可持续的发展[①]。

5.1.2 质量维度——均衡与极化的抉择

质量维度用来衡量都市圈的协调性程度。改革开放三十年来，随着以点状或线状开发为特色的非均衡发展模式和市场自发作用的逐步增强，区域发展差距问题开始凸显并日趋严峻，区域间发展的不协调与不平衡，发展差距日益扩大的趋势越来越显著，成为影响我国长期稳定增长的制动因素。

（1）均衡

早期的发展理论认为资本及其积累是发展的动力，认为只要取得投资和资本就能解决发展的主要问题。在认识发展过程时，认为社会、经济和建设的结构是均质的、相互联系的，要取得发展就必须均衡地增长[②]。因此，改革开放前30年，我国选择的是地区经济均衡发展甚至是平衡发展模式，将经济建设和发展的重点放在了内地，试图通过不平衡的发展手段达到平衡的发展目标。虽然实施内陆地区重点发展的模式对拓展中国生产力发展空间，加快中西部地区的城镇化和工业化进程，改变旧中国地区经济严重不平衡的格局起到了积极作用，对全国经济特别是在建立相对完整的以重工业为基础的工业体系方面取得了巨大的成就。但与此同时也存在着资源配置效率低、重复建设和粗放型经济增长的缺陷[②]。实践表明，不同地区的自然、经济和社会条件不可能完全相同，把短缺的资源均衡地分散于各产业和各地区，只会造成区域内的低水平均衡；另外，完全凭借行政手段建立起来的现代工业项目与中西部地区传统的社会经济环境不相融合，产

① 冯维波，黄光宇.公正与效率：城市规划价值取向的两难选择[J].城市规划学刊，2006（5）：54-57.

② 张远军.我国区域经济发展模式的变革分析[J].经济问题探索，2004（12）：4-6.

业结构联系中断，产业链无法形成，机械地追求和过分地强调均衡反而导致区域整体滞后发展，共同富裕的初衷最终造成区域经济的共同落后与贫穷。因此，20世纪70年代末党和政府不断总结1949年以来区域经济发展模式的经验教训，开始实施区域经济“允许一部分地区先富起来”的重点发展东南沿海地区经济的“非均衡”发展模式，开始从“均衡”走向“极化”。

（2）极化

增长极理论是西方关于区域经济发展的重要理论之一，认为一个国家或地区实现区域经济平衡发展是不可能的，经济增长往往是从一个或数个增长中心逐步向其他部门或地区传导。它突破了区域经济均衡发展理论和发展模式的缺陷，主张区域经济非均衡发展。纲纳·缪达尔（Karl Gunnar Myrdal）认为梯度发展中同时起作用的有3种效应，即极化效应、扩散效应和回程效应。极化效应是指迅速增长的推动性产业吸引和拉动其他经济活动，首先出现经济活动和要素的极化，然后形成地理上的极化，从而获得各种规模经济，规模经济反过来又进一步增强增长极的极化效应。在市场机制的自发作用下，发达地区越富，则落后地区越穷，造成了两极分化。扩散效应促使生产向其周围的低梯度地区扩散；回程效应的作用则是削弱低梯度地区，促使高梯度地区进一步发展。它们共同制约着地区生产分布的集中与分散状况。在经济发展初期，区域间的极化效应、回程效应远远大于扩散效应，而随着时间的推移，极化效应、回程效应趋于下降，扩散效应则迅速增强。

借鉴增长极理论，我国提出并全面实践了区域经济“非均衡”发展战略，即在国家所掌握的资源十分有限的情况下，为提高资源配置效率，保证国民经济较快增长，国家必须集中有限的人力、物力和财力，采取重点开发的方式，并在资源分配和财政投入上对重点开发地区的重点产业进行适度倾斜。“非均衡”发展战略体现在区域空间发展格局上就是不均衡极化发展趋势，其发展的动力是体系本身各种因素集合不对称关系所迸发的推进效应。在不均衡极化发展战略的影响下，我国逐步形成了“经济特区—沿海开放城市—沿海经济开放区—沿江经济区—内地中央城市—铁路公路交通沿线和沿边地带”这样一个多层次、有重点的、全方位立体交叉的对外开放格局，为我国的快速城镇化奠定了基础，整体上促进了经济增长和社会进步。但是，在传统体制条件下我国欠发达地区为发达地区的经济发展做出了巨大的资源等生产要素贡献，为国家发展产生过巨大的社会利益，可以说，发达地区的发展是以欠发达地区的牺牲为代价的。这就使得区域发展过程中出现区际差距拉大的趋势，导致区域经济发展失衡，成为我国新时期区域经济发展的最大障碍。另外，普遍存在地方政府参与区域竞争的现象，表现为各地在减免税费、供应廉价土地和低价格基础设施（开发区）等方面的激烈竞争，甚至不惜付出环境代价。同时，非均衡发展并不是一种合意的状态，不符合人类平等的普遍价值观，会成为产生矛盾、冲突甚至动荡的根源。区域之间要缩小差距，要实现区域经济协调发展和区际公平，迫切需要从“极化”走向“新的均衡”。

（3）极化与均衡的抉择：均衡协调

鉴于当前“地区差距扩大的趋势尚未扭转”，党的十六大报告提出将“促进区域经济协调发展”作为经济建设的一项战略任务和发展目标。非均衡发展战略向均衡协调发展战略转型成为新时代实现区域协调发展的必然要求。均衡协调发展战略要求政府加强对区域发展的协调和指导，根据区域之间的经济发展情况和资源条件，充分发挥各区域经济的比较优势，进行优势互补，确定不同的投资重点和恰当的投资比例，并通过发展横向联合，互通有无，互相支持，使先发地区的发展同后发地区的开发更好地结合起来。“空间均衡协调”论并非地理导向的“均等”，而是在充分认识地区比较优势的基础上，与地区资源环境禀赋相协调，合理确定劳动地域分工，促进经济、社会和生态复合系统协调发展，实现人口、资源、环境的地域统筹，促进区域社会公共服务的均等①。

从区域发展战略的实践历程来看，无论是“极化”还是“均衡”，它们共同的目的都是为了“发展”。“发展”表现为结构的改变。结构十分重要，一种不合理的结构会带来片面的畸形的发展，而片面畸形的发展又会造成不合理的结构，两者都不可能带来协调性的发展，都可能造成近期或远期的某种灾难性后果。发展总是应该意味着对组成发展过程的各个方面、各个部分之间的相互关系、比例进行协调和调整，使各种结构朝着良性循环的方向变化（弗朗索瓦·佩鲁，1987）。结构的变化包括两个方面：一是由外部利益决定，形成适合于外部利益的结构变化过程。二是按照政府要求并且从公众利益出发的结构调整。从“均衡”走向“极化”，又从“极化”走向“新的均衡”，这是一个螺旋上升的发展过程。在这个过程中，增长极点的变化既是各种发展要素的集中过程，也是发展要素的分散过

① 糕振坤，陈雯等.基于空间均衡理念的生产力布局研究：以无锡市为例[J].地域研究与开发，2008，27（1）：9-22.

程，这种分散与集中的结果，最终将会导致结构的均衡。这种均衡协调理论与传统的均衡理论用形式化、机械化的方法去陈述客体在均质空间中运动方式不同，包含着异质的“行为主体”之间的相互作用。首先，这种“均衡协调”是一种以不均衡结构在某一时期的普遍存在这一假设为基础的，各行为主体由于历史、社会、经济的各种原因，本身在规模、实力等方面都是不同的，是在不平等的条件下参与竞争、协作等发展活动的。其次，各行为主体之间的关系和相互作用是十分复杂的，不可能是一种完全平等的竞争关系，它们之间存在着冲突、竞争、合作、妥协。通过各种形式的相互作用，它们之间形成一种普遍的协作依存和有序性平衡，每个行为主体都在整体中占有一个特定的地位，并获得同整体的最大利益相一致的利益。显然，这种平衡只是一种总体上的平衡，是异质主体在相互作用的动态过程中实现的平衡。最后，这种平衡是在对各行为主体的协调中实现的，既有行为主体的自我调节也有政策实施者对各行为主体的相互关系作出的对象性调节，协调既可以发生在微观层次上，也可以发生在中观和宏观层次上。

都市圈形成初期表现为城市地区或增长极点的人口等空间要素高度集聚，增长极点与边缘地区的落差逐渐增大；随着都市圈各行为主体竞争与合作的相互作用，这种落差开始减小，空间要素的分布状态逐渐趋向网络化相对均衡。当这种均衡发展的网络化空间运行持续一段时期后，随着都市圈外部环境的发展变化，都市圈经济发展的目标及其相应内容又会转入新的层次和新的领域。

5.1.3 空间维度——城市与乡村的融合

区域在发展过程中出现的城乡关系的不和谐给城市规划带来了新的课题。马克思主义经典理论从历史发展角度揭示了城乡之间的关系，认为城市与乡村关系的发展可概括为城乡“同一——对立—融合”几个阶段，社会经济发展到一定阶段后城乡对立将消除，即“城乡融合”阶段，为城乡一体化理论指明了方向。

目前，我国城乡差距过大，二元结构经济广泛存在，农村贫困人口脱贫的难度依然很大，城市的生产要素向农村流动的规模和速度降到了一个极低的水平，逐步缩小城乡差距是我国发达地区与欠发达地区在实现现代化进程中所面临的共同任务。特别是中共十九大以来，破解城乡二元结构、实现城乡统筹发展及缩小地区差距、促进区域协调发展的呼声更盛。在知识化和信息化快速发展的时代背景下，传统的城乡发展理论无论是从组织功能还是发展指导作用上，都与当前所处的环境存在明显的差异，已无法适应当前城乡一体化和农业现代化发展的需要，必须建立新的城乡发展的价值观——以创新为发展引擎的城乡融合。

城市的持续发展是以乡村的健康成长为基础的，在由城乡对立向城乡融合的发展过程中，乡村地区创新的内容要比城市地区更广、更深，创新的形式应更加多样，创新的力度也应当更大。没有这一保证，各种生产要素由于追逐高额利润而不会流入乡村地区，乡村地区只能长期落后于城市地区，只有创新才能使落后地区在新经济赋予的历史机遇前实现跳跃式发展。以创新为第一生产力的知识性经济将从根本上改变城市与乡村的发展关系：① 乡村不再作为为城市单纯提供生产要素的依附地，而实现了多种要素的相互流动。② 乡村的经济、社会和生态价值被重新发现和理解，经济成长的创新机制有可能使传统城市区域以外的乡村空间得到优先发展，从而改变由城市至乡村的单一扩散方向。③ 城镇以外的面域基质空间不再是单向被动地承受城镇的资源消耗和经济、社会的主宰，而对城镇的发展越来越表现为依赖与制约并存、支持和竞争并存的格局。

5.1.4 时间维度——资源与环境的可持续发展

人类进入21世纪后，“可持续发展”思想已经成为世界各国经济发展的共同纲领。对可持续发展的完整理解包括横向空间上代际的可持续发展和纵向时序上代内的可持续发展两个维度的含义，表现在一个主体的发展不应当损害其他主体的健康，即在规划中正确考虑每个开发单元与其所在区域及其他单元的整体发展、城乡之间的协调发展。“可持续发展”这一思想以两个关键因素为基础，一是人的需要，即为了满足人类生存的需要特别是穷人生存的需要，追求发展是无可置疑的；二是环境的限度，即由于发展系统（如经济、社会、生态等方面）以及能力系统（如体制、技术、观念等方面）的限制，讲究适度是必不可少的。环境限度是对人类活动施加限制，对满足需要的能力施加限制，确保生态环境的可持续。

（1）人本主义

人是可持续发展的根本目标和价值导向，可持续发展具有显性的人本中心观念。这里的“人本中心”具有特定的价值导向：一是以多数人为本而不是以少数人为本，二是以全社会人为本而不是以城市人为本，三是以整个人类为本而不是以当代人为本。在对待人的现实发展上，应倡导代内平等原则，对待人的未来发展上，应倡导代际平等原则。当然，由于目前利益分化和私有制占主导地位的情形并未改变，倡导以整个人类为本并不是意味着个体利益和群体利益已消失，人类利益也不是与各种特殊利益抽象对立的东西，而是存在于各种特殊利益之中。可持续发展是以人为中心的发展观，突破了把经济和技术增长作为社会发展充分内涵的传统观念，它把社会发展理解为人的生存质量及自然和人文环境的全面优化。事实上，没有资源与环境的支撑，人的生存和发展就无从谈起。人是区域的主体，区域发展的目的是人的全面发展，但绝不能打着“以人为本”的旗号忽视和破坏资源和环境，否则就会影响人的长期发展，只有在区域人地关系不断协调优化的前提下，才能实现经济、社会和生态效益的最佳组合[①]。

当前，我国城市发展面临着十分严峻的资源短缺矛盾，主要表现在土地、水资源等方面。土地的短缺将影响城市的空间合理利用，城市运转效率下降；水资源的压力给城市生活、生产带来严重的威胁，迫使采取高成本的节水技术措施，消耗大量的能源；三废污染的绝对量日益上升，传统以煤为主的能源结构使得生态严重污染，人类生活质量下降。太原都市圈的资源环境问题尤为突出。做好太原都市圈规划工作，环境效益导向和资源紧缺导向是都市圈规划的重要基础，必须从科学发展观的角度，系统而富有远见地审视区域空间资源，避免因过分追求某一局部目标或政策指导思想纷杂不一而导致的整体政策失衡。

（2）理性思维

可持续发展是对人类未来发展的一种理性思考和谋划，在社会不断现代化、知识体系不断理性的背景下，城市规划对可持续发展的研究必然要求进一步的理性化。理性思维是作为一种思维方式和实现合理性的一种途径。城市规划能够从传统的注重直觉和理念的思想转变为现代对科学和现实的关注，其关键就在于规划过程中理性思维的发挥。

我国城市规划中缺乏理性的表现比比皆是，甚至可以说是整体性缺乏（孙施文，2007）。生态恶化和资源短缺是都市圈可持续发展规划的理性认同。太原都市圈自身生态环境的脆弱性和资源的短缺性，加之近年来省际、市际的污染扩散纠纷时有发生，使得太原都市圈空间的发展面临着比东部地区城市群更为严峻的生态制约，在对其空间发展的价值判断上应该采取更为理性的方式，应特别注重对无法再生和更新期较长资源的保护和利用。以太原都市圈生态环境治理为例，都市圈生态环境是区域内各个行为主体赖以存在的共同外部环境，若环境遭到污

① 高中华.析可持续发展的人本主义与生态伦理的自然主义的辩证关系[J].南京林业大学学报（人文社会科学版），2004，4(2)：18-20.

染，将影响到都市圈区域内每个行为主体的利益。同样，污染的环境要得到治理和保护需要各个行为主体的共同合作，即集体理性活动。而在现实中，城市规划强调的集体理性，往往会产生与个体理性的冲突，要达到集体理性和个体理性的“双赢”，城市规划在坚持公众利益的同时，必须考虑个体要求，忽略个体要求会使城市发展整体最优这一目标的实现困难重重。

5.2 指标体系构建

5.2.1 相关指标体系评介

设计都市圈网络化发展的评估模型，首先要对都市圈网络化发展的相关基础理论进行研究，同时对所研究的对象——都市圈网络化的概念、内涵、外延、功能、效应等有一定深度的理解（第2章已作研究）。其次，对国内外相关规划评价体系作出系统研究，基于文献研究的基础进行都市圈网络化发展评估模型的构建。

在具体的指标体系的选择上，针对都市圈发展水平的指标体系研究比较有代表性的包括：美国区域规划协会将表征生活质量的“3E”（经济—Economy、环境—Environment、公平—Equity）指标作为评判城市群在国内外竞争力大小的标准。方创琳选用城市群经济发展总体水平等14个指标作为衡量城市群发育程度的指标；高汝熙等构建了以都市圈发育水平、实力水平、绩效水平为主要内容的都市圈评价指标体系[①]；陈群元从整体发展水平、经济发展水平、基础设施水平、内外部联系水平五个方面对城市群发展阶段构建了综合指标体系[②]；陈晓芳等选取都市圈经济发展程度、都市体系发育程度、都市经济相互作用程度、经济开放程度、政策支持程度、基础设施发达程度6个一级指标，下设20个二级指标[③]。

关于区域一体化的指标体系研究比较有代表性的包括：杨荣南提出了包括城乡经济融合度、城乡人口融合度、城乡空间融合度、城乡生活融合度、城乡生态环境融合度五个方面，共35个具体指标来测度城乡一体化水平；顾益康、许

① 高汝熙等. 2007中国都市圈评价报告[M].上海：格致出版社，2008，8.

② 陈群元.城市群协调发展研究[D].长春：东北师范大学，2009.

③ 陈晓芳，梁卫平.基于ROUGH集理论的都市圈竞争力评价研究[J].科技进步与对策，2006，7：42.

勇军等确定了以城乡一体化发展度、差异度和协调度为主要内容，共42个具体指标的城乡一体化评价指标体系，用来评估和反映城乡一体化的进程[①]。徐明华、白小虎根据经济发展过程中结构转型的基本规律，从工业化、城市化与城乡一体化的关系入手，提出了城乡一体化发展的综合评价指标体系，具体指标包括人均GDP、非农产业比重、城市人均可支配收入、城市化率、农村居民人均纯收入、农村人口比重等[②]。白永秀、岳利萍在"陕西城乡一体化水平判别与区域经济协调发展模式研究"一文中采用人均GDP、第三产业产值占GDP的比重、非农业人口占总人口的比重以及工农业劳动生产率比值等4项指标[③]。曾磊、雷军、鲁奇等在分析了影响城乡融合诸多因素的基础上，运用层次分析法构建了一套用于反映区域城乡关系发展特征及程度的指标体系，具体包括4个方面28个指标[④]。完世伟提出的区域一体化指标体系分为五个子系统：空间子系统、人口子系统、社会子系统、经济子系统、生态环境子系统[⑤]。

关于区域经济社会协调发展的指标体系研究比较有代表性的包括：国家发展和改革委员宏观经济研究院课题组提出了人均GDP、农业增加值比重、服务业增加值比重、非农就业比重、人口城镇化率、成人识字率、大学普及率、每千人拥有的医生数、平均预期寿命、人口自然增长率、基尼系数、社会保障覆盖率、信息化指数和资源环境安全系数等14项指标。全海娟以长三角地区为实例构建了包括经济、社会、生态3个子系统9个准则层的区域经济协调发展评价指标体系[⑥]。

关于可持续发展指标体系研究比较有代表性的包括：联合国CSD提出的可持续发展指标体系，涉及社会、经济、环境、资源、制度等领域，共约136个指标，是迄今为止最全面的区域可持续发展指标体系之一；英国（UK）的可持续发展指标体系是按照其可持发展战略目标而设计的，共有21个专题，118个指标，该指标体系对所选的每一个指标都给出了具体说明，并结合1995年之前10年或

① 顾益康.许勇军.城乡一体化评估指标体系研究[J].浙江社会科学，2004(6)：95-99.

② 徐明华，白小虎.浙江省城乡一体化发展现状的评估结果及其政策含义[J].浙江社会科学，2005(2)：47-55.

③ 白永秀，岳利萍.陕西城乡一体化水平判别与区域经济协调发展模式研究[J].嘉兴学院学报，2005(1)：76-86.

④ 曾磊，雷军等.我国城乡关联度评价指标体系构建及区域比较分析[J].地理研究，2002，21(6)：763-771.

⑤ 完世伟.区域城乡一体化测度与评价研究[D].天津：天津大学，2006.

⑥ 全海娟.区域经济协调发展评价指标体系研究[D].南京：河海大学，2007.

20年的数据对每一年指标所表示的内容给出了随时间变化的曲线图或直方图加以纵向的比较分析;《中国可持续发展报告》选用生存支持系统、发展支持系统、环境支持系统、社会支持系统、智力支持系统等五大类来评价区域可持续发展的程度;张沛等提出的区域PRED协调发展指标体系包括经济集约发展指标、社会和谐发展指标、政治文明发展指标、生态环境保护和建设指标等四个子系统①。

上述指标体系对于都市圈网络化发展绩效在指标选择上有一定的参考价值,但必须注意到:从中外文献检索中目前尚未见到与都市圈的网络化发展评价模型直接有关的论文,无论是都市圈发展水平评价指标体系、区域一体化评价指标体系,还是区域协调发展评价指标体系、可持续发展评价指标体系等,均不能充分体现都市圈网络化的功能和本质,缺少都市圈发展协调程度方面的指标。都市圈网络化发展绩效的评估应当体现网络化发展"空间关联性"的内在特性,着重体现都市圈城镇之间、城乡之间发展的协调性,体现经济增长与人口、资源、环境之间的协调性,体现人流、物流、资金流、信息流等要素流动的畅通和便捷。

5.2.2 指标体系设计原则

(1)系统科学性原则

都市圈系统是复杂的巨系统,组成因素繁多,结构层次复杂,各子系统相关联系紧密。因此,整个综合评价指标体系涵盖面应综合地反映产业、生态、经济、社会发展各子系统状况的各种因素,各分类指标之间要形成有机有序的联系,从多方面反映都市圈的网络化发育水平,力求指标能全面、简明地反映都市圈网络化特性,从元素构成到结构,从每一个指标计算内容到计算方法都必须科学、合理、准确。同时,又要防止指标过多、过繁,应当具有一定的代表性,用尽量少的指标反映尽量多的内容。

(2)动态导向性原则

都市圈网络化发展,既是都市圈发展的目标,也是都市圈发展的过程。因此,指标体系的设计应充分反映都市圈系统网络化动态发展变化的特点,同时注意指标的静态性和动态性,使之既可以进行静态的度量评测,又要具有对时间和空间变化的敏感性和可调节性,体现静态与动态的统一;指标体系的设计

① 张沛等.中国城镇化的理论与实践——西部地区发展研究与探索[M].南京:东南大学出版社,2009.

应体现出网络化的发展内涵，充分反映和体现都市圈网络化发展的目标层和准则层之间的关系，与促进都市圈网络化发展发展的宏观目标相统一，具有鲜明的导向作用。

（3）可适用性原则

指标体系的建立应当努力追求实现标准统一，使得指标体系权威性高、通用性强、可靠实用，以克服由于指标体系混乱所带来的无法在同一基础上进行对比分析的混乱局面。同时，应当考虑都市圈网络化发展的特点，选择那些频度较高、同时能表征都市圈网络化发展重要特征的指标，适时根据具体情况进行发展和创新，通过指标体系的设置有效地对都市圈网络化发展状况进行监控，可以有助于推进都市圈发展观念的创新。

（4）可操作性原则

在设计都市圈网络化发展评价的指标体系时要充分考虑数据取得和指标量化的难易程度，注意指标的可操作性，要选那些便于收集和计算分析，且对都市圈网络发展具有使用价值的指标。对于都市圈网络化发展绩效评价模型中的理论指标，尽量选取城市经济运行中特别是相关统计年鉴中能够获取的指标进行替代，以利于指标体系的运用和掌握，其基本原则就是不影响评价效果。

（5）定性与定量结合原则

都市圈是一个多维的复合系统，是场所性社会和非场所性社会二元共存的空间系统，这就要求指标的选择和运用中，既要包括定量评价要素，又要包括定性评价要素。从另一个角度来看，在设定都市圈网络化发展评价指标体系中，部分指标易于量化，部分指标则不易于量化而只能定性分析。模糊数学的发展，为定性指标的定量化分析拓展了思路。因此，在建立都市圈网络化发展绩效评价指标体系中要遵循定量与定性相结合的原则。

总之，在设置和筛选指标时，必须坚持系统科学性、动态导向性、可适用性、可操作性原则、定性与定量结合原则的统一。其中系统科学性、动态导向性对于都市圈网络化发展评价指标体系的理论探讨具有深远意义；而可适用性、可操作性和定性与定量结合原则有利于指标体系在实际评价中的推广应用，评价结果也可为都市圈发展的战略制定提供参考。

5.2.3 指标体系设计理念

都市圈网络化发展绩效指标体系的设计过程始终是以新发展观作为方法论的

指导。本书在第2章的理论研究部分中已经进一步将新发展观面向特定的研究对象和研究区域，从思维理念和衡量尺度两个方面具体化。在思维理念方面，将新发展观分解为新生态观、新经济观、新动力观、新规划观等四个层面；在衡量尺度方面，将新发展观细化为数量维、质量维、空间维和时间维等四个维度。因此，其发展绩效评估指标体系确立的过程就是在上述四个维度价值导向的主导下，参考其他相关指标体系，采用类推、比较等方法逐渐推进的。在上述方法论的指导下建立都市圈网络化发展绩效评价指标体系必然要对传统指标体系有所突破。突破的角度主要包括：

（1）都市圈网络化发展内涵丰富，指标体系设计应力求全面反映，同时应当注重反映其本质特性。都市圈网络化发展是都市圈区域内城镇之间、城乡之间通过网络化的相互关联形成都市圈内城际合作、城乡一体的发展方式，旨在构建一个多节点（大中小城市）与面域（乡村）之间结构有序、功能互补、整体优化、共建共享的镶嵌体系，体现出以城乡互动、区域一体为特征的高级演替形态。强调圈内节点之间人流、物流、资金流、信息流的畅通性和便利化，圈内各城镇的比较优势和特殊功能的有效发挥，形成体现因地制宜、分工合理、优势互补、共同发展的特色都市圈经济。

（2）在新发展观的指导下，都市圈网络化发展的整体目标不但应从经济增长、社会进步和环境安全的功利性目标出发，也应从哲学观念更新和人类文明进步的理性目标出发，全方位地涵盖“自然、经济、社会”复杂系统的运行规则和“人口、资源、环境、发展”四位一体的辩证关系，强调和谐发展的理念。我国传统的发展观是单纯的经济增长，这种单纯的经济增长观指导下的发展不是真正的发展，而是以生态环境的破坏和社会公平的丧失为代价。新发展观则要求经济与社会、生态协调发展，即在经济增长的同时，社会公平和生态环境得到同步改善。指标体系设计中首先考虑要使都市圈网络化发展目标多样化，同时实现经济发展目标、社会进步目标和生态环境改善目标。其次，经济社会指标的量度要参照资源环境承载能力。都市圈网络化发展的目标也是实现社会活动、经济活动以及生态环境的和谐，从而实现都市圈整体功能的优化和良性循环。

5.2.4 评价指标体系构建

都市圈网络化发展绩效指标体系设计的主要任务是从多个视角和层次反映都市圈网络化的规模与程度水平。构造一个综合评价指标体系，就是要构造一个系统，而系统的构造一般是包括系统元素的配置和系统结构的安排两方面①。在综合评价指标体系结构安排方面，由于都市圈网络化发展评价涉及面广、内容多，评价指标选取考虑的因素也多，因此，用简单的线性结构难以描述各指标的内在联系，需要借助一定逻辑方法来实现。本书采用目标层次式方法。在指标元素的配置方面，采用频度分析法、理论分析法和专家咨询法等方法。理论分析法是通过对都市圈网络化的自然、经济、社会特征分析，选择那些能够反映系统特点的指标；频度分析法是对有关都市圈发展评价的研究论文中的指标进行频度统计，从中选择使用频率较高的指标；专家咨询法是在初步提出评价指标的基础上，进一步征询专家意见，对指标进行调整②。综合运用以上方法选择都市圈网络化评价指标。

都市圈系统是复杂的巨系统，组成因素繁多，结构层次复杂，各子系统相关联系紧密。按照目标层次分类展开法的原理，首先要对都市圈网络化发展的目标要求有一个清晰的认识。从系统层次上看，都市圈网络应是一个层次分明、过渡自然、互动紧密的体系，竞争、互补和协同的水平联系将逐步代替传统的垂直等级关系；从经济结构上看，都市圈网络内部城镇优势互补，以一种产业整合的方式运转或在更大范围内优化配置资源，合理配套的产业分工与协助网络是都市圈网络化发展的基础和动力所在；从社会意义上看，都市圈网络有助于消除城乡存在的巨大发展水平落差的二元经济结构，有利于社会和谐发展；从文化上看，都市圈网络有助于促进多样性的城市文化，尊重和保有甚至发挥不同城镇的历史特点和社会经济作用方式；从生态上看，都市圈网络将最大程度地统筹考虑环境效益、节约能源和土地等资源。城市群体网络化发展绩效的评价还应当体现网络化发展“空间关联性”的内在特性，着重体现城市群体城镇之间、城乡之间发展的协调性。

基于此，都市圈网络化发展绩效可以从数量维度、质量维度、空间维度和时间维度四个层面通过表征城市群体规模适宜度、社会协调度、空间关联度和环境持续度等的综合结果反映出来。数量维度衡量都市圈的发展度，强调都市圈经济发展实力，是生产力提高的动力特征。质量维度衡量都市圈的协调度，反映都市圈的发展质量，体现都市圈内部成员间在发展过程中的协同性，体现

① 苏为华.多指标综合评价指标与方法问题研究[D].厦门：厦门大学，2000.

② 张竟竟.城乡协调度评价模型构建及应用[J].干旱区资源与环境，2007，2(21)：6.

分工合理、优势互补、共同发展的特色区域经济。空间维度衡量都市圈内部城市间、城乡间的空间关联度，反映都市圈人流、物流、资金流、信息流的畅通和便利程度，体现基于市场经济导向的经济技术合作能力。时间维度衡量都市圈的持续度，反映都市圈发展的可持续发展能力，体现经济增长与人口资源环境之间的协调性。

从中外文献检索中目前尚未见到与都市圈网络化发展评价模型直接有关的研究，国内外相关研究主要集中在都市圈发展水平评价指标体系、区域一体化评价指标体系、区域协调发展评价指标体系、可持续发展评价指标体系等，但均不能充分体现都市圈网络化的功能和本质，缺少都市圈发展协调程度方面的指标。都市圈网络化发展绩效的评价应当体现网络化发展"空间关联性"的内在特性，着重体现都市圈中城镇之间、城乡之间发展的协调性，体现经济增长与人口、资源、环境之间的协调性，体现人流、物流、资金流、信息流等要素流动的畅通和便捷。从系统学角度来看，都市圈网络化发展绩效是前述数量维度、质量维度、空间维度和时间维度的诸多因素共同影响的结果，这里引入都市圈"网络化发育度"概念，来反映都市圈网络化发展水平。用$G'=F(D', C', O', S')$来表达，式中G'表示都市圈网络化发育度，F'是函数关系式；D'—规模适宜度，C'—社会协调度，O'—空间关联度，S'—环境持续度。

（1）规模适宜度子系统。都市圈网络化发展的第一效应即经济增长效应，都市圈经济发展实力的持续增长是都市圈网络化发展的重要内涵。该子系统主要包括经济增长、人口规模、开发程度等评价指标。

（2）社会协调度子系统。都市圈网络化发展的另一效应即和谐共生效应。社会协调度体现都市圈内部特别是城乡间在发展过程中的公平性，判别都市圈是否在保证公平性的前提下持续发展，是都市圈网络化发展的重要保证。该子系统主要包括生活质量水平、城乡和谐发展、科技创新发展等评价指标。

（3）空间关联度子系统。都市圈内部人流、物流、资金流、信息流的畅通和便利程度是都市圈网络化发展的重要特征；该子系统主要从产业分工化程度、城市功能协调程度、城市间空间联系程度等方面进行评价。

（4）环境持续度子系统。该子系统主要从资源节约发展和环境友好发展等方面进行评价。

在指标元素的配置方面，本书采用频度分析法、理论分析法和专家咨询法等方法，通过对都市圈网络化的自然、经济、社会特征分析，选择那些能够反映系统特点的指标；对有关都市圈发展评价的研究论文中的指标进行频度统计，从中选择使用频率较高的指标；在初步提出评价指标的基础上，进一步征询专家意见，对指标进行调整。综合运用以上方法优化并构建都市圈网络化评价指标体系见表5-1。

都市圈网络化发展水平评价指标体系及权重　　**表5-1**

目标层	准则层 U_i	因素层	
		主因素层 U_{ij}	子因素层 U_{ijk}
城市群体网络化发育度	规模适宜度 U_1（0.2477）	开发程度指标 U_{11}（0.0325）	建成区面积比重 U_{111}（0.0216）
			空间分离度系数 U_{112}（0.0108）
		经济增长指标 U_{12}（0.1637）	地区生产总值增长率 U_{121}（0.1227）
			城乡居民人均收入比 U_{122}（0.0409）
		人口规模指标 U_{13}（0.0515）	人口城镇化率 U_{131}（0.0412）
			人口平均增长率 U_{132}（0.0103）
	社会协调度 U_2（0.1637）	生活质量指标 U_{21}（0.0877）	区域城镇化水平总差异度 U_{211}（0.0530）
			生活用燃气普及率 U_{212}（0.0092）
			信息化程度与全国平均水平比 U_{213}（0.0255）
		城乡和谐发展指标 U_{22}（0.0344）	城乡居民人均文教娱乐支出比 U_{221}（0.0111）
			城乡千人拥有医生数比 U_{222}（0.0111）
			城乡信息化程度比 U_{223}（0.0111）
		科技创新发展指标 U_{23}（0.0766）	大专以上受教育人口比例 U_{231}（0.0255）
			高新技术产业的产值占工业总产值的比重 U_{232}（0.0510）
	空间关联度 U_3（0.3453）	产业分工分化程度指标 U_{31}（0.2239）	结构相似系数 U_{311}（0.1493）
			制造工业产值占地区国民生产总值的比重 U_{312}（0.0746）
		城市功能协调程度指标 U_{32}（0.0793）	大中小城市分别占城市总数的比重 U_{321}（0.0198）
			地区工业专业化指数 U_{322}（0.0595）
		城市间空间联系程度指标 U_{33}（0.0421）	城市流强度 U_{331}（0.0211）
			城际高速交通网密度 U_{332}（0.0211）
	环境持续度 U_4（0.2093）	资源节约发展指标 U_{41}（0.0698）	土地资源开发利用比 U_{411}（0.0174）
			水资源循环利用率 U_{412}（0.0349）
			能源资源循环利用率 U_{413}（0.0174）
		环境友好发展指标 U_{42}（0.1396）	建成区绿化覆盖率 U_{421}（0.0465）
			环境空气综合污染指数 U_{422}（0.0930）

5.3 评价模型构建

都市圈网络化发展水平指标体系是一个多指标的综合系统，其分析评价可以采用层次分析法（AHP）及模糊综合评价法相结合的综合评价模型（FAHP模型），运用层次分析法确定评价指标体系的权重，运用模糊综合评价法进行综合评价。

5.3.1 指标权重计算

在都市圈网络化发展水平评价指标体系中，我们采用层次分析法来确定各个指标的权重。层次分析法（Analytical Hierarchy Process，AHP）于20世纪70年代由美国运筹学家T·L·Saaty提出，其基本思想是把复杂的问题分解为各个组成因素，并将这些因素按支配关系分组，从而形成一个有序的递阶层次结构。通过两两比较的方式确定层次中诸因素的相对重要性，然后综合人的判断以确定诸因素相对重要性的总排序。AHP方法把人的思维过程层次化、数量化，并用数学手段为分析、决策提供定量的依据，所以，是一种定性与定量相结合进行权重分析的方法。用层次分析法确定权重，是对在一定理论指导下建立的指标体系，按层次确定权重，即使出现了指标相关或信息重叠的问题，由于同一层次总的权重已经确定，因而对综合评价结论的方向和程度不会产生大的影响。此外，采用层次分析法将定性因素与定量因素、主观判断与定量方法有机地结合起来，使得权重的确定更加科学。

应用层次分析法确定都市圈网络化发展水平评价指标权重的步骤如下：

（1）建立递阶层次分析结构

都市圈网络化发展水平评价指标的递阶层次结构如表5-1所示。

在这一层次结构中，最高层又叫目标层，是AHP法解决问题的目标。对于都市圈网络化发展水平评价而言，目标是评价都市圈网络化发育度。中间层是由实现目标所必需的几个环节或因素构成的，包括准则层和指标体系内容。都市圈网络化发展水平评价体系中规模适宜度子系统、社会协调度子系统、空间关联度子系统、环境持续度子系统4个子系统构成评价体系的准则层，该中间层的每一个要素也由不同的因素构成下一层。最低层一般为主因素层和子因素层，都市圈网络化发展水平评价体系的最低层由11个主因素和25子因素指标构成。

（2）构建判断矩阵。判断矩阵是AHP法的信息来源，它表示针对上一层次某元素、本层次与之有关的元素之间相对重要性的比较。构造判断矩阵是运用AHP法的重要环节，参加层次分析的决策人员，要对层次结构中每一层次的元素的重要性（或优劣性）做出判断，并通过引入合适的标度，用一定的数量表示出来，形成判断矩阵。判断矩阵元素的值反映了人们基于客观实际对各因素相对重要性的主观认识与评价，一般采用T·L·Saaty教授提出的标度法（表5-2）。

判断矩阵的比较标度 **表5-2**

重要性标度	含义
1	表示两个元素相比，具有同等重要性
3	表示两个元素相比，前者比后者稍重要
5	表示两个元素相比，前者比后者明显重要
7	表示两个元素相比，前者比后者强烈重要
9	表示两个元素相比，前者比后者极端重要
2，4，6，8	表示上述判断的中间值
倒数	若元素i与元素j的重要性之比为a_{ij}，则元素j与元素I的重要性之比为$a_{ji}=1/a_{ij}$

判断矩阵具有下列性质：（i）$a_{ij}>0$，（ii）$a_{ij}=1/a_{ij}$ (i，j=1，2，…，n）则称之为正互反矩阵（易见$a_{ii}=1$，i=1，…，n）。

（3）层次单排序及其一致性检验。层次单排序即根据专家填写的判断矩阵，计算对于上一层某因子而言本层次与其有关的元素的重要性次序的权数。判断矩阵A对应于最大特征值λ_{max}的特征向量W，经归一化后即为同一层次相应因素对于上一层次某因素相对重要性的排序权值，这一过程称为层次单排序。

上述构造判断矩阵的办法虽能减少其他因素的干扰，较客观地反映出一对因子影响力的差别。但综合全部比较结果时，其中难免包含一定程度的非一致性。如果比较结果是前后完全一致的，则矩阵A的元素还应当满足：$a_{ij}a_{jk}=a_{ik}\forall i$，$j$，$k$=1，2，…，$n$。然而，由于客观事物的复杂性、人们认识上的多样性和可能产生的片面性，要求每一个矩阵都具有完全一致性是不可能的。为了考察判断矩阵能否用作层次分析，就要对判断矩阵作一致性检验，检验判断矩阵A是否严重地非一致，一致性检验是和排序同步进行的。

对判断矩阵的一致性检验的步骤如下：

1）计算一致性指标CI

$$C.I.=\frac{\lambda_{max}-n}{n-1}$$

2）查找相应的平均随机一致性指标$R.I.$（random index），如表5-3所示：

平均随机一致性指标R.I.　　表5-3

矩阵阶数	1	2	3	4	5	6	7	8
$R.I.$	0	0	0.52	0.89	1.12	1.26	1.36	1.41
矩阵阶数	9	10	11	12	13	14	15	
$R.I.$	1.46	1.49	1.52	1.54	1.56	1.58	1.59	

3）计算一致性比例（consistency ratio）

$$C.R.=\frac{C.I.}{R.I.}$$

当$CR<0.10$时，认为判断矩阵的一致性是可以接受的，否则应对判断矩阵作适当修正。

根据前述指标体系设计专家调查表，汇总各个层次的两两比较结果得到判断矩阵。以目标层为例，准则层（$U-U_i$）的两两判断矩阵及单排序结果、一致性检验结果见表5-4。

总目标层判断矩阵、权重、一致性检验　　表5-4

U	U_1	U_2	U_3	U_4	W
U_1	1	1	0.5000	2	0.2477
U_2	1	1	0.5000	1	0.1977
U_3	2	2	1	1	0.3453
U_4	0.5000	1	1	1	0.2093
λ_{max}=4.1855 CI=0.0618 RI=0.8862 CR=0.0698					

还可得出主因素层（U_i-U_{ij}）的判断矩阵及单排序结果、一致性检验结果；子因素层（$U_{ij}-U_{ijk}$）的判断矩阵及单排序结果、一致性检验结果。

（4）层次总排序及其一致性检验。层次总排序就是利用层次单排序的结果计算各层次的组合权值并进行一致性检验。

1）U_{ij}层总排序结果见表5-5。

U_{ij}层总排序　　表5-5

层次U_i / 层次U_{ij}	U_1	U_2	U_3	U_4	U_{ij}层次总排序
	0.2477	0.1977	0.3453	0.2093	
U_{11}	0.1311	0	0	0	0.0325
U_{12}	0.6608	0	0	0	0.1637

续表

层次 U_i / 层次 U_{ij}	U_1	U_2	U_3	U_4	U_{ij}层次总排序
	0.2477	0.1977	0.3453	0.2093	
U_{13}	0.2081	0	0	0	0.0515
U_{21}	0	0.4434	0	0	0.0877
U_{22}	0	0.1692	0	0	0.0334
U_{23}	0	0.3874	0	0	0.0766
U_{31}	0	0	0.6483	0	0.2239
U_{32}	0	0	0.2297	0	0.0793
U_{33}	0	0	0.1220	0	0.0421
U_{41}	0	0	0	0.3333	0.0698
U_{42}	0	0	0	0.6667	0.1396

2）U_{ijk}层进行总排序。

3）U_{ij}层总一致性检验见表5-6。

U_{ij}层总排序一致性检验结果　　表5-6

	U_1	U_2	U_3	U_4
	0.2477	0.1977	0.3453	0.2093
CI_1	0.0268	—	—	—
RI_1	0.518	—	—	—
CI_2	—	0.0091	—	—
RI_2	—	0.518	—	—
CI_3	—	—	0.0018	—
RI_3	—	—	0.518	—
CI_4	—	—	—	0
RI_4	—	—	—	0
$CI=\sum_{i=1}^{4}a_iCI_i$	CI=0.0091			
$RI=\sum_{i=1}^{4}a_iRI_i$	RI=0.4096			
$CR=\frac{CI}{RI}$	CR=0.0221			

4）U_{ijk}层总排序一致性检验。

各判断矩阵及各层总排序一致性检验结果均满足$CR<0.01$，因而，层次总

排序具有满意的一致性，排序的结果反映了各项指标对于都市圈网络化发展水平评价的重要程度。

（5）根据各个评价因子的权重值与各个评价因子的无量纲化值进行评价结果的加权计算。

综上所述，利用AHP方法确定的都市圈网络化发展水平评价体系各个评价指标的权重列于表5-1。

5.3.2 综合评价模型

都市圈网络化发展水平指标体系是一个多指标的综合系统，其分析评价可以采用层次分析法（AHP）及模糊综合评价法。本书将利用基于层次分析法的模糊评价方法（FAHP）从定量和定性相结合的角度对上述问题展开剖析。都市圈网络化发展水平的评价具有模糊性，这首先是其网络化概念本身的模糊性，理论界至今还未有一个统一的定义，对其内涵和表现形式的研究也未形成统一的体系。其次是由于规模适宜度、社会协调度、空间关联度和环境持续度这四个子系统评价的复杂性及其影响因素的模糊性，不可能简单用一个数值来评价，符合模糊性特征。可见，采用模糊综合评价法对都市圈网络化发展水平进行研究是合适的。为减少判断的随意性，提高结果可信度，本书采用将Fuzzy集合论与AHP方法结合的模糊综合评判法。由于本指标体系指标数目较多，同时又具有模糊性的特点，采用一级或二级综合评判模型都难以胜任，这里我们采用三级模糊综合评判，即把每个因素按其表现程度分为若干等级，又将所有因素按其性质分为若干类型。评判时，由低层次向高层次逐步进行，先按每一因素的各个等级进行一级模糊综合评判，得出单个因素的评判结果；再按每一类的各个因素进行二级模糊综合评判，得出一类因素的评判结果；最后，再在各类之间进行综合评判，得出所有因素的评判结果。这样，既能处理因素模糊性，又可避免因素众多带来的权重分配的困难。

所谓模糊综合评价是在模糊环境下，考虑了多种因素的影响，为了某一目的对一事物做出综合评价的方法。对于都市圈网络化发展水平评价系统采用三级模糊综合评价的方法，综合评价模型分析过程如下：

设有两个有限论域，$U=\{u_1, u_2, \cdots, u_n\}$，$V=\{v_1, v_2, \cdots, v_m\}$

其中，U代表综合评判的多种因素组成的集合，称为因素集；V称为多种决断构成的集合，称为评判集。

第一步：确定因素层次并建立因素集。

设因素集为$U=\{u_1, u_2, \cdots, u_n\}$，式中，$u_i$为第1层次中的第$i$个因素，它又由第2层次中的$m$个主因素决定，即$U_i=\{u_{i1}, u_{i2}, \cdots, u_{im}\}(i=1, 2, \cdots, n)$，而第2层次的主因素$u_{ij}(i=1, 2, \cdots, n; j=1, 2, \cdots, m)$，还可由第3层次的子因素$u_{ijk}$决定，依此类推。显然，每个因素，决定它的下一层次因素的数目不一定相等。在本书进行都市圈网络化发展水平的评价中，根据评价的需要将因素层次从上至下分解为目标层、准则层、因素层、子因素层，依此确定因素集。且因素集满足：

$U_1 \cup U_2 \cup \cdots \cup U_n=U$；(2) $U_i \cap U_j=\Phi$，对任意$i \neq j$

根据建模的基本原理，考虑到模型的综合性、简洁性和可操作性等基本要求，根据前文所述指标体系设计因素集结构，将都市圈网络化发展水平分为4组因素类，每组再向下进行分类，建立的因素集见表5-1所示。

第二步：建立权重集。

根据每一层次中各个因素的重要程度，分别给某一因素赋予相应的权数，于是得到各个因素层次的权重集如下：

第1层次的权重集：$A=\{a_i\}=\{a_1, a_2, \cdots, a_n\}(i=1, 2, \cdots, n)$

第2层次的权重集：$A_i=\{a_{ij}\}=\{a_{i1}, a_{i2}, \cdots, a_{im}\}(i=1, 2, \cdots, n; j=1, 2, \cdots, m)$，式中，$a_{ij}$是第2层次中，决定因素$U_i$的第$j$个因素的权重数。

第3层次的权重集：$A_{ij}=\{a_{ijk}\}=\{a_{ij1}, a_{ij2}, \cdots, a_{ijr}\}(i=1, 2, \cdots, n; j=1, 2, \cdots, m; k=1, 2, \cdots, r)$，式中，$a_{ijk}$是第3层次中，决定因素$U_{ij}$的第$k$个因素的权重数。

各权数应满足归一性和非负性条件：

$\sum_{i=1}^{n} a_i=1$，$a_i \geqslant 0$，$(i=1, 2, \cdots, n)$。本书的权重集可参见表5-1。

第三步，建立备择集（评判集）

备择集是评判对象可能作出的各种总的评判结果所组成的集合，用V表示，即$V=\{v_1, v_2, \cdots, v_m\}$，各元素代表各种可能的总评判结果，是对各层次评价指标的一种语言描述。本模型的评语共分五个等级，具体的备择集为：

$V=\{v_1, v_2, \cdots, v_m\}$={非常高，比较高，一般，比较低，非常低}。

第四步，单因素模糊评判。

设评判对象按因素集中第i个因素U_i进行评判，对备择集中第j个元素V_j的隶属程度为r_{ij}，则按第i个因素U_i评判的结果，可用模糊集合表示为$R=\{r_{11}, r_{12}, \cdots, r_{1n}\}$，它是备择集上的一个模糊子集。将每层次中各因素集的备择集的隶属度组成的矩阵为：

$$R=\begin{bmatrix} r_{11} & r_{12} & \cdots & r_{1m} \\ r_{21} & r_{22} & \cdots & r_{2m} \\ \vdots & \vdots & & \vdots \\ r_{n1} & r_{n2} & \cdots & r_{nm} \end{bmatrix}$$

将R称为模糊评判矩阵。

第五步，模糊综合评判。

评判的目的是要综合考虑所有因素的影响，得出正确的评判结果。同时，由于每一因素都是由低一层次的若干因素决定的，所以每一因素的单因素评判，应是低一层次的多因素综合评判。因此，模糊综合评判应从最低层次开始，一级模糊综合评判应是最低一层因素的综合评判，依次进行二级、三级模糊综合评判进行复合运算即可得到综合评价结果。模糊综合评判，可表示为：

$$B=A\circ R$$

$$=(a_1,\ a_2,\ \cdots,\ a_n)\circ\begin{bmatrix} r_{11} & r_{12} & \cdots & r_{1m} \\ r_{21} & r_{22} & \cdots & r_{2m} \\ \vdots & \vdots & & \vdots \\ r_{n1} & r_{n2} & \cdots & r_{nm} \end{bmatrix}$$

$$=(b_1,\ b_2,\ \cdots,\ b_m)$$

B称为模糊评判集；b_j称为模糊综合证券指标，简称评判指标。b_j的含义是：综合考虑所有因素的影响时，评判对象对备择集中第j个元素的隶属度。

第六步，评价参考标准及评价成果等级的划分。

本书根据2009年、2019年《山西省统计年鉴》、《太原市统计年鉴》及其他城市国民经济和社会发展统计公报中的数据，得到了2008年和2018年太原都市圈网络化发展水平评价指标数据。各指标评价参考的标准确定由于指标性质不同而有所差异，本书按照以下原则和优先权进行标准的确定：已有国家标准或国际标准的指标，尽量采用规定的标准值；参考国外具有良好特色的城市的现状值作为标准值；参考国内城市现状值，作趋势外推确定标准值；依据现有的环境与社会、经济协调发展理论，力求定量化作为标准值；对于缺乏标准或等级划分标准较为模糊的指标，将指标所反映的事物的性质程度设定五个等级（备择集），征集各领域专家对其等级判断的意见。按前述五个等级的备择集的评判要求，向山西大学、山西财经大学、山西省发改委、住建厅、社科院、太原市规划和自然资源局等部门有关专家发放调查问卷，征集专家对2008年和2018年太原都市圈网络化发展水平评价各指标的等级评判意见，发放问卷26份，收集到20份有效问卷，汇总整理得到对各年份太原都市圈网络化发展水平各指标的评判（表5-7、表5-8）。

太原都市圈网络化发展水平子因素评价调查结果统计表

（对2008年发展状况评价）

表5-7

评价等级指标	非常高	较高	一般	比较低	非常低
建成区面积比重 U_{111}	0	0	7	10	3
空间分离度系数 U_{112}	0	0	5	13	2
地区生产总值增长率 U_{121}	0	0	6	11	3
城乡居民人均收入比 U_{122}	0	0	8	12	0
人口城镇化率 U_{131}	0	2	8	10	0
人口平均增长率 U_{132}	0	2	9	9	0
区域城镇化水平总差异度 U_{211}	0	3	8	9	0
生活用燃气普及率 U_{212}	0	2	7	11	0
城乡信息化程度比 U_{213}	0	0	4	13	3
城乡居民人均文教娱乐支出比 U_{221}	0	0	6	14	0
城乡千人拥有医生数比 U_{222}	0	0	7	13	0
信息化程度与全国平均水平比 U_{223}	0	0	9	9	2
大专以上受教育人口比例 U_{231}	0	4	10	6	0
高新技术产业的产值占工业总产值的比重 U_{232}	0	0	9	8	3
结构相似系数 U_{311}	0	0	8	11	1
制造工业产值占地区国民生产总值的比重 U_{312}	0	3	10	7	0
大中小城市分别占城市总数的比重 U_{321}	0	0	8	9	3
地区工业专业化指数 U_{322}	0	2	9	9	0
城市流强度 U_{331}	0	1	7	10	2
城际高速交通网密度 U_{332}	0	2	6	8	4
土地资源开发利用比 U_{411}	0	1	9	10	0
水资源循环利用率 U_{412}	0	0	4	10	6
能源资源循环利用率 U_{413}	0	0	6	9	5
建成区绿化覆盖率 U_{421}	0	0	8	10	2
环境空气综合污染指数 U_{422}	0	0	0	10	10

对于都市圈网络化发展综合评价值的上下限值问题，由于都市圈网络化本身的复杂性，其评价限值的确定难免带有一定的主观性和片面性。本书借鉴了国内外相关研究及文献，采用Fuzzy集合论和德尔菲法，最终将都市圈网络化发展水平评价成果分为以下五个等级（表5-9）。

太原都市圈网络化发展水平子因素评价调查结果统计表

（对2018年发展状况评价） **表5-8**

评价等级指标	非常高	较高	一般	比较低	非常低
建成区面积比重 U_{111}	0	0	11	7	2
空间分离度系数 U_{112}	0	0	7	11	2
地区生产总值增长率 U_{121}	0	0	8	10	2
城乡居民人均收入比 U_{122}	0	0	11	9	0
人口城镇化率 U_{131}	0	3	10	7	0
人口平均增长率 U_{132}	0	3	11	8	0
区域城镇化水平总差异度 U_{211}	0	3	12	5	0
生活用燃气普及率 U_{212}	0	2	10	8	0
信息化程度与全国平均水平比 U_{213}	0	0	6	12	2
城乡居民人均文教娱乐支出比 U_{221}	0	0	9	11	0
城乡千人拥有医生数比 U_{222}	0	0	8	12	0
城乡信息化程度比 U_{223}	0	0	12	7	1
大专以上受教育人口比例 U_{231}	0	4	11	5	0
高新技术产业的产值占工业总产值的比重 U_{232}	0	0	10	8	2
结构相似系数 U_{311}	0	0	12	8	0
制造工业产值占地区国民生产总值的比重 U_{312}	0	3	12	5	0
大中小城市分别占城市总数的比重 U_{321}	0	0	8	9	3
地区工业专业化指数 U_{322}	0	2	10	8	0
城市流强度 U_{331}	0	1	8	10	1
城际高速交通网密度 U_{332}	0	3	8	7	2
土地资源开发利用比 U_{411}	0	1	10	9	0
水资源循环利用率 U_{412}	0	0	6	10	4
能源资源循环利用率 U_{413}	0	0	8	8	4
建成区绿化覆盖率 U_{421}	0	0	10	8	2
环境空气综合污染指数 U_{422}	0	0	11	9	0

太原都市圈网络化发展水平评价表 **表5-9**

综合评价值	[0，50]	[50，60]	[60，80]	[80，95]	[95，100]
都市圈网络化发展阶段	低水平无序发展阶段	低水平网络化起步阶段	低水平网络化发育阶段	高水平网络化发育阶段	高水平网络化成熟阶段

5.4 综合评价

本书利用都市圈网络化发展多层次模糊综合评价模型（FAHP模型），对太原都市圈2008年和2018年规模适宜度、社会协调度、空间关联度、环境持续度等4个子系统进行综合评价，并进行2008年度和2018年度的纵向对比评价，以识别太原都市圈建设中的“短板”及发展趋势，以便在以后的网络化发展进程中加以重点关注。区域关联度子系统中选取都市圈县级以上5座城市为基本评估单元进行综合评价，其余子系统选取太原都市圈作为基本评估单元。

5.4.1 模糊综合评价过程

以2008年数据为例说明模糊综合评价过程，根据前表5-7，可以得到各子因素集模糊判断矩阵如下：

$$R_{11}=\begin{vmatrix} 0 & 0 & 0 & 0.7 & 0.3 \\ 0 & 0 & 0.1 & 0.7 & 0.2 \end{vmatrix}$$

$$R_{12}=\begin{vmatrix} 0 & 0 & 0.3 & 0.55 & 0.15 \\ 0 & 0 & 0.4 & 0.6 & 0 \end{vmatrix}$$

$$R_{13}=\begin{vmatrix} 0 & 0.1 & 0.4 & 0.5 & 0 \\ 0 & 0.1 & 0.45 & 0.45 & 0 \end{vmatrix}$$

$$R_{21}=\begin{vmatrix} 0 & 0.15 & 0.4 & 0.45 & 0 \\ 0 & 0.1 & 0.35 & 0.55 & 0 \\ 0 & 0 & 0.2 & 0.65 & 0.15 \end{vmatrix}$$

$$R_{22}=\begin{vmatrix} 0 & 0 & 0.3 & 0.7 & 0 \\ 0 & 0 & 0.35 & 0.65 & 0 \\ 0 & 0 & 0.45 & 0.45 & 0.1 \end{vmatrix}$$

$$R_{23}=\begin{vmatrix} 0 & 0.2 & 0.5 & 0.3 & 0 \\ 0 & 0 & 0.45 & 0.4 & 0.15 \end{vmatrix}$$

$$R_{31}=\begin{vmatrix} 0 & 0 & 0.4 & 0.55 & 0.05 \\ 0 & 0.15 & 0.5 & 0.35 & 0 \end{vmatrix}$$

$$R_{32}=\begin{vmatrix} 0 & 0 & 0.4 & 0.45 & 0.15 \\ 0 & 0.1 & 0.45 & 0.45 & 0 \end{vmatrix}$$

$$R_{33}=\begin{vmatrix} 0 & 0.05 & 0.35 & 0.5 & 0.1 \\ 0 & 0.1 & 0.3 & 0.4 & 0.2 \end{vmatrix}$$

$$R_{41}=\begin{vmatrix} 0 & 0.05 & 0.45 & 0.5 & 0 \\ 0 & 0 & 0.2 & 0.5 & 0.3 \\ 0 & 0 & 0.3 & 0.45 & 0.25 \end{vmatrix}$$

$$R_{42}=\begin{vmatrix} 0 & 0 & 0.4 & 0.5 & 0.1 \\ 0 & 0 & 0 & 0.5 & 0.5 \end{vmatrix}$$

根据以上模糊判断矩阵，由$A_1=\{a_1, a_2, \cdots, a_n\}$可以得到主因素层“开发程度指标”的模糊评价向量$B_{11}$，计算过程如下：

$$\begin{aligned} B_{11}&=A_{11}\circ R_{11} \\ &=(0.6667 \quad 0.3333)\circ\begin{bmatrix} 0 & 0 & 0.35 & 0.5 & 0.15 \\ 0 & 0 & 0.25 & 0.68 & 0.1 \end{bmatrix} \\ &=(0.0000 \quad 0.0000 \quad 0.3167 \quad 0.5500 \quad 0.1333) \end{aligned}$$

同理，可得其他主因素集的评价向量并构造模糊判断矩阵如下：

隶属度

		非常高	较高	一般	比较低	非常低
$R_1=$	B_{11}	0.0000	0.0000	0.3167	0.5500	0.1333
	B_{12}	0.0000	0.0000	0.3250	0.5625	0.1125
	B_{13}	0.0000	0.1000	0.4100	0.4900	0.0000
$R_2=$	B_{21}	0.0000	0.1012	0.3366	0.5186	0.0436
	B_{22}	0.0000	0.0500	0.4500	0.4333	0.0667
	B_{23}	0.0000	0.0667	0.4667	0.3667	0.1000
$R_3=$	B_{31}	0.0000	0.0500	0.4333	0.4833	0.0333
	B_{32}	0.0000	0.0750	0.4375	0.4500	0.0375
	B_{33}	0.0000	0.0750	0.3250	0.4500	0.1500
$R_4=$	B_{41}	0.0000	0.0125	0.2875	0.4875	0.2125
	B_{42}	0.0000	0.0000	0.1333	0.5000	0.3667

进行二级模糊综合评价，可得到准则层“规模适宜度”的模糊评价向量B_1，计算过程如下：

$$B_1=A_1\circ R_1$$

$$=(0.1311\quad 0.6608\quad 0.2081)\circ\begin{bmatrix}0.0000 & 0.0000 & 0.3167 & 0.5500 & 0.1333\\0.0000 & 0.0000 & 0.3250 & 0.5625 & 0.1125\\0.0000 & 0.1000 & 0.4100 & 0.4900 & 0.0000\end{bmatrix}$$

$$=(0.0000\quad 0.0208\quad 0.3416\quad 0.5458\quad 0.0918)$$

同理，可得其他准则层的评价向量并构造模糊判断矩阵如下：

$$R_1=\begin{vmatrix}B_1\\B_2\\B_3\\B_4\end{vmatrix}=\begin{vmatrix}0.0000 & 0.0208 & 0.3416 & 0.5458 & 0.0918\\0.0000 & 0.0791 & 0.4062 & 0.4453 & 0.0693\\0.0000 & 0.0588 & 0.4211 & 0.4716 & 0.0485\\0.0000 & 0.0042 & 0.1847 & 0.4958 & 0.3153\end{vmatrix}$$

	隶属度				
	非常高	较高	一般	比较低	非常低
B_1	0.0000	0.0208	0.3416	0.5458	0.0918
B_2	0.0000	0.0791	0.4062	0.4453	0.0693
B_3	0.0000	0.0588	0.4211	0.4716	0.0485
B_4	0.0000	0.0042	0.1847	0.4958	0.3153

进行三级模糊综合评价，可得到对太原都市圈“网络化发展水平”的模糊评价向量B，计算过程如下：

$$B=A\circ R$$

$$=(0.2477\quad 0.2364\quad 0.3453\quad 0.2093)\circ$$

$$\begin{bmatrix}0.0000 & 0.0208 & 0.3416 & 0.5458 & 0.0918\\0.0000 & 0.0791 & 0.4062 & 0.4453 & 0.0693\\0.0000 & 0.0588 & 0.4211 & 0.4716 & 0.0485\\0.0000 & 0.0042 & 0.1847 & 0.4958 & 0.3153\end{bmatrix}$$

$$=(0.0000\quad 0.0464\quad 0.3573\quad 0.4826\quad 0.3153)$$

若将评判集中各指标按百分制量化为：$V=\{100\quad 80\quad 60\quad 40\quad 20\}$。

其中，100表示非常高，80表示较高，60表示一般，40表示比较低，20表示非常低。则对该都市圈网络化发展水平评价结果为：

$$B\circ V^T=(0.0000\quad 0.0464\quad 0.3573\quad 0.4826\quad 0.3153)\circ\begin{bmatrix}100\\80\\60\\40\\20\end{bmatrix}=46.7270$$

同样，根据表5-8数据，可对2018年太原都市圈网络化发展水平进行模糊综合评价。

5.4.2 规模适宜度评价

（1）根据上述综合评价结果，可得到太原都市圈2008年和2018年规模适宜度的模糊评价向量，见表5-10。

太原都市圈规模适宜度模糊评价向量　　表5-10

年份	隶属度					百分制指数
	非常高	较高	一般	比较低	非常低	
2008	0.0000	0.0208	0.3416	0.5458	0.0918	45.8281
2018	0.0000	0.0312	0.4586	0.4517	0.0627	49.3339

（2）遵循最大隶属原则，2018年太原都市圈规模适宜度指数得分为49.3339，相比2008年有适度提高，根据划分的评价成果等级，处于中等偏下水平，区域整体的产出能力及效益不高，人口规模增长趋缓，城市发展规模不足，特别是中心城市经济势能较弱，自身发展动力不足，空间集聚弱化，没有形成明显的集聚效应和经济规模；加之职能过分集中，忽略了产业的扩散，并受体制、观念、水平等因素影响，对周边县市的带动有限。但从2008年与2018年评价结果的对比分析可以看出，随着工业化、现代化、信息化和城镇化的齐步推进，太原都市圈中心城市省会的区域中心地位在逐年加强，已开始呈现出人口、产业向外扩张的离心城镇化特征，城市发展进入极化与扩散并重的发展阶段。今后的发展还应继续加强都市圈核心城市经济枢纽功能，加大新型工业化和农业产业化发展的政策资金投入支持力度，又好又快地提高都市圈规模水平。

5.4.3 社会协调度评价

（1）根据上述综合评价结果，可得到太原都市圈2008年和2018年社会协调度的模糊评价向量，见表5-11。

太原都市圈社会协调度模糊评价向量　　表5-11

年份	隶属度					百分制指数
	非常高	较高	一般	比较低	非常低	
2008	0.0000	0.0791	0.4062	0.4453	0.0693	49.9025
2018	0.0000	0.0707	0.5047	0.3831	0.0415	52.0901

（2）遵循最大隶属原则，2018年太原都市圈社会协调度指数得分为52.0901，根据划分的评价成果等级，太原都市圈社会协调发展程度处于中等水平，主要是

由于都市圈内部区域之间经济落差较大，使得区域之间、城乡之间的社会融合发展则显得相对滞后。其次，太原都市圈资源型经济的固有特点，造成城市之间及城乡之间依靠各自的“体外循环”完成从投资、生产、企业管理、技术开发到市场拓展、销售的整个经济运行过程，再加上产业结构的趋同与刚性，使得经济要素在产业间的有序流动和优化组合难以实现。另外，都市圈整体知识供给源有限，以企业为主体的自主创新平台与制度环境尚未形成，区域教育与科研资源分散且流动性差等，从而使企业、部门、政府等主要的网络协同力量难以发挥有效的作用。从2008年与2018年评价结果的对比分析可以看出，随着都市圈网络化发展进程的推进和城乡基础设施的改善，在这一过程中，城乡关系将日益密切，原有的城乡分离甚至对立的状况逐步得到转变。

5.4.4 空间关联度评价

（1）根据上述综合评价结果，可得到太原都市圈2008年和2018年空间关联度的模糊评价向量，见表5-12。

太原都市圈空间关联度模糊评价向量　　表5-12

年份	隶属度					百分制指数
	非常高	较高	一般	比较低	非常低	
2008	0.0000	0.0588	0.4211	0.4716	0.0485	49.8026
2018	0.0000	0.0618	0.5469	0.3735	0.0178	53.0563

（2）遵循最大隶属原则，2018年太原都市圈空间关联度指数得分为53.0563，根据划分的评价成果等级，太原都市圈的整体空间关联性不高。圈内城镇体系发育状况造成都市圈内部经济分工不明确、产业联系偏少，不仅没有形成各县市之间的优势互补，反而导致一定程度的重复建设和恶性竞争。除圈域中心城市外其他城市产业层次低，规模小，传统服务业比重仍然很大，新兴服务业规模偏小，缺乏参与地域分工的实力，无法通过密切的横向、纵向及旁侧产业联系，对都市圈整体经济发展发挥强有力的带动作用。但从2008年与2018年评价结果的对比分析可以看出，在都市圈空间经济关联度方面，随着近几年太原都市圈各城市之间的旅游、商贸联系日渐增加，带动人员与货物流量的双向频繁流动，尽管这种人力、资金和信息交流的频率、规模与等级不高，与物质交流一样均属于形式联系范畴，尚未上升到经济、政治、文化与社会“流”的功能联系范畴，但对都市圈城市之间的网络化关联互动发展起到了推动和促进作用。对交通关联度的评价

分析可知，处于太原都市圈内的城市通达度比较好，已经具备了由铁路干线、高速公路等组成的交通运输网络，为城市之间奠定了建立在基础设施之上的物质联系，特别是太原和晋中作为太原都市圈核心圈层开放的城市网络的节点城市，能够作为与外部网络发生联系的枢纽。然而，这仅迈出了都市圈网络化的第一步，太原都市圈内部城市间还处于传统意义上的运输与交通联系阶段，都市圈网络化的动力长效机制尚未建立起来，太原都市圈核心圈层的运输成本节约只会产生局部影响，而不具备普遍的都市圈网络化力量，其中，信息化程度低于全国平均水平，这极大地影响了太原都市圈网络化水平的提高。

5.4.5 环境持续度评价

（1）根据上述综合评价结果，可得到太原都市圈2008年和2018年环境持续度的模糊评价向量，见表5-13。

太原都市圈环境持续度模糊评价向量 **表5-13**

年份	隶属度					百分制指数
	非常高	较高	一般	比较低	非常低	
2008	0.0000	0.0042	0.1847	0.4958	0.3153	37.5556
2018	0.0000	0.0042	0.4806	0.4431	0.0722	48.3333

（2）遵循最大隶属原则，2008年太原都市圈环境持续度指数得分为48.3333，资源环境的支撑薄弱使得构建资源节约型与环境友好型社会的要求日益紧迫。整体来看，太原都市圈资源供应及调剂能力低，资源承载力和生态容量是都市圈发展的“短板”，这与圈内以粗放型经济为主导的产业体系密切相关。虽然太原都市圈生态容量较大，但是计划经济时期布局在中心城区的一些重工业基地对城市的负面影响难以消除。从单指标角度分析，水资源节约发展程度是制约太原市网络化进程的主要因素。

5.4.6 综合性发展评价

（1）根据上述综合评价方法，可得到太原都市圈2008年和2018年网络化发展水平综合模糊评价向量，见表5-14。

通过综合合成，最终得到2018年太原都市圈网络化发育度指数得分为51.2665，根据划分的评价成果等级，太原都市圈网络化发展处于低水平网络化起步阶段，尚处于网络化发展培育和形成的初步阶段。都市圈网络化的空间组织功能包括三

太原都市圈网络化发展水平综合模糊评价向量 表 5-14

年份	隶属度					百分制指数
	非常高	较高	一般	比较低	非常低	
2008	0.0000	0.0464	0.3573	0.4826	0.1137	46.7270
2018	0.0000	0.0473	0.5090	0.4027	0.0417	51.2665

个层次：第一个层次是传统意义上的运输与交通联系，第二个层次是信息联系，第三个层次是文化、教育与创新的联系。从这个角度来看，太原都市圈网络化空间组织程度目前仍处于第一层次的功能递进阶段。从总体上进行分析，目前太原都市圈空间网络化组织程度很低，促进和推动网络化发展进程的各要件正处于准备阶段。

（2）太原都市圈目前空间网络化组织程度很低的原因可能多种多样，但都明显指向以下共同的根源：一是对煤炭资源的简单依赖，二是跨行政区发展的协调不足。

1）对煤炭资源的简单依赖

普遍性地简单依赖煤炭资源，不仅导致太原都市圈各城镇发展的离心松散，大大降低了省会太原的集聚辐射能力；还造成都市圈内部各市县之间的恶性竞争，无序发展，削弱了区域竞争力。同时，也导致城镇发展动力不足，人口城镇化滞后于产业非农化；农村工业化也没有带来相应的城镇化，城乡差距不断拉大；煤炭运输对其他客货运交通的挤占以及空返率高导致运力浪费等问题始终难以有效化解。再加上粗放的增长模式，加剧了土地资源紧缺，并造成长期的生态环境恶化，也不利于宝贵历史文化遗产的保护和旅游开发。简单依赖煤炭资源所带来的心理惰性，还是发扬开拓创新精神、提高政府效率、优化投资软环境的主要障碍。然而，随着能源地位的不断增强，煤炭资源优势又是都市圈提升其在全国战略地位的主要寄望所在，这无疑将加剧资源优势“双刃剑”效应的风险。同时，资源储量的有限性又决定了依赖资源优势发展的不可持续性。因此如何在短时间内尽快找到更好利用煤炭资源优势的方式，成为太原都市圈化解这一主要矛盾的关键。

2）跨行政区发展的协调不足

如果说对煤炭资源的简单依赖是太原都市圈甚至山西全省诸多现状问题的共同根源，是带有共性和普遍意义的核心问题；那么跨行政区发展的协调不足则是太原都市圈内属于个性和局部意义的核心问题。后者在地域上主要体现在太原都市圈内部的一些重点发展地区，包括太原晋中一体化和介孝汾一体化问题等；在领域上主要涵盖城镇（定位、职能、规模）、产业（产业类型、园区定位与布局）、基础设施（道路衔接、区域重大设施统筹布局）等各个方面。其根源是跨行政区管理机制、体制的缺失导致局部利益与整体利益的失调，尤其是在空间上的矛盾，以及设施和土地资源的浪费。关键是需要在发挥地方积极性和避免恶性竞争之间寻求适宜的平衡点，因为要达到完全依靠市场机制促成城镇间的自主协调发展，对于太原都市圈来说还有很长的发展过程，在此之前还必须适当依靠行政力量的干预，这就涉及不同等级政府以及不同部门之间的事权划分，而这些又有赖于政策机制和制度创新，以及对空间要素的准确判断与把握。太原都市圈的两大核心问题中，解决“对煤炭资源的简单依赖”重在“转型”以实现更好地发展，解决“跨行政区发展的协调不足”则重在“协同”，以实现更快地发展，并且随着都市圈网络化进程的不断推进，其涉及的地域和领域必将逐渐扩大而从局部性成为全局性问题。

5.5 小结

发展是一个多向度的概念，本章引用都市圈“网络化发育度”概念，来反映都市圈网络化发展水平，根据都市圈网络化的具体内涵，构建由规模适宜度子系统、社会协调度子系统、空间关联度子系统、环境持续度子系统4项子系统构成的都市圈网络化发展绩效评估模型。同时，在设计都市圈网络化发展绩效评价指标体系时充分考虑到都市圈发展中质和量的统一，在数量维度上注重反映都市圈总体规模和发展强度的指标；在质量维度上突出反映都市圈综合协调发展能力的指标；在空间维度上强调反映都市圈网络化发展的本质，即空间关联性指标；在时间维度上强调反映都市圈发展持续度的各类指标。根据该都市圈网络化发展绩效评价指标体系对太原都市圈进行评价，结果显示目前太原都市圈空间网络化组织程度很低，尚处于低水平网络化起步阶段，促进和推动网络化发展进程的各要件正处于准备阶段。

6 新发展观下太原都市圈网络化空间战略框架构建

都市圈空间战略框架构建是指对都市圈空间结构关系进行规划，促使都市圈空间系统从无序发展逐步走向空间有序，这个过程不仅需要都市圈自组织机制发挥作用，更需要作为他组织力的城市规划对都市圈空间组织进行特定干预，以达到少走弯路、减少不必要的损失。都市圈规划的作用就在于当旧的区域空间组织结构逐渐不能满足都市圈内部各城镇特别是区域中心城市发展的功能要求时，基于对都市圈空间发展规律的认识，通过对都市圈空间资源分配的规划引导和控制来创造达成新空间组织结构的外部条件和环境，最终形成网络化的有序空间。

6.1 网络化空间组合律

如前文所述，都市圈网络化发展模式从系统层次上看，将构成一个层次分明、过渡自然、互动紧密的城镇体系；从经济上看，竞争、互补和协同的水平联系将逐步代替传统的垂直等级关系；从社会意义上看，对城市增长极核重视将转变为对城市与乡村和谐发展的重视；从生态上看，将最大程度地统筹考虑环境效益、节约能源和土地等资源。针对上述都市圈网络化发展规划的几个特点，本节将以理性思维的方法对都市圈网络化发展进程中空间组合配置的基本原则与方法（组合律）作一探讨。

6.1.1 竞合有序群体优势律

都市圈自组织演化过程中竞争和协同的共同作用促使都市圈空间形态发生自

组织的聚集和分散，从而实现从混沌到有序的自组织进化。竞合有序群体优势律是说明在都市圈空间组合过程中自觉运用竞争和协同的机制，在都市圈区域的不同层面通过竞争和协同的相互作用，最终实现都市圈群体优势和内部城镇之间的紧密关联。

（1）竞合作用

竞争是在资源有限的前提下，运用某种优势，通过相互作用，获取生存和发展的优越机会，在时间、空间和功能上优胜劣汰即发展的过程。一个都市圈内的各城镇在共同发展中为获取有利的发展地位和发展条件而进行的竞争，是通过吸引、争夺、占领和控制资源和市场等多种方式在产业、市场、企业等多个层面展开的，集中表现为对物态空间的竞争和对发展空间的竞争（张京祥，2000）。对物态空间的竞争是指城镇实体拓展过程中对资源环境、空间区位等空间资源的争夺，结果往往造成城镇的扩展和多个城镇建成区间的连绵；对发展空间的竞争是指城镇通过以经济为中心的发展对各种市场空间的争夺，结果往往导致都市圈空间发展的分割化或网络化以及各种要素联系的产生。在这些竞争作用下，某些城镇将在一定时间内获得最佳区位、抢占优势资源、达到优先发展，而另一些城镇的发展则受到抑制。竞争可以使参与主体（城镇）在发展中及时发现问题，使城镇发展机能更加完善，也会使都市圈中城镇间的不协调问题得以暴露，最终将有利于都市圈的协调发展①。

随着竞争方式的发展变化而产生协合作用。所谓协合，就是指协调两个或者两个以上的不同资源或者个体，协同合作一致地完成某一目标的过程或能力，反映了系统内部各元素之间的相互干扰能力，表现了元素在整体发展运行过程中协调与合作的性质。管理学中协合作用指使几个单位一起运转可以完成一些单个组织单位无法完成的工作。都市圈发展中的协合作用是促进都市圈空间网络化发展的作用方式，在功能上是一种互补关系，在性质上是一种互利互惠关系，协合发展的双方或各方通过协合作用、联动发展来完成个体所不能完成的功能，在大范围内更具竞争力。其中，资源依赖、功能互补是跨行政区域谋求协合发展的基础。资源禀赋差异及地区分工将不断增强区域主体之间在经济发展上的互补性，而对资源的彼此依赖及功能上的互补最终会促成各主体之间的协同合作：通过资

① 马远军，张小林.城市群竞争与共生的时空机理分析[J].长江流域资源与环境，2008，1（18）：10-14.

源在区域间的优化实现互补，或将某种共同的优势联合起来并不断增强[①]。

在全球化和信息化的影响下都市圈的协合作用程度趋强，一方面表现在各城镇间的联系日益紧密，人流、物流、资金流、技术流、信息流等要素流动加快；另一方面是各城镇间的经济相互依赖程度趋强，合作越来越紧密。判断城镇间的经济协合发展的程度时，一般从以下几个方面考虑：产业关联度（纵向是否形成产业链）；产业互补性（横向是否形成主导产业、关联产业、基础产业的配置）；产业聚合度（是否形成规模效益、集聚效益）；两地的技术合作、交通运输等（马远军等，2008）。总体说来，在目标多元和形式多样的都市圈系统，空间竞争导致城镇功能与性质发生更新和演替，空间协合促进系统形成相对稳定、动态均衡、共生发展的空间结构，都市圈空间在竞争与协合的共同作用下形成了自组织演化图景：都市圈空间从混沌到有序的自组织演替发展，最终形成城镇职能互补、空间网络关联、结构动态稳定的都市圈空间结构。

（2）竞合作用下的都市圈生长

有序的竞争与协合作用就是本书所指的竞合作用，它制约着都市圈空间的疏密聚散、相互位置及分布形态。在竞合作用影响下，城镇节点之间彼此相互作用，表现出不同的关系类型[②]：① 从属关系：体现在低级节点对高级节点在社会和经济职能方面的隶属关系；② 互补关系：由于资源要素差异等，节点间存在着互通有无的可能性，如某节点产煤，另一节点产铁矿石；③ 依附关系：如卫星城镇相对于母城的关系；④ 松散关系：根据利益和经济职能需求，或即或离；⑤ 排斥关系：表现为节点间为争夺原料或市场等发展优势而发生某种利益冲突。

都市圈空间在竞合作用下生长演化，其生长演化的阶段也是竞争与协合作用力量对比的表现，可分为强竞争弱协合阶段、强竞争强协合阶段、强协合弱竞争阶段，这也是都市圈网络化发育成熟的必然过程。

第一阶段，强竞争弱协合阶段：都市圈在无序发展向网络化低水平起步发展的过程中表现出强竞争弱协合的特征。这个阶段随着资源的不断开发利用，出现了按生产要素接近原则形成的城镇组合，城镇体系相对较封闭，城镇间经济关联性不强，为满足自身发展的需要，各城镇就会建立比较完整的功能体系，其特点为“弱而全”（尽管功能全，但服务能力比较弱）。但由于资源的相对有限性，随

① 黎鹏等.跨行政区经济协同发展研究[J].发展研究，2003，9：21-23.

② 吴传钧等.国土开发整治与规划[M].南京：江苏教育出版社，1990：206.

着城市经济由封闭走向开放，城镇之间的竞争日益激烈，各地尚处在城市内外部空间结构相互作用的准备阶段，彼此间存在一定的经济联系和社会分工，但并未形成系统化、全面化的态势。20世纪90年代，我国长三角、珠三角等城镇群大多处于这一阶段，系统内多个平行主体间的无序激烈竞争使得区域整体优势的发挥受到阻碍。必须从区域整体发展的高度对内部恶性竞争作出限制，将封闭性的经济发展引导为开放性的协同合作，将群体的地理优势转变为整体经济优势。

第二阶段，强竞争强协合阶段：都市圈在网络化低水平发育向网络化高水平起步的发展中表现出强竞争强协合的特征。都市圈各城镇的规模在不断扩大，城镇的功能也进一步增强，都市圈内的中心城市因功能过度集中而不堪重负时，就会发生城市功能的扩散。城市功能的扩散过程，使得城市内部"弱而全"的功能体系被打破，城镇之间由强调竞争作用转变为重视竞合作用[①]。在此过程中，都市圈内的城镇功能开始重组，各城镇形成"强而少"的功能体系，城镇之间的相互依赖性加强，功能合作日趋重要。为了适应日益严峻的竞争环境，内部城镇之间的关系由松散关联发展到紧密的联系，更加强调互动合作和协调发展。在这个阶段，核心城市扩散作用日趋明显，由向心集中逐步转为放射状的向外扩散，从轴向扩散为主逐渐转向圈层扩散为主，产业和人口向外围转移。随着交通网络和信息技术等基础设施的快速发展，并出现多个生长节点和生长轴线，都市圈网络化组织逐渐发育完备，都市圈空间一体化的联系加强，都市圈网络化空间逐渐形成。

第三阶段，强协合弱竞争阶段：都市圈在网络化高水平起步向网络化高水平成熟的发展中表现出强协合弱竞争的特征。在市场力和政府力的共同作用下，都市圈内部通过密切的社会经济联系构成一个有机整体，在与外界不断进行能量交换的过程中，系统的自组织功能不断调整和优化自身结构，内部城镇之间的分工协同逐渐走向成熟，最终形成合理的产业分工体系，各城镇的功能更加明确，城镇间的功能合作得到强化，都市圈整体的经济效益和对外服务能力得以提升。在这个阶段，传统中心城市作用被一种多中心模式所取代，网络节点之间社会经济活动的高级化与复杂化使整个都市圈空间结构呈现出较强的黏合度，表现在产业、人口、资金、技术、景观等方面形成较强的相互依赖关系，借助于网络化交通系统、通信系统等基础设施，表现为网络化、均衡化、多中

① 黄征学.城市群空间扩展模式及效应分析[N].中国经济时报，2007-4-9.

心的空间结构特征。

6.1.2 均衡协调空间优化律

改革开放以来，中国区域发展从珠三角的崛起到长三角的迅速发展，从西部大开发到东北振兴，再到中部崛起，每一个区域板块的成长，对整个国民经济的发展和一个地区的振兴都至关重要。如果说当年珠三角、长三角的崛起，是不均衡发展和“单极增长”的话，当前非均衡发展战略向均衡协调发展战略转型则成为区域实现协调发展的必然要求。都市圈空间组织的根本目的是为了实现空间资源的合理配置与使用。都市圈在自发演化中存在着集中与扩散的倾向，就宏观整体来看，广大的区域范围内存在着向城市集中的趋势，而在每个城市尤其是大城市中又存在着向外扩散的趋势，集中与扩散的相互对抗将形成都市圈暂时的均衡协调状态。都市圈空间从不均衡发展到均衡协调的过程是都市圈组成要素集聚和扩散相互作用的过程。都市圈均衡协调空间优化律是在都市圈空间组织中利用选择性集聚扩散的思想，在都市圈区域不同层面通过开敞和紧凑的优化配置，实现都市圈空间集聚与扩散有机均衡的动态协调，其中基本公共服务均等化是都市圈均衡协调发展的核心。

（1）空间均衡协调的方法：选择性集聚扩散

集中与扩散两种作用机制对立与统一，通过城市经济、政治、社会文化、生态等诸多要素，形成空间地域集中紧凑或分散结构。过度的集中与过分的扩散都只能作为阶段性的过程而无法持久，空间的自组织与他组织过程将使空间结构的演化产生“有机秩序”。从城市经济发展的过程分析，集聚是手段，扩散是目的，集聚是为了扩散，而扩散则进一步增强集聚能力[①]。目前，发展中国家大多数城市发展仍然以集聚作用为主，而发达国家大部分城市发展则以扩散作用为主，许多研究美国与西方国家城镇化问题的专家认为，美国城市的分散化过程是城市演化的新阶段，是经济、社会和城市化进一步发展的结果。因此，城市分散过程是城镇化的成熟过程而不是衰退过程。

选择性集聚扩散的思想强调，都市圈空间应按照有机秩序的原则组织与安排各种空间与非空间要素，使空间要素的组织具有集中中的扩散以及扩散中的集中的内在张力，形成人—社会经济—自然生态三位一体的有机秩序和富有生

① 尹继佐主编.城市综合竞争力[M].上海：上海社会科学院出版社，2001.

命力的可持续发展空间。选择性集聚扩散的思想可以追溯到1943年芬兰裔美籍规划师沙里宁的著名的有机疏散理论。沙里宁认为，城市与自然界的所有生物一样，都是有机的集合体，“有机秩序的原则是大自然的基本规律，所以这条原则，也应当作为人类建筑的基本原则”。他主张城市作为一个有机体，是和生命有机体的内部秩序一致的，因此不能任其自然地凝聚成一大块，而要把城市的人口和工作岗位分散到可供合理发展的离开中心的地域上，同时应把日常活动进行功能性集中，然后在彼此之间用保护性的绿化地带隔离开来。对“日常活动进行功能性集中”和对“这些集中点进行有机的分散”是有机疏散思想指导下采用的两种最主要的空间组织方式①。沙里宁主张的有机疏散思想是集中前提下的扩散以及扩散后的紧凑与集中的辩证思想，其核心实际上是一种“选择性集聚扩散”的思想。

在这种选择性集聚扩散发展思想的影响下，都市圈空间呈现出集聚性和扩散性的双重特点，即“集中式的扩散”和“扩散式的集中”②，通过选择性集聚扩散的空间组织方法最终可实现都市圈空间的均衡协调，即与都市圈内部资源环境禀赋相协调，促进经济、社会和生态复合系统协调发展，实现人口、资源、环境的地域统筹，符合科学发展要求的区域生产力布局状态。

这种思想应用于都市圈规划则形成一种选择性集聚扩散发展的规划方法，即在综合分析或模拟都市圈区域内城镇之间的人流、物流、资金流、信息流等空间联系的基础上，明确各城镇的最主要经济联系和城市发展方向，扩大中心城市功能调整的空间幅度，减轻中心城市高密度发展带来的压力，促进周边城镇与中心城市紧密联系耦合，以形成功能互补、空间关联有序的都市圈城镇网络。这种方法在西方城镇群体空间规划中应用十分广泛，如非洲尼日利亚东部的Enugu和Aba城市化发展地区，由于该地区同时面临着新的需求增长和城市空间增长的压力，而Enugu和Aba这两个城市只是该地区较小的发展极核，难以适应大规模人口增长的发展需求，因而需要一个强有力的、具有适应性的有序系统，以尽量抵消无休止的空间规模增长带来的压力，其规划就是采用这种选择性集聚扩散发展的规划方法，由中心地区向周围传递其作用力，从而达到全地区有

① 张京祥.西方城市规划思想史纲[M].北京：中国建筑工业出版社，2005：170.

② 朱喜钢，官莹.有机集中理念下深圳大都市区的结构规划[J].城市规划，2003，9（27）：74-76.

机扩散发展的目的。

（2）空间均衡协调的基础：主体功能区划

按照前述都市圈空间均衡协调的内涵，都市圈各城镇在地域开发过程中承担的空间功能不同，有的城镇以开发为主，有的以生态建设和保护为主，是一种差别化的地域开发模式。主体功能区划为都市圈空间选择性集聚扩散提供了有效的引导，是都市圈发展中解决由过度集中而产生的无序开发、环境恶化等各种区域发展问题、实现空间均衡协调的有效途径。主体功能区划基础上的均衡协调不同于传统的以追求公平而损伤效益的均衡，它是以总体经济发展效益最大化为目标，根据各地的主体功能定位，引导支持欠发达地区发展经济并着力加强基本公共服务设施的建设，同时逐步引导生态环境脆弱且发展经济条件不够好的地区向发展条件较好的地区迁转人口，降低这些地区的人口负荷和实现公共服务均衡化的社会成本，缩小不同地区间人均生活水平和公共服务等方面的差距，统筹不同地区协调发展[①]。

以主体功能区划为基础的都市圈选择性集聚扩散的规划方法，对都市圈网络化发展模式的构建具有较强的应用价值和指导意义。一方面，主体功能区划强调空间主体功能分类并根据不同条件发挥各自的优势，通过鼓励开发成本低、资源环境容量大、发展需求旺盛的地区承担高强度的社会经济活动，允许这些地区进行高强度的开发，保障都市圈发展资源和经济活动的空间最优配置，使资源投入获得最大收益；而生态价值高、开发难度大的地区，使其主要承担生态维护功能，严格控制其开发强度和人口密度，促进区域生态发展安全；同时，对保护区域要强化生态保护区的设置和严格的管制政策，通过财政转移支付和公共财政投入等保障区域整体社会公共产品供给的公平性，即保障各地区享有基本一致的公共服务水平[②]。另一方面，在主体功能区划的基础上，按照主体功能定位的要求，统筹规划都市圈区域基础设施、土地利用和城镇化格局，统筹协调不同主体功能区之间的关系，最大限度地发挥不同地区的经济潜力和比较优势，不仅可以实现都市圈内部各要素的和谐共生，还可以实现与外部空间良性互动。

① 方忠权，丁四保.主体功能区划与中国区域规划创新[J].地理科学，2008，4（28）：485.

② 糕振坤，陈雯等.基于空间均衡理念的生产力布局研究：以无锡市为例[J].地域研究与开发，2008，27（1）：9-22.

（3）空间均衡协调的核心：基本公共服务均等化[①]

2005年10月11日中国共产党第十六届中央委员会第五次全体会议通过的《中共中央关于制定国民经济和社会发展第十一个五年规划的建议》中，首次提出“公共服务均等化”，随后迅速成为学术界的研究热点之一。奚洁人（2007），李新光（2018），管永昊，洪亮（2008），张晋武，张献国，岳凤霞（2009）等理论界学者在概述基本公共服务均等化的同时，一致强调“均等化”并非“平均化”，两者并不等同。基本公共服务均等化是指城乡居民都能公平可及地获得大致均等的基本公共服务，其核心是基于社会平均的发展水平，将区域差距、城乡差距及群体间的差距控制在合理的范围内，从而使不同阶层的人们均衡受益，共享经济发展的成果、促进机会均等。基本公共服务均等化有利于提高资源配置效用，缩小区域、城乡和群体差距，是推进太原都市圈网络化发展的重要抓手。

6.1.3 城乡发展网络关联律

瓦塔尼安（Vaniainen，2000）指出，城市网络的总体目标是通过发展城市间或城市区域间的合作和劳动分工，获取协同优势[②]。在城市与乡村之间的“网络”也是如此。城市和乡村是异质同构的区域经济单元，是都市圈网络中两个最基本的地域单元：节点与面域。城乡发展网络关联律是指都市圈区域城市与乡村通过建立城乡之间各种社会经济要素的有序关联构成城市与乡村融合的、开放的、动态的网络化体系，以实现整个都市圈城乡资源的优化配置和城乡经济持续、稳定、互动、协调发展。由城乡关联发展而出现的城乡网络化是都市圈网络化发展的必然，反过来，城乡网络化发展又成为刺激都市圈网络化发展的动力因素[③]，也反映了城乡发展的内在必然性。

城乡之间的空间关联是城乡两大系统通过一定的联系通道彼此交流而形成的复杂的关联关系。朗迪勒里认为区域系统中的城乡关联具体包括物质联系、经济联系、人口移动联系、技术联系、社会相互作用联系、服务传递联系、政治、行政和组织联系（Rondinelli. D. 1985）。恩温（Unwin）通过对发展中国家城乡关联的分析，把处于城乡流转中的各种要素进行了经济、社会、整治和观念四个方

① 周章明. 基本公共服务均等化概念及意义[J/OL]. https：//www.zhazhi.com/lunwen/gllw/gonggongfuwulunwen/180574.html，2019-1-4.

② 甄峰.信息时代的区域空间结构[M].北京：商务印书馆，2004.

③ 兰海颖，唐承丽等. 区域城乡关联发展分析[J].小城镇建设，2007（2）：44-46.

面的分层归类，建立起了“城乡联系”、“城乡流”及“城乡相互作用”的对应关系。都市圈的网络化进程与城乡关联的加强和扩大是同时发生、互为因果的，城乡之间空间关联性的提高可以推动圈内城镇的增长与功能多样化，提高城镇节点等级或产生新的中心节点。城乡网络化是城乡间空间关联性加强的过程，因而也是都市圈网络化的重要内容。

20世纪80年代后学界开始对具有城乡关联性特征的区域加以关注，其中以麦吉（T.G.McGee）的Desakota（译为城乡一体化）区域最有代表性。麦吉描述的Desakota区域是发展中国家出现的一种新的空间布局形式，在该地域范围内城乡要素流动非常频繁，形成了以劳动密集型工业、服务业和其他非农产业的迅速增长的主要特征。它与传统意义上的农村和城市都有所不同，它不注重农村资源与生产要素向大城市的单向集中，而是把重点放在城市要素对邻近农村地区所起的导向作用方面，以实现农村人口的就地转化。在都市圈空间中，这类特殊的空间区域占据了很大的范围，实际上是位于传统意义上的“农村”区域，但却具有很强的城市区域活动的特点，甚至直接构成城市活动的重要延伸部分，是城乡之间通过高强度、高密度的关联作用形成的一种全新的空间体系。在该体系中人口密度高，居民的经济活动多样化，既经营小规模的耕作农业，也发展各种非农产业，且非农产业增长很快，城乡差别日趋缩小；土地利用方式高度混杂，农业耕作、工业小区、房地产经营等在此地同时存在；城乡互补、关联作用强，基础设施条件较好，交通方便等。这种城乡一体化区域的产生和发展过程是农业与非农产业通过城乡之间的关联作用，使劳动力等生产要素主要在邻近大城市的农业地区内实行合理配置。因此，都市圈城乡之间密切的网络关联是稳定都市圈空间组织结构的力量，随着经济全球化和区域一体化的快速发展，城乡之间的各种市场网络、交通运输网络和信息网络等将会进一步促进城乡一体化发展和都市圈网络化进程。

6.1.4 生态优先持续发展律

生态空间是都市圈可持续发展的基本载体，生态效益是协调都市圈各项发展的前提基础。因此，生态环境优先建设作为都市圈发展的根本性措施，应当放到经济和社会发展的基础地位来对待。构建资源节约型和环境友好型社会成为各都市圈发展的共同夙愿。资源节约型社会是指在社会生产、流通、消费的各个领域，通过采取综合性措施，促进资源的节约，杜绝资源的浪费，降低资源的消耗，提高资源利用效率，以最少的资源消耗获得最大的经济和社会收益，保障经济社会可持续发展的经济形态。建立资源节约型社会应按照走新型工业化道路的要求，大力调整经济结构，加快技术进步，提高全社会的资源节约意识，同时综合运用经济的、法律的和必要的行政手段，尽快从根本上改变“高投入、高消耗、高排放、不协调、难循环、低效益”的粗放型经济增长方式。环境友好型社会是人与自然和谐发展的社会，通过人与自然的和谐来促进人与人、人与社会的和谐。建设环境友好型社会就是要以环境承载能力为基础，以遵循自然规律为核心，以绿色科技为动力，倡导环境文化和生态文明，把对环境的影响控制在环境容量限度内，构建经济、社会、环境协调发展的社会体系。资源节约和环境友好是人类基于人地关系调整而创新的社会发展观和文化价值导向，两者相互补充，互为一体。2007年武汉城市圈和长株潭城市群成为全国资源节约型和环境友好型社会建设综合配套改革试验区，此后全国范围内逐渐形成东（上海、天津、深圳）中（武汉、长株潭）西（成渝）互动的试点格局。在这样的背景下也迫使太原都市圈必须将经济发展的基础建立在资源与能源节约、生态与环境友好之上，走出一条资源消耗低、环境污染少、要素集聚能力强、产业布局和人口分布合理的新型城镇化道路。

（1）生态优先：都市圈空间持续发展的保障

生态优先原则是针对都市圈形成和发展过程中出现的由于生态缺失而产生的一系列生态环境破坏和资源环境承载能力下降的问题而提出的。人类活动方式和强度在时间和空间尺度上有一个生态健康的范围，超过了这个范围，生态环境的保护具有优先权，这是人类与自然环境健康和谐发展的前提与基础，是都市圈空间持续发展的保障，也是处理人地关系的基本原则[①]。在生态优先原则下开展都市圈规划和建设，就应当把都市圈发展与自然生态相协调当作实现都市圈可持续发展的重要途径。

当前都市圈发展的生态资源保障压力不断加大，区域性污染问题正威胁着区域经济和社会的良性发展。太原都市圈社会发展与自然的不协调已经使其成为我国新的生态环境脆弱带，随之产生了一系列较为严重的“城市病”，包括人口密集、交通拥挤、热岛效应明显、酸雨等。当前还处在重化工加快发展和资本密集度提高的阶段，工业第一方略和城镇化战略作为太原都市圈的优先发展战略，在

① http：//www.qikan.com.cn/Article/zjcj/zjcj200824/zjcj20082470.html

短时期内不会有很大改变。在这个过程中，实现都市圈可持续发展，关键取决于我们发展观念的转变、发展路径的选择，关键在于能否协调好人与自然、人与社会之间的关系，保持经济社会协调发展。

（2）资源短缺：都市圈空间持续发展的制约

资源短缺是都市圈空间持续发展的重要制约，也是确立都市圈空间组合方式的制约前提。由“最短者”、“最差者”、“最缺者”、“最窄者”决定系统整体水平的“木桶原理”表明一个系统中某几个部分的独自亢进并不能增强系统整体效能，反而会出现边际效能的降低，系统资源承载力中最薄弱的环节将决定其总体承载力。太原都市圈矿藏资源丰富，但水土资源相对紧缺，一方面人均水资源量严重不足，开发利用率偏高；另一方面，土地资源稀缺，低于联合国粮农组织规定的0.795亩最低警戒线。资源短缺使得太原都市圈城镇群体空间发展面临着更为严峻的生态制约。在资源短缺限制下都市圈发展规划应当特别注意改变过去以资源过度消耗为支撑的工业化道路，树立资源循环与再开发利用的工业化理念，优先控制战略性资源，明确各城镇之间的协调发展要求，淡化行政区划，强调区域间的城市职能、产业协作、基础设施等方面的生态协调。

6.2 规划思路

基于都市圈“网络化发展”的理念，都市圈发展规划的基本思路可归结为：将都市圈发展规划划分为背景层面、规划层面、功能层面、目的层面和方向层面五大方面（图6-1），在新发展观理论、主体功能区理念和方法论与现代技术的支持下，通过战略导向和结构支撑两大控制层面，对都市圈区域空间网络进行规划控制，旨在促进都市圈群体竞合有序、空间均衡协调、城乡和谐发展和生态环境安全的协调地区利益的空间规划，确保都市圈经济、社会和生态的持续、健康发展。其中规划战略导向以加大引导力度，从战略定位、目标导向、发展战略等不同层面引导都市圈空间结构转变的网络化方向；规划结构支撑是以创造达成都市圈网络化空间结构的外部条件和环境为主，重点内容包括：城镇节点网络化、产业拓展网络化、基础设施网络化。最终通过规划引导网络化的有序空间，构建一个由各种空间网络组合形成的独特又富有弹性的交流环境，享受更大的多样性、创造性和区位自由。

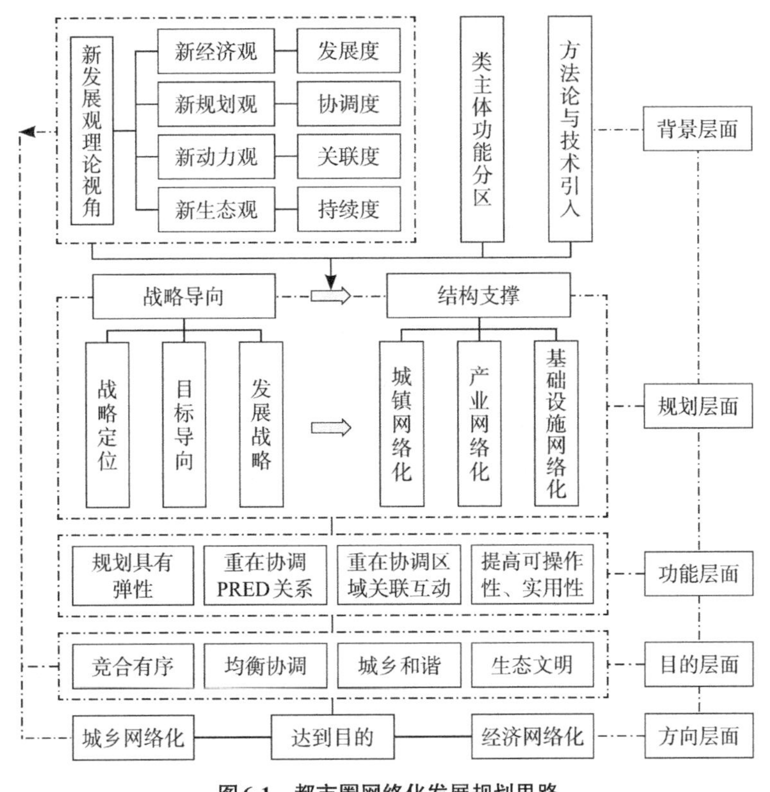

图6-1　都市圈网络化发展规划思路

6.3 规划基础

在都市圈规划中实现群体竞合有序、空间均衡协调、城乡和谐发展和生态环境安全的规划理念，首先必须对都市圈区域有一个初始的把握，通过明确不同空间承载的经济社会、生态环境功能，提供低成本的集约增长空间和高生态位的保护空间，以有效协调都市圈空间开发秩序为目的，让发展条件好的地区加速发展，把具有生态保护要求的区域保护起来并予以经济补偿，注重对资源环境的保护性开发，促使经济又好又快的增长。鉴于此，本书将“类主体功能区划”作为太原都市圈发展规划的基础和实现空间均衡协调的有效途径。

6.3.1 国土管制的主体功能区划

主体功能区划是中国新时期更新地理区划模式和落实新发展观的重大实践与创新。“主体功能区”是基于不同区域的资源环境承载能力、现有开发密度和发展潜力等，按照区域分工和协调发展的原则，将特定区域确定为特定主体功能定位类型的一种空间单元与规划区域，它是空间管制的本底，也是其他规划制定和实施的本底。主体功能区划的“重心”是以一定区域空间作为一个整体，从国家或省级层面上定义一定区域未来工业化、城市化，还是农业、生态保护“主体”的功能定位。主体功能区划是从国土管制角度来划分的，体现的是对国土空间开发强度的要求，针对不同级别的政府主体和不同国土空间范围可分为国家、省、市、县级主体功能区划。主体功能区的类型包括优化开发、重点开发、限制开发和禁止开发四类。其中，优化开发区域是指国土开发密度已经较高、资源环境承载能力开始减弱的区域；该区域应以功能协调为主导，在加快经济社会发展的同时，应当更加注重经济增长的方式、质量和效益，实现又好又快的发展。重点开发区域是指资源环境承载能力较强、经济和人口集聚条件较好的区域；重点开发那些维护区域主体功能的开发活动，该区域应以功能扩张为导向。限制开发区域是指资源环境承载能力较弱、大规模集聚经济和人口条件不够好，并关系到全国或较大区域范围生态安全的区域，为了维护该区域生态功能应进行保护性开发，对开发的内容、方式和强度进行约束。禁止开发区域是指依法设立的各类自然保护区域，该区域应以自然涵养为任务；禁止那些与区域主体功能定位不符合的开发活动[①]。

《全国主体功能区规划》中确定太原城市群范围[包括 17 个县（市、区），主体部分为太原市区，晋中、忻州、吕梁部分县（市、区）]为国家级重点开发区域，该区域是在省际间或全国层面以提供工业品和服务产品为主体功能的城镇化地区；吕梁市区、阳泉市区为省级重点开发区域；这些区域经济基础较强，具有一定的科技创新能力和较好的发展潜力，城镇体系初步形成，中心城市有一定辐射带动能力，是重点进行工业化城镇化开发的城镇化地区（表6-1）。

太原都市圈重点开发区域 **表6-1**

区域	范围	面积（万平方公里）	占全省面积比例（%）
国家级重点开发区（共17个）	太原市：迎泽区、杏花岭区、小店区、万柏林区、晋源区、尖草坪区、古交市、清徐县、阳曲县 晋中市：榆次区、介休市、平遥县 忻州市：忻府区 吕梁市：孝义市、汾阳市、文水县、交城县	1.59	10.15

① 国家发展改革委宏观经济研究院国土地区研究所课题组.我国主体功能区划分及其分类政策初步研究.宏观经济研究，2007（4）：3-5.

续表

区域	范围	面积（万平方公里）	占全省面积比例（%）
省级重点开发区域（共4个）	吕梁市：离市区 阳泉市：城区、矿区、郊区	0.20	1.26
合计	21个县（市、区）	1.79	11.41

资料来源：《山西省主体功能区规划（2010～2020）》

重点开发区的功能定位和发展方向

重点开发区域的功能定位是：支撑全省乃至全国经济发展的重要增长极，提升综合实力和产业竞争力的核心区，引领科技创新和推动经济发展方式转变的示范区，全省重要的人口和经济密集区。

重点开发区域的发展方向是：——统筹国土空间。适度扩大先进制造业、现代服务业、交通和城市居住等建设空间，扩大绿色生态空间，实现土地科学、高效的动态管理和供给。

——加快产业发展。强化主导和支柱产业的主体地位，积极发展战略性新兴产业和现代服务业，运用高新技术改造传统产业，促进产业集聚和集群发展。对位于限制开发区域内的国家级、省级开发区和产业园区，要按照开发区和园区规划定位，分类完善配套基础设施和公共服务平台，大力发展特色优势产业，全面提升专业化水平和自主创新能力，打造成为区域经济发展的重要产业集聚区。

——提升城镇功能。有序扩大城市规模，尽快形成辐射带动力强的中心城市。发展壮大中心城镇，积极推进资源型城镇转型和“城中村”、棚户区改造，对不同类型的资源型城镇采用不同的转型策略和模式。

——促进人口集聚。适度预留吸纳外来人口空间，完善城市基础设施和公共服务，进一步提高城市的人口承载能力。通过多种途径引导辖区内人口向中心城区和重点镇集聚。

——完善基础设施。统筹规划建设交通、能源、水利、通信、环保、防灾等基础设施，构建完善、高效、区域一体、城乡统筹的基础设施网络。

——保护生态环境。加强节能减排和环境整治，加快城镇生活污水、垃圾处理能力建设，构建节水型生产生活体系。做好生态环境、基本农田等保护规划，减少工业化城镇化对生态环境的影响，避免出现土地过多占用、水资源过度开发和生态环境压力过大等问题，努力提高环境质量。

——加强灾害防御。对位于国家级地震重点监视防御区的城市和列为山西省地震重点防御区的城市，所有建设工程都应按当地设防烈度或地震安全性评价结果确定建设工程抗震设防要求。重点开发区域要开展气象及次生灾害的风险评估，并建立风险预警机制，有效规避风险影响。

选自《山西省主体功能区规划》

6.3.2 国土空间开发的生态安全格局

生态安全格局是我国国土空间开发战略格局的重要组成部分。区域生态安全格局的有效构建及维护不仅有利于生态系统结构与功能的完整、生物多样性保护、生态系统服务的维持，还将提升人类福祉，实现可持续发展，最终保障区域生态安全。

太原都市圈区域生态安全格局采用网络系统与群落廊道型配置相结合的方式，形成生态功能区—生态斑块—生态廊道三级体系。生态功能区由山地植被条件良好的娄烦县、古交市、阳曲县、晋源区大部、交城县、文水县组成，核心是其中的自然保护区；生态斑块由山林、草地和水浇农田组成；区域性生态廊道主要由汾河水系、吕梁山脉、太行山脉构成。

6.3.3 都市圈“类主体功能区划”

为保持区划的科学性和严肃性，本书针对太原都市圈提出了“类主体功能区划”。所谓“类主体功能区”，是在《山西省主体功能区规划（2010—2020）》与太原都市圈生态安全格局的指导下，结合都市圈内各城市总体规划中“四区管治”的基本要求，将太原都市圈进行“类主体功能区”的划分。这种“类主体功能区划”一方面从国土空间范围上对省域主体功能区划和市域空间管治进行了协调，另一方面也将主体功能区划中对国土空间开发强度的要求与城市总体规划中涉及开发的具体方向和建设内容进行了较好的结合，是都市圈规划的制定和实施的必要基础。

根据太原都市圈的现状特点和管治需求，可将太原都市圈“类主体功能区”

具体划分为“禁止开发区、生态控制区、农村开敞区、城镇适度发展区、城镇促进发展区、城镇优化发展区”六大类（表6-2），进而通过“空间准入”政策规则，制定出区域内相应不同类型的空间使用要求，从而从区域层面把经济中心、城镇体系、产业聚集区、基础设施以及生态保护区、禁止开发地区等落实到具体的功能空间并采取相应的空间治理机制和政策措施。这无疑对促进都市圈区域发展的功能再造和空间重构，实现区域内部或区域之间的空间关系协调具有十分重要的创新推动意义[①]。

太原都市圈“类主体功能区”范围及空间管治 表6-2

类型	范围	主体功能	管治分级
禁止开发区	依法设立的各类保护区（世界文化自然遗产、风景名胜区、森林公园、地质公园等）和具有特殊保护价值的地区（如水源保护地等）	区域生态环境十分敏感，应依据法律法规规定和相关规划实行强制保护，促进生态修复，加大生态环境保护方面的政策支持力度，不允许进行工业化和城镇化活动	一级管治：监管型，政府实行强制型监控和管治
生态控制区	保护区以外的森林、河流、湿地、地质灾害频发区	生态环境脆弱或者具有重要生态功能的地区，主体功能为水源涵养和生态恢复，应加强生态环境的保护和修复，引导超载人口有序转移，允许一定限制条件下的开发	二级管治：控制型，政府对发展与保护进行适度控制
农村开敞区	广泛分布于平原、缓丘的农村地区	以农业为主的包括镇、村、农田、水网等用地的地区，为城镇提供日常生活消费的郊区型农业空间、城镇基本生态保障空间	二级管治：控制型，政府对发展与保护进行适度控制
城镇促进发展区	清徐县城、修文组团、太原南部、晋中西部与北部地区以及介休、孝义、汾阳市区、吕梁市区、忻州市区、阳泉市区	未来发展潜力较大，应加强基础设施建设，改善投资环境，壮大经济规模，加强产业配套能力建设，承接优化开发区的产业转移；扩大城市规模，承接限制开发区和禁止开发区的人口转移，逐步成为支撑社会经济发展和人口集聚的重要载体	三级管治：协调型管治，政府以注重横向或纵向协调的管治为主
城镇适度发展区	柳林、中阳、古交、阳曲、寿阳、太谷、祁县、平遥、文水、交城的县城	资源环境承载力和未来发展潜力一般，应坚持适度开发和适度控制，因地制宜培育资源环境可承载的特色产业，限制不符合主体功能定位的产业扩张	四级管治：引导型。政府以引导和服务为主，充分发挥企业、个人的参与性
城镇优化发展区	太原市、晋中市现状主城区	资源承载力不足以支撑未来高密度开发，应通过优化产业结构、加强自主创新、节约利用资源、加强环境保护，促进优化开发区产业的国际化和多元化，改善优化开发区域的自然景观和环境承载能力，继续成为带动区域发展的主体区域	四级管治：引导型。政府以引导和服务为主，充分发挥企业、个人的参与性

① 殷为华.基于新区域主义的我国新概念区域规划研究[D].上海：华东师范大学，2009，5：101，110.

6.4 战略导向

都市圈战略定位是对都市圈外部环境的概括和区域发展条件的总结，是都市圈发展目标的引导，政策制定的指南，是都市圈发展和竞争战略的核心，它反映了都市圈在全国乃至全球城市体系中的地位与作用，其实质是都市圈形成与发展的核心所在，是维系其区域竞争力的关键因素。都市圈发展战略定位应当从世界、国家、区域等层面有序分析都市圈在竞争中所处地位和发展潜力，确立都市圈的性质职能和未来发展方向，寻求合理功能定位。这种战略定位可以正确指导政府活动，引导企业或居民行为，吸引外部资源和要素，最大限度地聚集资源，最优化地配置资源，最有效地转化资源，最大化地占领目标市场，从而最有力地提升区域综合竞争力。

6.4.1 战略定位

都市圈战略定位的确定是在全球化理论、区域化理论、一体化理论和专业化理论的指导下进行的[①]。全球化理论表明，都市圈（区）已经成为国家和城市社会经济发展的主体之一，世界级、国家级、区域级和地方级的不同层次的城市区域所对应的区域功能定位也不同，本级城市区域的功能既属于上一级城市区域功能的一部分，也是下一级城市区域功能的总结与提炼。太原都市圈的区域功能一方面是属于中部崛起城市群体的一个组成部分，另一方面又是区域内太原、晋中、吕梁、阳泉、忻州等城市功能的综合与整体统筹，在上一层次与下一层次的区域功能定位中起着承上启下与协调统一的作用。区域化理论表明都市圈战略定位强调的是对区域内所有城镇群体功能的整合与协调。太原都市圈战略定位依托太原市为中心城市，联合周边的晋中、吕梁等相关的城市和地区，以实现区域的整体利益为目标，争取在与中部地区或周边其他城镇群体的竞争中占得先机、突出优势。一体化理论表明在都市圈的构建中必须淡化行政区划的概念，其本质就是从区域角度强化城市间的经济联系，形成经济、市场高度一体化的发展态势；协调城镇之间的发展关系，推进跨区域基础设施的共建、共享；保护并合理利用各类资源，改善人居环境和投资环境，促进区域经济、社会与环境的整体可持续发

① 张伟，黄瑛.南京都市圈功能定位研究[J].规划师，2005，1(21)：80-81.

展。专业化理论表明都市圈本身就是专业化分工的产物，其发展将进一步强化区域专业化特色。太原都市圈的战略定位首先要明确其与环渤海城市群、中西部等区域的关系，其次要强调太原都市圈的特色产业集群、历史文脉、科教实力的价值，最后要对都市圈主要城市的专业化功能发展提出建议。综上所述，太原都市圈战略定位可以概括描述为具有国家战略意义的山西省核心都市圈。进一步可分为国家和省域两个层级共五个方面的内涵。

（1）国家能源服务中心与重要的先进制造业基地

国家煤炭能源基地从“山西”到“三西”的转变，尽管使山西作为唯一能源基地的传统地位不复存在，但山西省煤炭资源开发利用的先发优势仍在，工业基础、设施条件、运输通道、人才储备、信息资源以及地处全国煤炭供需扇面轴心位置的区位优势明显。作为山西省核心的太原都市圈，在国家能源基地的前沿与枢纽作用更为突出，完全有条件、有可能发挥长期承担国家西煤东输、北煤南运重要基地的传统优势，发展和提升基于煤炭能源的物流、交易、金融、技术创新与交流等综合服务职能，成为国家煤炭能源基地的服务中心。在第二产业方面，太原都市圈既可以发展基于煤炭资源的深加工，也可以大力拓展非煤炭资源的产业。目前太原都市圈的煤炭产业经济链条的深度开发不够，但同时也表明了其开发潜力较大；太原的不锈钢产业在全国具有举足轻重的地位，在高端煤炭冶金等专业化装备制造业、铝镁等新材料产业等领域，也都具备较强的竞争力。因此，太原都市圈完全可以以太原为中心依托现有基础打造新型工业基地。

这既是化解太原都市圈主要矛盾的关键，也是实现其他功能定位的基础，同时也是对山西省“新型能源和工业基地”在太原都市圈层面的具体落实，并且充分体现了太原都市圈的示范作用和龙头意义。一方面彻底摆脱了对煤炭资源的简单依赖，突出了先进制造业和现代服务业的发展方向；另一方面培育产业集群网络和交通网络的组合能够更加有效地促进中部崛起和西部大开发。同时，通过高端化的错位发展，也能更好地发挥全省组织与辐射中心作用，成为转型与跨越发展的示范基地，并将影响扩张至全国。

（2）内陆与环渤海地区联动发展的主要增长极

太原都市圈与环渤海和中西部尤其是西北地区历来有着多方面密切联系（图6-2），目前的人均发展水平在我国内陆也位居前列。因此，太原都市圈一方面应借助国家中部崛起战略的实施，利用太原作为环渤海地区辐射中西部地区重要通道上核心节点的区位优势，加快融入环渤海地区成为其重要组成部分，承接（增强、传递）东部发达地区（特别是长三角城镇群）的辐射；另一方面应在我国西部大开发尤其是西北地区开发中发挥重要作用，打造为立足山西、面向中西部的生产与服务中心。积极面对国内与国外两个市场，强化对外交通联系，做大产业基础，提升服务职能，建设区域中心节点城市，在承接东部产业转移、促进西部经济发展、推动中部崛起中发挥重要作用，最终成为我国内陆与环渤海地区联动发展、促进中部崛起和西部大开发新的增长极、启动东、西部地区发展的枢纽地带。

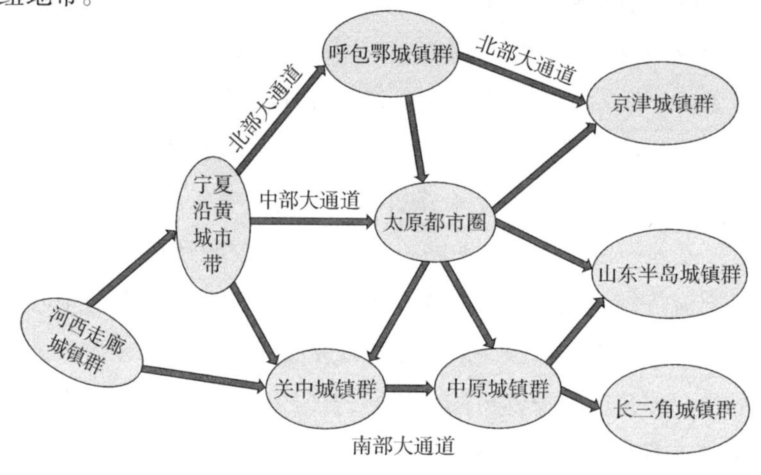

图6-2　太原都市圈与外部区域的联系

资料来源：《太原市城市发展战略暨总体规划前期研究》，2017.

（3）山西省社会经济发展的组织和辐射中心

太原都市圈不仅是山西省的区位和交通中心，还涵盖和扩张了省会城市所应承担的省域综合中心职能。依托省会城市在行政、经济、文化、教育、科技等领域的优势，充分发挥对省域经济的组织和协调功能，通过“提升中心城、做大都市区、带动都市圈”，实现率先发展和服务全省。同时，太原都市圈作为山西省社会经济发展的“高地”，也必将承担辐射和带动全省发展的重任。对于太原都市圈而言，传统的基础工业、行政、交通、信息职能无疑是未来发展的基本依托，而科技教育、经济管理、高层次服务以及高技术含量的工业生产则是今后发展的重点方向。

（4）转型与跨越发展的创新型示范基地

太原都市圈在山西省内相对优越的自然条件和经济基础，以及其在省内所具有的中心地位，要求其必须也有可能成为全省落实科学发展、建设和谐山西的示范基地，通过科技、文化、制度等全方位创新，率先实现跨越发展并带动全省实现全面小康。其中的关键，一是充分发挥能源、原材料等基础产业优势，以循环经济为着力点，推动节能减排与产业结构升级，积极发展装备制造、高新技术、新能源、新材料等产业，在全国统一的大市场和经济全球化的大格局中建设新型能源和工业基地，并坚持以增强自主创新能力为中心环节，调整经济结构，转变增长方式，以尽可能小的资源投入和环境代价，取得尽可能大的经济社会效益，实现可持续发展，促进山西省从矿产资源大省向经济强省的跨越；二是大力发展以文化、金融、旅游、会展、现代物流商贸、专业服务等为代表的现代服务业，打造绿色产业体系；全面继承和挖掘太原都市圈历史文化底蕴，创造性地保护和利用好丰富的历史文化遗产，并与现代化的城市建设有机结合起来，发挥文化对经济和社会发展的影响力，打造历史与现代交融、三晋特色鲜明、具有世界影响力的文化功能区，促进山西省从人文资源大省向文化强省的跨越。

（5）集约、宜居、和谐的典范城镇密集区

提高资源利用的效能，挖潜存量，促进都市圈内城市的紧凑集约发展。依托“两山对峙，汾水中流”的生态本底特征，以生态恢复和城乡环境综合整治为着力点，优化都市圈整体空间结构，提高城乡基础设施和公共服务水平，加强园林绿地与水系的规划与建设，构建区域森林防护林带及森林景区，把太原都市圈建设成为开放的、动态的、有机的、安全的、宜居宜业的都市圈。

6.4.2 总体目标

为解决日益突出的人口、资源、环境与经济社会发展问题，都市圈规划已经由单目标的物质建设规划或经济布局规划为主开始转向综合的区域发展目标规划。同时，在全球化、信息化和网络化条件下，为保证规划的灵活性与弹性，都市圈规划的目标也逐步向弹性目标转变，将原来过于具体的刚性规划转变为应变能力较强的弹性规划，体现出多目标、多方案的弹性特征，以具备更大的应变性，防范各种风险与被动的境况。制定规划目标导向的程序，一般来说，首先判断区域经济成长阶段，寻找区域发展“瓶颈”，以此为基准，搜寻那些分布于低级阶段的要素即可认为是规划近期发展的“瓶颈”，克服这些“瓶颈”，使这些要素进入基本准备阶段，优化重组要素结构，使区域经济开始向新目标迈进；其次理顺区域成长秩序，通过对区域供给优势资源与社会需求的分析，制定区域总体实施目标。按照上述都市圈规划目标的变化趋势以及制定目标的方法程序，太原都市圈规划的总体目标如下。

以习近平新时代中国特色社会主义思想为指导，按照高质量发展要求，贯彻“创新、协调、绿色、开放、共享”五大发展理念，围绕建设“资源型经济转型发展示范区”、打造“能源革命排头兵”和构建“内陆地区对外开放新高地”三大目标，以政策创新和体制机制创新为牵引，将太原都市圈建设成为国家能源服务中心与重要的先进制造业基地、内陆与环渤海联动发展的主要增长极；山西省社会经济发展的组织和辐射中心、转型与跨越发展的创新型示范基地、集约宜居和谐的典范城镇密集区。

重点加强太原—晋中的中心地位，加快实现同城化发展；巩固和强化以太原—晋中—清徐—阳曲为主体的都市区，重点发展介休—孝义—汾阳城镇群以形成富有活力的都市圈次核，辐射阳泉、忻定原、离柳中三个城镇组群。促进都市圈网络化组织发展完备，扩张共建领域、提升共享水平，积极推进城乡一体化进程，逐步推进并实现整个都市圈尤其是平川地区的“网络化”发展。构建太原盆地西部以清徐、交城、文水等为主体的工业城镇带，优化城镇资源配置与产业布局，调整各城镇主导产业，加快技术密集型和特色资源型产业的发展，构建完善的优势互补的城镇间分工与合作网络；构建以榆次、平遥、灵石等为主体的东部旅游城镇带，挖掘与整合旅游特色，协调发展轻工旅游与矿产加工，创建国家级的具有世界影响力的文化旅游基地，构建开放的都市圈旅游目的地网络。在保持都市圈经济集约发展较快增长速度的同时，不断提高科技创新和制度创新的能力，最大程度地节约资源和能源，保护生态环境，打造中部汾河生态带，实现跨越发展和转型发展的目标，使太原都市圈发展成为一个开放的、动态的、有机的、安全的、宜居宜业的都市圈。

太原都市圈的规划目标是动态渐进的，而不是静态的终极目标。其中，开放性强调的是都市圈内部城镇之间、城乡之间、都市圈与外部环境之间相互联系、相互作用、相互制约，共同构成一个具有一定结构和功能的、开放的、复杂的都市圈系统[①]。动态性表明都市圈内部城镇之间、城乡之间、都市圈与外部环境之间活跃着不同流向的人流、物流、资金流、信息流等要素流动，这种“流”的动态作用使得都市圈系统整体的网络化程度加强。有机性表明都市圈网络化结构的

① 上海财经大学财经研究所.上海城市经济与管理发展报告（2007）[M].上海：上海财经大学出版社，2007：235-236.

特定形式，有机性表现在产业协作网络不断完善、都市圈整体功能不断增强、城乡日益趋于融合等多个方面。安全性强调的是发展资源节约型与环境友好型都市圈。宜居宜业性表明宜业不宜居的环境制约生产力要素（特别是人才要素）的流动，宜居不宜业的环境将减弱趋于发展的经济活力和创新动力，因此宜居与宜业和谐一致成为都市圈网络化发展的一个重要标志。

6.4.3 发展战略

网络化发展既是太原都市圈规划的总体目标概括，同时也是其总体战略的集中体现。可将其浓缩为十字战略方针，即：协同—转型—创新—提升—跨越，五大战略相互关联、相互影响，形成五位一体的“钻石体系”（图6-3）。“协同”与“转型”侧重于战略手段，“提升”与“跨越”侧重于战略目标，“创新”则为动力引擎，是网络化发展的灵魂，通过推进基于内部整合和外部带动的全面协同，加速社会、经济、生态等发展模式的转型，打造增长快速与关联互动的“活力都市圈”、更加公平与富有保障的“和谐都市圈”，以及生态优良和环境友好的“绿色都市圈”，通过实施“创新驱动”策略和“城乡网络化”策略，最终实现城镇和区域发展动力、竞争力、承载力的提升，并完成由资源富集地区向经济与文化高地跨越、由城乡差距扩大向城乡协调发展跨越、由经济增长至上向全面协调可持续发展跨越。

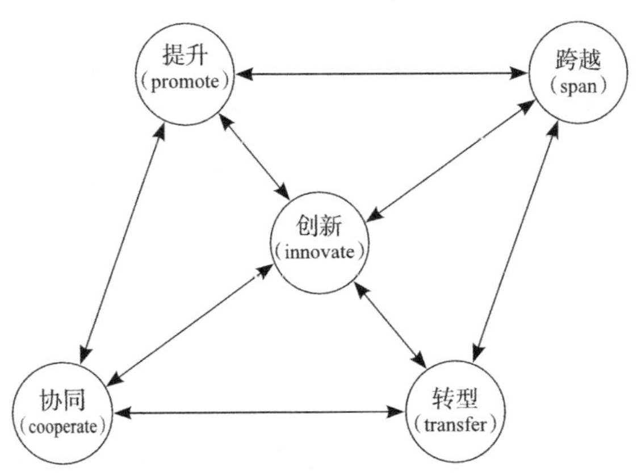

图6-3　太原都市圈的“钻石体系”战略

（1）区域协同都市圈开放发展

开放是太原都市圈的历史基因。未来的太原都市圈需要以更加开放的姿态融入国家开发格局。加快融入国家廊道，引领全省双向开放，提升国家级综合枢纽能级。国际层面，积极融入一带一路，谋划开通中欧班列。强化与二连浩特、郑州方向的通道连接，构筑纵向国际贸易大通道；强化与青岛、银川方向的连接，作为丝绸之路第二通道。国内层面，积极融入京雄1小时经济圈，强化与北京、雄安方向的连接通道建设，承接京津冀功能辐射与疏解。积极连接国家中心城市，尤其加强与西安、郑州方向的联系，拓展面向长三角、中三角、珠三角和成渝地区的纵深腹地。都市圈内部，重点加强太原和忻州、平遥等地区的联动发展，重点完善区域服务、文化旅游、科技创新等功能，彰显国际影响力与文化魅力。加强太原和吕梁、阳泉等地区的联动发展，一方面加强非省会功能的疏解与承接，引导能源产业、区域物流、现代农业等产业功能向吕梁、阳泉疏解；另一方面加强太原的产业创新、生产服务和对外贸易功能，集聚产业高端环节，增强省会功能的区域控制力和竞争力，发挥枢纽周边价值，借鉴西安、郑州的经验，搭建开放平台，作为陆港型国家物流枢纽和商贸服务型国家物流枢纽承载城市之一，成为全市和引领全省发展的成长核心。

（2）创新驱动都市圈绿色发展

创新是太原都市圈网络化发展的动力引擎。必须深入实施创新驱动全域协同发展战略，创新城乡融合发展机制，加大科技创新投入，培育打造创新创业平台，统筹推进开发区创新发展，使都市圈发展动力由资源依赖向创新驱动转变。太原都市圈将依托山西科技创新城主体，构建包含智慧单元、智慧簇群、智慧丛、智慧圈等多层级的区域创新网络。在区域创新网络中，以完善的产业环境和政策环境作为创新基质，以企业、科研机构、政府的创新主体作为创新斑块，以快速立体化综合交通网络和信息网络作为创新廊道，并且培育较完善的分工合作机制，通过有机整合和优势集聚等方式形成更高的区域竞争力。在区域创新网络中，都市圈内高技术产业的发展被放到整个区域内的平台之上，避免无序发展和各自为政，从而使区域高新技术产业得到高速发展，同时也拉动了相关产业的集聚与发展，提升区域经济的实力。

2016年12月17日，中共山西省委、山西省人民政府印发《关于建设山西转型综改示范区的实施方案》（晋发〔2016〕51号）。按照省委省政府决策，规划整合太原都市区内的太原高新技术开发区、太原经济技术开发区、太原武宿综合保税区、太原工业园区、晋中经济开发区、山西榆次工业园区以及山西科技创新城、山西大学城等园区，建立山西转型综改示范区，打造成为集聚先进生产要素的重要平台、转型综改的主战场、转型升级的重要引擎，切实发挥示范区在改革开放中的排头兵作用，推动太原都市圈网络化、规模化、功能化、特色化、国际化发展。以此为契机，太原都市圈将实施以塑造开放性平台为基础，以构建产业协同分工体系为主体，以打造大枢纽为先导，以培育创新智核为主导的引领全域振兴的区域协同和区域带动战略，加快实现与全省的互动和与全国的协同发展。

（3）同城化引领都市圈网络化发展

同城化是促进都市圈网络化发展的一种重要方式，是都市圈空间作用发展到一定程度的必然趋势。同城化将构成高效率的、强有力的多极发展板块，是都市圈区域经济发展的支撑点和增长极，对相邻地区或更大范围将会发生更重要的互动作用和联动效应。所谓同城化战略，是指一个城市与其相邻的城市，在自然环境和经济社会等方面具有融为一体的发展条件，具有空间接近、功能关联、交通便利、认同感强的特性，以相互融合、互动互利促进共同发展；以存量资源带动增量发展，增强区域整体竞争力；以优势互补，相互依托，完善城市功能[①]。

太原都市圈实施的太晋同城化战略，是落实“山西省国家资源型经济转型综合配套改革试验区”的核心任务之一，是建设太原都市圈网络化组织结构，构建山西省“一核一圈三群”城镇化格局的关键环节，是打造国家中部崛起的增长极，带动山西省整体转型跨越发展的必然要求。通过太原和晋中两市在功能协作、空间共建和体制创新等方面的大胆实践，构建同城化发展框架以有效指导圈内的城镇发展和建设，逐步形成协商规划和协商执行的城镇发展模式，并且将逐层递进式地推进圈域同城化，经历“协调化”→“同城化”→“网络化”→“一体化”的发展历程，将规划统筹、制度同构、市场同体、产业同链、交通同网、设施同布、环境同治、生态同建、信息同享、科教同兴作为同城化的主要推进措施，合理有序地推进都市圈网络化发展。实施“同城化策略”的具体阶段划分如下：第一阶段，太原晋中同城化；第二阶段，太原都市区和介孝汾、离柳中城镇密集区之间的同城化；第三阶段，太原都市圈（平原地区）的同城化。

（4）城乡网络化促进都市圈融合发展

从城乡统筹到城乡网络化发展，城乡发展的基调不断由“以城带乡”向“城乡对等”转变。城乡网络化发展策略是通过城乡产业网络化发展、城乡生态环境共治、城乡形态和谐交融、城乡文化多元共生、城乡服务设施共享、城乡要素自由流动等发展，使得城乡之间多种社会经济活动主体构成一个有序化的关联互动系统和运行过程，并由此获得都市圈生产、生活、生态融合的城乡融合发展效

① 邢铭．沈抚同城化建设的若干思考[J]．城市规划，2007（10）：52-56.

应。按照城乡网络化发展的模式运作，可促使聚集与扩散、物质型变化与非物质型变化以及城市与农村的作用等各方面得到有效结合，使区域发展步入健康运行的轨道，使都市圈城乡之间公共服务设施和基础设施更均衡，产业间的内在联系更密切，要素流转通畅，组织功能完善，并构成一个维系城、镇、乡网络系统共生共长的空间过程（高云虹等，2006）。以城乡网络化策略指导太原都市圈发展，有助于其城乡关系的协调和经济社会的统筹发展。太原都市圈城乡网络化策略的内容主要包括三方面：城乡经济空间网络化、城乡社会空间网络化、城乡人居环境空间网络化（表6-3）。

城乡网络化发展的主要策略 **表6-3**

<table>
<tr><th rowspan="2">策略层面</th><th rowspan="2">策略内容</th><th colspan="2">外在表现形式</th><th rowspan="2">发展重点</th></tr>
<tr><th>“两个集中”</th><th>“两个扩散”</th></tr>
<tr><td>经济空间</td><td>产业发展网络化</td><td rowspan="2">从业人员向非农产业集中</td><td rowspan="2">基础设施向农村扩散</td><td>积极对接省级产业战略；健全现代农业生产经营体系；挖掘村镇发展动力，促进城乡产业联动发展；优化城郊型都市现代农业产业体系；推动城郊农业高质量发展；大力发展休闲观光农业</td></tr>
<tr><td>社会空间</td><td>社会事业发展网络化</td><td>以制定和完善相关配套政策为保障；以促进农民身份转变为出发点和落脚点</td></tr>
<tr><td rowspan="3">人居环境空间</td><td>生态环境建设网络化</td><td rowspan="3">农民向集中居住区集中</td><td rowspan="3">现代文明向农村扩散</td><td>以共建共享生态安全格局为前提</td></tr>
<tr><td>基础设施建设网络化</td><td>以建立市场化配置资源机制为关键</td></tr>
<tr><td>空间布局网络化</td><td>以县城和有条件的区域中心镇为依托</td></tr>
</table>

6.5 结构支撑

建构区域网络是在一个地区内形成更牢固和平衡的空间结构、增加凝聚力的基本要求（姚士谋，2002）。“网络化发展”的都市圈成长理念为太原都市圈空间格局优化提供了理论上的支撑。都市圈空间网络化发展是在都市圈空间发展规划的指引下由无序发展走向空间有序、多元化和定向化的过程。比起中部地区中原城市群、武汉都市圈等其他都市圈来说，太原都市圈总体经济规模不强，显然无法仅依靠规模效应在未来的区域竞争中获得优势，但“网络化发展”最大的优势在于能够利用城市之间的合作与协调拥有的相当的经济规模却避免了那些大都市必须承受的费用和聚集不经济。都市圈网络化空间发展规划应该是一种弹性规划、持续协调型规划、多目标整体规划和实用高效型规划，其运作过程是以都市圈空间的整体受控发展为特征。都市圈内各行为主体在共同目标的引导下，采取参与式的规划编制，利用多层级和多元合作推进的规划实施，通过规划制度性修编，形成不断完善上升的政策循环。

6.5.1 网络化城镇节点体系

多个彼此之间功能互补、分工合作的城镇节点以乡村面域为基础，以线状基础设施为纽带形成的相互依存、相互关联的城镇节点网络是构成网络化都市圈的基本条件。城镇节点网络是城镇之间经济作用和城镇功能异质性逐渐增强的发展过程，有自身的发展规律：优先发展优区位的城镇节点，率先形成都市圈区域主次中心，同时加强与相邻城镇节点的分工与协作，促进低级节点成长和边缘区节点水平的提高，促进城镇节点的网络化发展。对于都市圈而言，不是需要某一个城镇提供一整套城市服务，而是整个都市圈系统构建一个完整的城市功能；都市圈内部节点之间、节点与外部区域之间都有着密切的联系，在关联发展中将构成更大的地域性城镇节点网络，并由此形成一个更完整和开放的网络化系统；节点之间的相互关联和依赖是城镇节点网络演变的真正规律，功能互补和水平联系是都市圈网络化形成的主要机制。因此，根据都市圈网络化发展的特征来看，太原都市圈城镇节点网络应当形成于中心城市（太原）周边，彼此之间通过人流、物流、信息流、技术流等构成的流动空间的集聚与扩散作用，以功能互补和水平联系为主，由简单网络化向复杂网络化发展演变。

都市圈空间网络化发展的地域背景是非均质的，整体结构没有走向完全的系统平衡，具体体现是节点和通道发展的非均衡化。由于节点在网络中影响范围的大小不同，决定了节点在网络中的地位不同，并直接导致了节点的等级差异。随着网络中节点和连接节点的通道数量、规模和地位的变化，网络节点体系的等级结构也会发生相应改变。都市圈规划的首要问题就是城镇节点等级的确定以及圈内城市之间功能分工的确定，使整个都市圈内形成合理的分工协作关系，并将这种分工协作关系落实到空间地域上，既要保证各节点各司其职，各得其所，又要保证空间上关联互动，使其个体作用充分发挥，整体效益获得最大化。

（1）空间结构

根据人口与产业集聚程度、城镇化发展水平和空间资源开发利用强度，以及太原市与周边县市经济联系的疏密和辐射力，进行分层建构空间组织是必要的，也是科学的。从太原都市圈目前的发展现状和未来集聚发展的战略出发，可以把太原都市圈空间组织结构确定为3个层次。

1）核心圈层

都市圈核心圈层即太原都市区，包含太原市城六区、晋中市榆次区、清徐县和阳曲县行政管辖范围。空间上形成“两主两副两区多组团”的规划结构，其中“两主”为太原主城中心城区和太原—晋中共建中心城区（晋源—小店—榆次），“两副”为清徐、阳曲两县城，“两区”为现代产业园区和新兴产业园区以及包含泥屯和园区内的多个组团。按照“疏解老城，延承历史，提升外围，挖潜存量，建设新城，统筹太晋”的空间发展策略，推动太原中心城区职能疏解，强化太原—晋中共建中心城区，并将部分行政办公、文卫、科研、居住职能有序转移至太原—晋中共建中心城区；建设清徐副城、阳曲副城2个区域副中心，依托南部现代产业园区和北部新兴产业园区建设阳曲、清徐、修文、大盂、泥屯等多个以产业发展为主的外围组团。

2）基本圈层

基本圈层形成“主次双核、一环两带”的城镇密集区空间组织结构（图6-4）。“主次双核”指发展太原、晋中，组成太原都市区和介孝汾城镇群两大主次极核，整合太原、晋中主核城区，促进介孝汾一体化发展，共同带动太原都市圈发展。“一环两带”指建设东部旅游城镇带和西部工业城镇带，并以这两条带在盆地内部形成紧密联系的城镇环，这是晋中盆地经济发展与城镇建设的核心地带。在该地带应集中区域优势力量，发展太原都市区和介孝汾两大极核，大力发展清徐、阳曲、修文等太原都市圈新兴组团，适当发展太谷、祁县、平遥、交城、文水等盆地中部旅游城镇，控制古交、寿阳等外围生态区的城镇发展。

3）拓展圈层

拓展圈层形成“一区两轴四组群”的空间结构。其中，“一区”指太原、晋中市区和清徐、阳曲县城组成的太原都市区，“两轴”即两条城镇发展轴，分别为省内传统的大运发展轴和新兴的省际太中银发展轴。依托两条发展轴，加强太原都市区与城镇密集区其他区域及外围城镇组群的联动发展，这是省域“大”字形格局在都市圈层面的细化体现。“四组群”即介孝汾、阳泉、忻定原、离柳中四个城镇组群。其中，介孝汾是城镇密集区的南部次极核，阳泉、忻定原、离柳中是太原都市圈的三个外围城镇组群。它们与太原都市区一起，共同带动着太原都市圈的经济发展和城镇化进程。

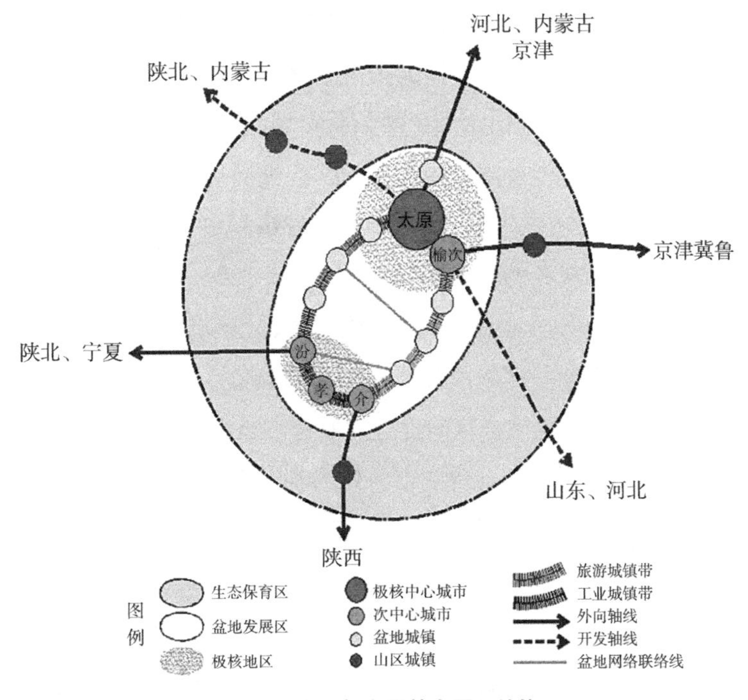

图6-4 太原都市圈基本圈层结构

(2)节点体系①

目前，在太原都市圈的网络化发展建设中，太原市承担了太多的区域职能：行政、文化、商贸、金融、交通、教育、煤炭能源服务中心、高新科技产业中心、机械装备制造产业中心、交通枢纽中心、旅游服务与集散中心等，这也反映出太原都市圈缺乏有序的分工与合作的现实。为了改变太原都市圈核心城市与周边城市之间的断层问题有必要培育不同等级的节点，分担目前太原市所承担的过多职能。当然这种职能的溢出并非简单的产业“退二进三”，也不是传统产业的梯度转移，应基于都市圈网络化发展的理念将太原市的部分职能分担出去，培育其他城市承担中心职能，以优化太原都市圈的单中心格局，同时使相似规模的城市之间的相互联系加强，由原本高度集聚的单核城市系统向功能相对分散化发展的一体化空间系统发展。

1)三级节点

太原都市圈基本圈层是近期都市圈网络化发展的重点区域，本书第4章已对太

① 吉迎东，卞坤.太原都市圈城镇节点网络建设及整合模式研究[J].科技管理研究，2011(10)：169-172.

原都市圈基本圈层内部节点间空间联系进行了综合分析。在明确各节点的最主要经济联系和城市发展方向的基础上，本节采用选择性集聚扩散发展的规划方法，按照“三级节点”模式构建太原都市圈城镇节点体系，以扩大中心城市功能调整的空间幅度，减轻中心城市高密度发展带来的压力，促进周边城镇与中心城市紧密联系耦合，形成功能互补、空间关联有序的都市圈城镇网络。一级节点地区将作为原始生长极核，着重消除现存的城市生长极化效应；二级节点地区将强化市场服务及交通、信息的配套，增强对周围地域的吸引力；三级节点地区则建议通过加大投资加以提升，或作为中心核周围扩展网络的构成节点。在未来的发展中，以高级节点地区带动次级节点地区，从而促进太原都市圈经济均衡发展、整体推进。

一级节点地区：太原市区、晋中市区作为都市圈的核心，地理位置优越，交通便利，经济辐射面广，是全省政治、经济、文化中心和最重要的核心与增长极，要建设成为具有国家影响力的中部地区重要的中心城市，全国重要的新材料和先进制造业基地，国家历史文化名城，全国有重要影响力的旅游目的地和区域集散中心，山水相亲的生态宜居城市。省会太原具有全国性、省级性和省域性的综合影响力，是太原都市圈发展的主要依据点，应积极构建融入国家发展战略尤其是融入环渤海和大西部开发的发展空间框架。从城市特点和交通配置状况来看，其在该区域网络城市系统中的功能和作用较为明显，是区域甚至全国物流交通的转换枢纽，太原都市圈的物流枢纽。晋中市作为太原复合交通枢纽的重要组成部分，各项衡量指标均处于相对领先地位，区内交通条件便利，要形成以交通运输、机电、轻纺工业和物贸流通为主的太原都市圈分区中心。作为太原都市圈的一级中心节点，应该加强向区域外、国外的转换能力，构筑高效、快捷的都市圈，提升该区域的中心城市地位。该地区以内部调整、提升质量为主，一方面加速同城化进程，扩大城市规模的同时提升城市职能，另一方面致力于城市软硬环境的建设，积极改善生态环境，不断提升城镇化质量。

二级节点地区：介休市、孝义市、汾阳市、阳泉市区、忻州市区、吕梁市区作为都市圈城镇网络系统的第二阶层，发展潜力巨大，具有较大的区域性综合影响力。介休市作为晋中南部城镇组群中心，区域性交通枢纽和商贸中心，是重要的能源、化工、机械、轻纺工业基地；孝义市作为晋中南部（孝介汾经济区）区域性中心城市，是太原都市圈新型重化工产业基地；汾阳市是吕梁地区及山西中部地区交通运输的重要枢纽。阳泉是太原都市圈东部经济、文化、交通中心城市，山西向东联系的门户，重要的能源与新型材料产业基地和冶金加工制造业基地，文化旅游休闲与生态宜居城市。忻州是太原都市圈北部中心城市和交通枢纽，新型能源、制造业服务基地和现代农业基地，重要的生态文化旅游服务中心，山水园林宜居城市。吕梁是太原都市圈西部中心城市，重要的现代煤化工基地、精密铸造基地、特色农产品基地和创新转型示范基地，连通京津冀、辐射晋陕蒙的物流枢纽，黄土高原文化生态城市。以上县市在区域经济发展中起到了绝对的单项职能作用，它们的单项职能远远大于其他城市，在太原都市圈城镇网络体系中发挥着“次级中转站”的作用，成为太原都市圈的二级节点。该地区是促进都市圈网络化发展、构建功能协作、关联紧密的城镇复合体，应以生态环境改善、城镇软硬基础设施建设为突破口，逐步提升该区城镇化水平。

三级节点地区：古交、清徐、阳曲、寿阳、盂县、柳林、平定、定襄、原平、中阳太谷、祁县、平遥、文水、交城等县市处于都市圈城镇网络系统的第三阶层。这些县市担负着网络城市体系最底层的物流集聚、职能分配，协调整个区域发展。同时，该阶层县市数量较多，是网络城市系统的基层集散中心。太原都市圈区域城乡一体化发展与整体竞争力提高都必须以发展该阶层县市为基础。

2）职能优化

太原都市圈城镇网络化进程中出现的突出问题之一是，城市创新和扩散效应不明显，协作能力弱。因此，规划应当注重推动单一城市扩散源向多城市扩散源协作创新演进，注重城镇之间协同互动发展。功能互补性是都市圈网络化发展的重要特征之一，因此，整合都市圈内部城镇功能，形成功能互补、交互增长的城镇职能体系是推进太原都市圈网络化的前提条件。由于区域发展的地域性特点，在整合城镇功能过程中，要根据不同区域的自然和经济社会条件，对其演进模式和发展路径进行适时调整，以增强城镇功能调整的适用性和灵活性，实现城镇和都市圈区域的协同演进发展。

选择性集聚扩散是基于“类主体功能区”的一种规划方法，就是要根据都市圈各城镇所在区域的主体功能属性进行合理定位和职能分工，有效引导人流、物流、资金流、信息流等资源要素流动和经济社会活动在城镇间的转移，使区域开发密度与区域发展潜力和资源环境承载力相适应，从而促进都市圈和谐发展和区域主体功能完整性的实现。据此，在科学辨识太原都市圈“类主体功能区划”的基础上，可将太原都市圈城镇网络划分为主核发展区、次核发展区、中部联动发展区三大区域，并采取差别化的发展引导策略，明确特定主体功能下城镇的职能定位（表6-4）。

太原都市圈城镇体系职能调整 **表6-4**

功能分区	城镇		职能定位
主核发展区	太原都市区	太原市区	太原都市圈中心，山西省省会，中部地区重要的中心城市，全国重要的先进制造业基地，历史悠久的文化古都
		晋中市区	太原都市圈核心区的重要组成部分，山西省中部的交通枢纽和物流集散中心，晋商文化旅游的门户城市
		清徐	太原市的南部门户，太原都市圈北部重要的加工制造业基地
		阳曲	太原市的北部门户，新材料深加工业基地，太原市产业转移的重要承接地之一
次核发展区	介孝汾城镇群	介休	太原都市圈次核的重要组成部分及南部交通枢纽，以先进制造和深厚历史文化底蕴为特色的现代化工贸城市
		孝义	太原都市圈次核的重要组成部分，全国循环经济发展示范区，以先进制造和民间文化为特色的现代化工贸城市，具有全国影响力的生态宜居城市和资源型城市转型典范
		汾阳	太原都市圈次核的重要组成部分，以汾酒为主导的综合型产业基地，以历史、人文、生态环境为特色的商贸旅游城市
	阳泉城镇组群		太原都市圈东部次中心，山西省东部交通枢纽和新型工业基地，国家新型能源与材料工业基地，文化旅游休闲与生态宜居城市
	忻定原城镇群	忻州市区	太原都市圈北部次中心，以旅游度假服务、轻型加工业为主的综合性城市
		定襄	忻定原城镇群重要组成部分，全国重要的锻造业基地，以锻造业、旅游业、装备制造、现代物流为主的综合性城市
		原平	忻州市域次中心城市和交通枢纽，以有色冶金、化工为主的工业城市
	离柳中城镇群	吕梁市区	太原都市圈西部次中心，以高新技术和现代服务业为主以及为煤化工能源基地服务的山水园林生态宜居城市
		柳林	以煤电、建材、煤化工为主的晋西、陕北综合性能源基地和全国煤系循环产业示范区
		中阳	以煤焦、钢铁为主的工贸型城市
中部联动发展区	太谷		省级历史文化名城，太原市的后花园及绿色农业高新技术产业基地，以新型加工业和文化教育、旅游服务为主的综合性城市
	祁县		国家历史文化名城，以晋商文化旅游和玻璃器皿制造为特色的综合性城市
	平遥		国家历史文化名城，晋商文化旅游中心城市，世界文化遗产地
	交城		以焦化循环经济示范基地、特色农产品加工和生态旅游为主的新兴城市
	文水		太原都市圈农副产品生产加工基地和人文旅游为主的生态旅游城市
	古交		全国重要的焦煤基地，以煤炭采掘、加工工业和冶金工业为主的工矿城市

其中，主核发展区包括太原市区、晋中市区、清徐、阳曲；太原市区作为都市圈的中心城市，在推动都市圈共同发展基础上，应努力建设成为我国中西部的区域性中心城市；晋中市区、清徐、阳曲紧邻太原，应主动承接太原市区的职能

转移和产业转移；另外太原、晋中应在对其发展潜力和发展条件科学分析的基础上，强化其服务和创新功能，同时对其腹地有选择性地进行重点带动。继续完善目前已经形成的太原-晋中主核心，继续完善其产品深加工职能和生产服务职能，优化产业结构，提升产业层次。

次核发展区包括太原都市区外围四个城镇组群。南部由介休、孝义、汾阳组成的介孝汾城镇群，三个城市综合实力均较强，空间上距离中心城市太原较远而相互之间紧邻，应努力推动区域一体化进程和城乡统筹发展，建设成为都市圈次核，推动都市圈均衡发展。介孝汾次核心应巩固资源型重工业的产业基础，增加产业门类，打造太原都市圈内最为重要的重化工产业基地。西部由吕梁市区、柳林、中阳组成的离柳中城镇群，该区域重点强化城镇组群发展，扩大经济与人口集聚的平台，化解山地河谷城市地域狭小的限制，并通过优势互补提高组群效应，打造太原都市圈西部中心和连接西北地区的门户、山西省走新型工业化道路的先进地区。北部由忻州市区、定襄、原平组成的忻定原城镇群，该区域通过与外部地区各种快速交通的衔接，重点发展层次丰富的休闲旅游产业体系，打造太原都市圈北部装备制造、能源和旅游服务基地，山西省生态人居环境建设试验区，环渤海经济圈产业疏散外围承接地及京津“后花园”。东部为以阳泉为中心的阳泉城镇组群，该区域通过沉陷区治理与生态修复，打造太原都市圈对接环渤海及东部地区的门户，山西省资源型城市转型的先导示范区。

中部联动发展区包括太谷、祁县、平遥、交城、文水；平遥具有突出的旅游品牌优势，具有建设区域旅游中心城市的潜力；其他四县农业基础好、环境条件优良并有各具特色的旅游资源，既可以作为中心城市太原的“后花园”、“菜篮子”等，为中心城市的日常生活服务，又可以统筹发展旅游产业，共同打造区域旅游品牌，但须严格限制非环境友好型产业的进入。

3）空间组织模式

都市圈的“圈”只是反映一种以中心城市为核心进行空间与功能组织的关系，而并非是固定的空间组织结构，根据所要解决问题性质的具体不同及自然环境的差异，不同区域的空间组织结构模式也是不同的。年福华、姚士谋等将城镇网络化的空间组织模式集中概括为四种模式[①]（图6-5）。

① 年福华，姚士谋等.试论城市群区域内的网络化组织[J].地理科学，2002，22（5）：570-572.

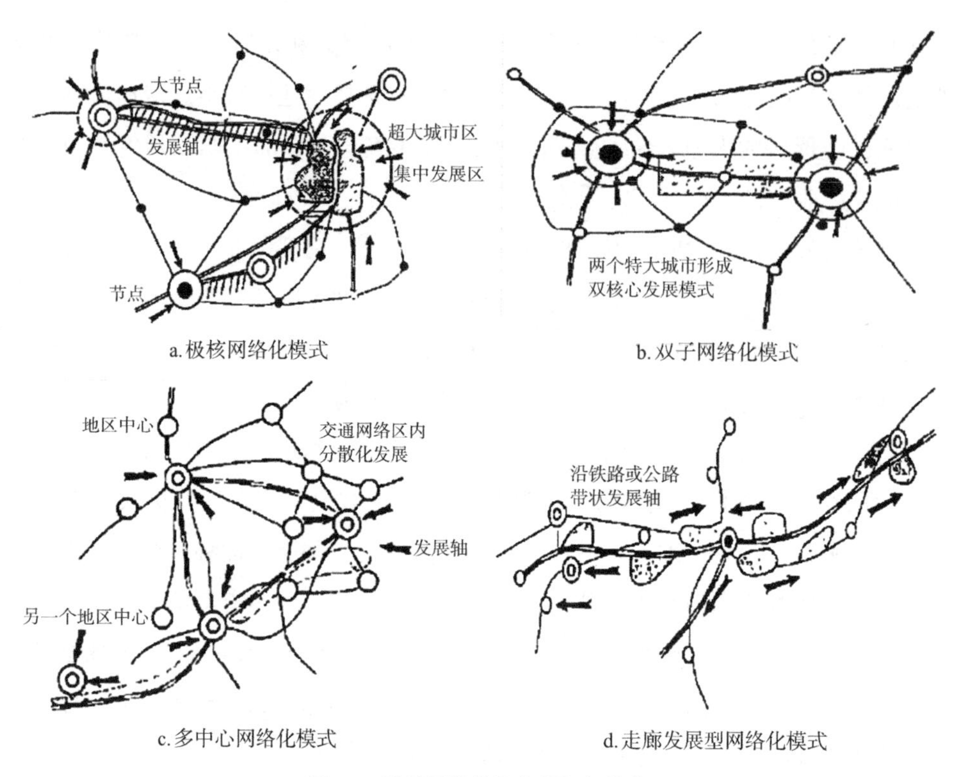

图6-5　城镇网络化的空间组织模式

资料来源：年福华，姚士谋等.试论城市群区域内的网络化组织[J].地理科学，2002，22(5)：570-572.

一是极核网络化模式：以特大城市为中心，与圈内其他大中小城市、郊区工业点、县城镇共构成有机联系的都市圈体系。核心城市是整个地区城市相互作用的引力中心和辐射源，城市间以向心联系为主，中心城市面临巨大的向心压力。尤其是中国当前处于以集聚城市化为主的发展阶段，极核网络化的组合模式会很快被中心城市的蔓延所吞没。

二是双子座网络化模式：中心城市的主次关系不明确，城市间相互依存，又相互制约，尤其体现在行政与经济职能中，区域原材料、能源供求关系和商品交换等等的联系方面是密切不可分的；在地区资源开发利用方面和交通运输条件以及未来的趋势，其中心城市的带动作用比较明显，例如京津冀城镇群的发展规划。

三是多中心网络化模式：都市圈在经济发展水平一般的条件下，如果资源条件与交通条件相同，城市发展呈现一些类似性，一般城市规模小，城市职能较为单一，工业门类不可能样样齐备，城市之间的互补性较强，这是地区经济发展比较均衡的模式，是生产力布局趋向区域化、合理化的一种较好形式，例如苏锡常都市圈的发展规划。

四是走廊发展型城镇网络化模式：中心城市向外集中建设放射交通线——走廊地带，以它们组织起与都市圈内其他城镇间的联系，城镇间有着密切的经济协作联系和文化科学的交流关系，城镇沿长廊间隔分布，长廊之间为楔形开敞空间。

上述都市圈网络化空间组织模式各有优劣，而实际使用的效果则主要取决于都市圈发展的原始基础和圈内城镇成长的阶段。综合分析各种空间组织模式的优劣性及太原都市圈的发展特点，对太原都市圈空间组织可推行定向多轴线引导式（走廊发展型）的“优位推进”模式；远期通过主次极核发展的“群拉个推”作用实施“多中心网络化”模式。在中心城市的若干方向建立集中的发展轴线，以它们组织起与圈内其他城镇间的联系，发展轴线之间为楔形绿地开敞空间，强调不同轴线间城镇的环形沟通联系。采用这种空间组织模式逐渐使都市圈区域从非均衡走向均衡发展，从“单极化”走向“网络化”。首先集中区域优势力量，发展太原—晋中和介孝汾主次两大极核，防止中心城市指状发展带间的无序扩张，最大限度地保存开敞的群体空间。同时建设清徐、交城、文水和汾阳一线的西部制造业城镇发展带，预先考虑工业发展的选址以及外围地带农工复合发展的问题，防止未受规划引导的蛙跳式发展；并整合太谷、祁县、平遥、交城一线的旅游资源，开发东部旅游城镇带，采取都市圈旅游合作性竞争的发展模式，即都市圈内不同旅游地基于竞争的前提下进行有效的密切合作，开发依托太原旅游集散中心的盆地东部旅游城镇带，形成盆地城镇与经济建设的核心地带。最后结合东西两大城镇发展带，依托沿盆地边缘的高等级公路环和放射型外部交通网络，推动盆地东西两侧以及山区主要城镇之间联络线建设，加强城镇间快速高效的联系，构建网络化的城镇空间结构。

6.5.2 网络化产业集群体系

都市圈空间发展的本质是产业的聚集和扩散。都市圈网络化发展就是要改变原有城镇之间、城乡之间产业分割与趋同的现象，寻求一种城镇之间、城乡之间产业分工协作和关联协调发展的有序化系统；打破条块与块块分割，根据比较优势原则，形成主导产业、支柱产业和优势产业上的分工，实现区域产业结构合理化和高级化，促进地区产业结构不断优化并形成良好的产业布局；在空间层面形成产业密集区，在非空间层面形成有机的产业链，从而使得各城市优势互补，产生最大效益并实现资源的集约利用，以提升都市圈区域产业的整体竞争力。都市圈空间层面中良好的产业布局是建立在非空间层面的产业链基础上的，原属于某个城市的产业链各环节，可以根据产业价值链不同价值环节的专业化要求布局到不同的城市，城市间以单个企业为主的竞争让位于能够聚集众多单体企业的产业链竞争，更好地控制各种“流”的运转，合理配置资源。

（1）构建太原都市圈城际战略产业链

构建城际战略产业链是都市圈产业拓展网络化的基础。产业链是各个产业部门之间基于一定的技术经济关系并依据特定的逻辑关系和时空布局关系客观形成的链条式关联关系形态[①]。城际战略产业链是都市圈内不同规模等级的各城市依据其资源禀赋和价值创造能力，专注于战略产业链上特定的价值环节并进行专业化生产，由此形成基于产业分工与协作的具有较高产业战略力和较高城际链接力的产业链。城际战略产业链是都市圈产业发展的基础，从整体、长远和根本上决定或影响都市圈区域产业网络化发展的关键产业链[②③]。城际战略产业链的选择可以从产业战略性和城际链接性两个方面来考察，其具备的特征可概括如表6-5。

城际战略产业链的特征 **表6-5**

性质	特征	表现
产业战略性	规模性	具有明显的规模经济优势和宏观综合经济效益，产业所创造的GDP、产业增加值、固定资产、就业机会、财政收入等占有很高的份额
	优势性	具有区位优势、资源优势、技术优势、人才优势、资金优势、产业基础优势中某种或某几种优势的优势产业或特色产业
	带动性	对上、下游产业具有很强的关联度，通过前向和后向联系效应，能够产生需求拉动效应和供给推动效应，进而对都市圈经济产生强大的波及效应和带动作用
	外向性	不仅能够充分利用本区域和国内的资源和市场，而且更能积极主动利用区外乃至国外的资源和市场
	成长性	市场需求潜力大，产业成长性强，增长速度高于全部行业平均水平，呈现非线性发展的态势
	先进性	以设计、控制和管理为中心的数字制造为主要特征的数字化环节，以自动控制、自动调节、自动补偿、自动辨识为主要内容的自动化环节，集自动化、和集成化于一身，并具有不断向纵深发展的高技术含量和高技术水平的集成化环节

① 李建中，马丽娜.能源产业链延伸与区域经济发展[J].生产力研究，2008(29)：115.

② 刘友金，罗登辉.城际战略产业链与城市群发展战略[J].经济地理，2009，4(29)：604.

③ 朱英明.长三角城市群产业一体化发展研究[J].产业经济研究，2007，6：48-50.

续表

性质	特征	表现
城际链接性	城际性	呈现跨城市布局之势，具有显著的城际特征，每个城市成为城市产业链上的节点
	协作性	其空间布局是一种分工协作关系，包括产业内的纵向配套延伸关系和产业间的横向关联拓展关系，城际战略产业链各环节的协同发展是整条产业链价值创造和效率提高的关键因素
	导向性	不仅要能起到引导都市圈各城市之间的分工作用，而且也要能起到引导各个城市产业聚集的作用
	整合性	链上成员是一个利益共同体，基于市场法则彼此之间通过契约、联盟、外包及信息技术等协调行动并有效整合，借此将单个优势转换为整条产业链的整体优势
	集成性	集成的方式也由过去的纯利益关系，逐渐发展成为以优势互补、资源共享、流程对接和文化融合为特征的战略联盟关系
	动态性	面对外部环境的变化，产业链成员之间的供需与协作关系也并也随之发生相应变化，各节点上的成员会发生更迭，城际战略产业链也会进行调整甚至重组

资料来源：根据相关资料汇总。

依据太原都市圈产业发展的现状特点和发展趋势，选择较高产业战略力和较高城际链接力的城际战略产业链，促进都市圈的产业链分工，是加快都市圈产业拓展网络化进程的基础。以太原都市圈基本圈层为例，具体方法如下：

采用太原都市圈基本圈层县级以上城市区位熵＞1的产业门类作为都市圈城际战略产业链类型选择的资料来源，从中确定出选择性最强的11项产业作为太原都市圈基本圈层发展的产业体系，同时也是太原都市圈基本圈层战略产业链类型选择的基本产业，包括：第一产业以农副产品供应、农副产品深加工和现代都市农业三大产业类型为主体，第二产业以能源、冶金、焦化、装备制造和新兴产业等五大产业为主导，第三产业以现代服务业、商贸物流业、旅游业三大产业为重点。

以上述11项主导产业为基础，根据城际战略产业链的特征性描述，确定太原都市圈基本圈层主要的城际略产业链。具体方法步骤如下：

第一，建立城际战略产业链发展模型，城际战略产业链=F(产业战略性S_j，城际链接性L_j)，其中：

$$L_j=\sum_{i=1}^{n}W_{ij}L_{ij}=\sum_{i=1}^{n}W_{ij}\ (r_{1j}l_{1ij}+r_{2j}l_{2ij}+r_{3j}l_{3ij}+r_{4j}l_{4ij}+r_{5j}l_{5ij}+r_{6j}l_{6ij})$$

S_{ij}表示i城市j产业链的产业战略力，L_{ij}表示i城市j产业链的城际链接力；S_1至S_6分别表示反映规模性、优势性、带动性、外向性、成长性、先进性的特征向量，L_1至L_6分别表示反映区际性、协作性、导向性、整合性、集成性、动态性的特征向量。W_{ij}为各城市对应的不同权重，k，r为各特征向量对应指标的权重。

第二，根据目前太原都市圈基本圈层产业发展现状和发展趋势，深入调查研究各特征向量对都市圈产业网络化发展的影响程度，同时参考长三角城市群相关研究，确定各特征向量的权系数，k_{1j}、k_{2j}、k_{3j}、k_{4j}、k_{5j}、k_{6j}权系数值分别被赋予17%、21%、23%、20%、16%和13%；r_{1j}、r_{2j}、r_{3j}、r_{4j}、r_{5j}、r_{6j}权系数值分别为25%、23%、20%、13%、11%、8%。采取专家打分法确定表征产业战略性的S_j特征值和表征城际链接性的L_j特征值。再利用城际战略产业链发展模型，分别计算出都市圈基本圈层不同城市战略产业链的产业战略性特征值和城际链接性特征值。

最后，根据都市圈基本圈层城镇节点等级划分来确定不同城市对应的权系数，一级节点、二级节点、三级节点权系数W_{ij}值分别被确定为50%、35%、15%。可计算出太原都市圈基本圈层城际战略产业链的产业战略性特征值和城际链接性特征值，用两者的乘积来表征城际战略产业链的综合影响力。由此，将太原都市圈基本圈层中11项主导产业的S_j和L_j值分别按照从大到小的顺序进行排列，得到太原都市圈基本圈层城际战略产业链选择矩阵图（图6-6）。由于城际战略产业链数量一般以3～4个为宜，不宜太多，太多就不成其为战略产业链，也不宜太少，太少就满足不了都市圈发展的需要。因此确定太原都市圈基本圈层城际战略产业链为城际能源产业链、城际装备制造产业链、城际旅游产业链、城际

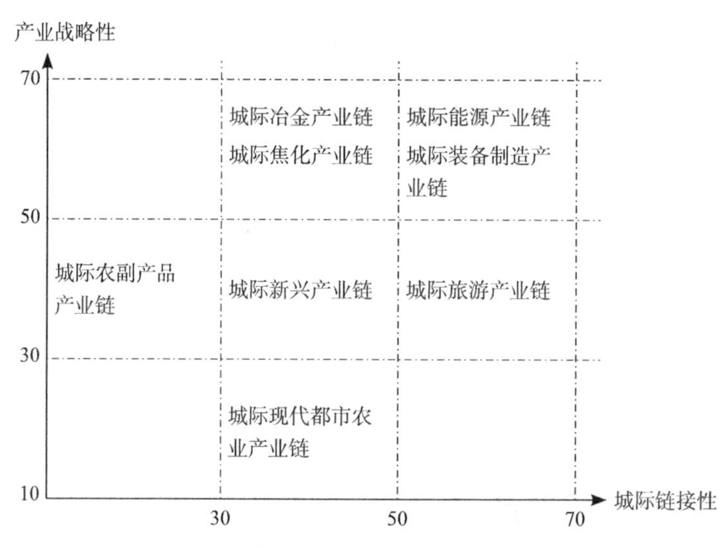

图6-6　太原都市圈基本圈层城际战略产业链选择矩阵

新兴产业链四条。

1）城际新兴产业链：利用太原获批为国家跨境电子商务综合试验区的有利机会，将太原都市圈打造成为山西外资外贸集聚中枢。依托山西转型综改示范区等产业平台，以园中园的形式设立中德产业园、海峡两岸产业合作园等，引入入驻法国Station F的中国合作伙伴“欧创慧”孵化器，支持两国共同孵化项目和技术。大力培育生物医药、新材料、航空、大数据、数字文旅等新兴产业，加快构建现代化产业体系。支持组建大型医药企业集团，大力发展生物医药产业，打响晋药品牌。发展铝、镁合金等轻量化材料、碳基材料、砷化镓等电子信息产业基础材料、3D打印材料等新材料产业。充分利用山西丰富的历史文化资源、工业旅游资源、生态旅游资源，依托山西智慧旅游云平台和山西文旅数字体验馆的数字文旅融合应用阵地，致力于数字文旅前沿科技创新研发、文旅大数据应用及产业转化，深入探索数字文旅经济，以期建成国内高水平的智慧文旅和数字应用研发基地，打造具有示范代表性的文化科技融合、科研应用成果转化示范平台。

2）城际能源产业链：将太原都市圈能源产业链尽可能地向上下游拓展延伸，以煤为基，“电、气、化、材”为延伸，推动传统产业做强做优。推动煤炭企业重组和跨区域合作，大力发展规模化、现代化矿井，推动传统煤炭产业向高端、高质、高效迈进；持续强化电力产业绿色供给，提高清洁能源消费比重；探索“煤+电+X”的发展新途径，对煤电一体化企业，其煤矿开采、煤炭加工（洗煤厂、焦化厂）和固废综合利用项目，生产用电纳入配套电厂用电范围；依托煤电基地建设各类产业园区，园区内组建独立售电公司，建设以增量配电网为主的园区型配电网，实现对园区的低价、便捷、可靠供电，形成产业集聚效应。积极借鉴德国、丹麦模式，探索“可再生能源+分散式煤层气发电机组”可再生能源利用模式，发展智能电网、高调节能力煤电技术等，提高可再生能源稳定性，逐步形成一套可再生能源高效利用的技术体系和工程体系。加大对可再生能源非电应用的支持力度和政策扶持，特别是对地热能的开发利用。探索区块链技术在能源产业中的运用，努力让太原都市圈在区块链这个新兴领域走在应用最前沿、占据创新制高点、取得产业新优势，为能源革命和转型发展奠定坚实的基础。

3）城际装备制造产业链：装备制造业由产品的市场开发、产品的创新设计、产品的生产制造、产品的销售及服务构成其主要流程。其中，以产品的生产制造为例，从原材料、配套件的采购到零部件的加工、制造以及委托加工制造、上下游企业构成了一个产业链。装备制造业产业链由装备制造业龙头企业延伸至上下游行业的原材料及设备供应、加工装配和终端产品市场及服务的链条，分为研发设计、加工装配、销售流通等环节。目前，太原都市圈装备制造业已形成金属制品业、通用装备制造业、专用设备制造业、交通运输装备制造业、电器装备制造业、电子及通信装备制造业等门类较全的产业体系。按照产业关联关系，对太原都市圈装备制造业若干大企业进行整合，可形成以下具有规模优势的产业链：一是以太重集团为核心，依托山西电机、太原通泽重工、科大重工、长安重型汽车、榆液集团、电子二所等企业，形成通用机械产业链条，打造具有核心竞争力的重型装备制造业国家示范基地和国内高性能液压元器件及液压系统国家示范基地。二是以太重煤机为核心，进一步整合重组山西煤机装备等煤机制造资源，壮大骨干企业，形成为矿山服务的重型机械产业链条，建设国内最大的煤矿机械成套设备制造国家示范基地。三是以北车太原轨道交通、晋西机器、太重集团、智奇铁路设备公司等企业为基础，整合圈内资源，打造太原铁路装备制造工业园，建设北方铁路装备制造国家示范基地。

4）城际旅游产业链：旅游产业链以旅行社或旅游景区为龙头企业，带动饭店、餐饮、旅游交通、旅游商店等行业之间形成的链条关系。其他相关企业形成链条，产业链中各企业间的相关性表现为横向联系，产业链跨越区域界限而形成，链上的各企业在合理的利益分配机制基础上，形成一种长期的战略联盟关系。旅游产业链的建设与优化，就是要培育景点链，加强旅游景区景点的核心地位，协调产业链上各要素，实现旅游业的经济、社会效益最大化。构建旅游产业链的重点在于将太原作为具有三晋文化特色的旅游集散地，整合都市圈内部自然与人文旅游资源，加强旅游一体化建设的同时，在更大区域范围寻求与都市圈内历史文化资源等级及客源市场相匹配的旅游资源，加强与省内大同、五台山、太行山旅游区以及与北京、西安等周边历史文化名城的合作，构建区域旅游合作新机制，打造山西省的精品旅游主线和北京—太原—西安这条中国历史文化旅游的“黄金线路”，扩大太原都市圈旅游知名度，实现国际、国内和省内三大旅游市场的协调发展。

（2）基于产业链关系的太原都市圈产业网络化

根据“循环累进因果论”，人力、资金、技术、资源等生产要素不断从落后地区涌向发达地区经济力和社会力的作用导致发达地区的实力在牺牲欠发达地区的基础上不断累积扩张，从而导致后者状况相对恶化，使得两者差异进一步扩大。因此，如果不在区域内形成有序的分工，形成基于产业链关系的产业网络，促使太原城市圈这种突出的单中心格局向网络化发展，区域内周边城市将很难得到发展。

产业网络化是都市圈各行为主体（企业、大学、科研院所、地方政府等组织）在长期正式或非正式合作与交流关系基础上逐步形成相对稳定关联系统的过程[①②]。在这一相对稳定的系统中，都市圈内各企业通过企业之间关联协作网络这一主体，获得重要的协同作用和产品技术的交叉繁殖，从而增强个体及整体竞争力，推动都市圈区域经济的快速发展。在空间上表现为企业的地理集聚，其实质是企业有选择性地与其他企业或机构结成持久稳定的合作与竞争关系，从纵向关系来说包括与供应商、服务机构以及下游的分销渠道、客户的垂直联系，从横向关系说包括战略联盟、联合企业以及同业间的多种合作与竞争等。都市圈产业的网络化发展过程是以产业链关系为基础的，按照产业链的不同环节、工序、模块进行分工，以产业集群为空间载体，产业边界弱化，旨在形成深化分工、优势互补、资源共享、合作竞争的产业体系。表6-6对都市圈产业拓展网络化的主要特点加以阐明。

产业网络化的主要特点 **表6-6**

分工类型	产业链分工
空间载体	产业集群
专业化形式	功能专业化
分工特点	按照产业链的不同环节、工序、模块进行分工
产业边界	弱化
分工模式	混合分工
空间分异	价值链的不用环节、工序、模块在空间上的分离
形成机理	资源禀赋和技术水准差异、规模经济、产业关联经济
发展目标	形成深化分工、优势互补、资源共享、合作竞争的产业体系

资料来源：根据魏后凯.大都市区新型分工与冲突管理[J].中国工业经济.2007.2等资料整理。

以太原为中心的太原都市圈的产业集聚是多年积累的结果，随着打造太原都市圈工作的大力推进，以“加强合作”为出发点，以“共进共荣”为落脚点，互

① 冉庆国.产业集群与产业链的关系研究[J].学习与探索，2009，3：160.

② 李咏梅等.关于西部开发中产业区域网络的构建[J].有色金属工业，2001，12：24.

融互通、合作共赢已成为太原都市圈各成员越来越强的集体意识，都市圈域经济开始向一体化的方向发展，散落在各市县的产业集群，正在超越单纯地理接近的概念，在更大范围内分工协作，既合作又竞争，逐渐把各自的产业集群聚合为“经济带”和“工业走廊”。太原都市圈产业发展规划就是在遵循都市圈产业空间演变内在规律的基础上，以城际产业链关系为基础，培育都市圈内重要的产业廊道，通过选择性集聚与扩散的双向作用，由点带线、以线及面最终形成网络化的空间格局。

完善以太原—晋中市区为主体的都市区现代服务中心，以及以太原盆地为主体、包括农业生产及加工并兼有生态功能的现代农业“绿心”。要将太原都市区建设成为国家能源服务中心及中部重要的生产性服务中心，将太原盆地建设成为国家重要的科创中心和服务中心。

重点培育由榆次、太谷、祁县、平遥、交城、文水等太原盆地周边城镇组成的晋阳—晋商文化旅游产业发展环，该环线由从太原到介休以晋阳文化为特色的西半环和从晋中到介休以晋商文化为特色的东半环构成；吸引辐射并带动周边一定范围内相当数量的不同性质、类型和等级规模的旅游城镇全面发展，整合从晋中到灵石一线区域内旅游资源最具特色的地区，并加强与拓展圈层五台山宗教文化旅游的协作，共同构成一个相对完整的具有圈层式结构、一体化倾向的旅游目的地网络。

整合现有工业园区，把园区经济发展作为结构调整和产业集聚的重要载体，按照“同业入园、专业集群、循环发展、绿色经济”的原则，设置“绿色高压线”，优化产业布局，推进工业向园区集中，建设设施配套、功能齐全、环境优良、资源共享、行业协作的生态工业园区，实现生产要素的集约经营，充分发挥集聚效应。引导相关产业合理聚集，建设9个特色产业基地：太原高新技术产业基地，太原—榆次先进装备制造产业基地，太原不锈钢及镁合金产业基地，清徐—交城焦化及食醋产业基地，祁太平特色轻工产业基地，介孝汾焦化及白酒产业基地，阳泉铝型材及煤化工产业基地，忻定原铝镁、锻造及煤机产业基地，离柳中焦化、钢铁及新材料产业基地，促进都市圈区域内城市的分工与合作，最终实现区域整体与可持续的发展。

6.5.3 网络化基础设施体系

乌尔曼提出了城市间相互作用的三个必需条件：互补性、中介机会和可运输性，其中的可运输性条件就是由区域基础设施来承担的。区域基础设施是支撑和保障都市圈社会经济活动运行的基础结构要素，包括交通运输、供排水、电力电信、环境保护等市政基础设施，也包括商业、科技、教育、卫生、文化等社会公用设施和公共生活服务设施，多条基础设施线路的组合就构成网络。双向的水平联系是构成网络城市与单中心区域空间格局的主要区别之一。一个高效率网络关联、合作共享的基础设施系统是都市圈网络化发展的依托和保障，有利于沟通城镇之间、城乡之间关联渠道，促进各种社会经济要素流的发生。特别是快速交通基础设施网络，是都市圈网络化的技术支撑，便捷的快速交通网络有利于增长极的生成，增长极节点的逐渐增多促使点与点之间要素流动的频繁发生，吸引资金、人口、产业向交通轴线两侧集聚，因此新的交通网络的形成往往可以重组区域空间结构，促使新的空间增长。

目前，太原都市圈的高速铁路与高速公路都呈现出比较强的以太原、晋中为中心向周边城市辐射的垂直交通形式，而周边城镇之间水平直达快速交通几乎没有，各城镇之间的公路收费制仍然存在，交通运输设施体系建设滞后，加强都市圈城市之间双向水平快速联系是都市圈网络化发展的当务之急。只有当城市之间通过高效的快速交通网络，实现资源的优化配置才能真正有效地促进各城市间的职能优化与分工协作，从而实现从封闭的单中心空间格局向开放的多核心网络化格局的转变，推动整个都市圈的全面协调发展。与此同时，还要特别注重都市圈区域内部信息基础设施的统一规划和互通互联建设，提高区域的信息化水平和信息能力。

（1）快速交通网络

交通运输经济学研究的网络是指一定地域内各种交通线路与通信信息线路所构成的地域分布体系，是都市圈区域基础设施的重要方面，是联系生产与消费、城镇与区域的纽带，更是增强中心城镇辐射和吸引能力、强化对外联系的重要手段。随着城市功能的全球化与城市区域的一体化，生产性服务业、跨国公司机构、金融机构等在城市的集聚又进一步刺激了面对面交流的需要。因此，高速和快速交通体系成为满足都市圈现代社会物质流动的发展趋势，对外交通通道建设、煤炭运输通道建设、城际轨道交通建设、区域高速公路网、客货运枢纽建设等成为都市圈快速交通网络的重要内容。快速交通网络带来了资金、技术、投资、消费、人才、物资、知识、产业等因素，同时也带来了新观念、新理念和新的生活方式。

对外快速交通网络建设。对外快速交通体系的发展是都市圈进行交流与合作的基础和前提，对外快速交通体系的网络化水平在很大程度上决定着交流与合作的范围和规模。随着西部大开发和中部崛起战略的推进，太原都市圈作为联系西部与沿海的过渡地区，“承东启西”的枢纽作用也将随产业、经济、社会发展而不断增强，未来在大区域交通发展中，东西向对外快速交通需求将成为主要内容；同时作为省域中心，沟通全省南北各主要地市的需求也将呈现进一步快速增长趋势。太原都市圈对外快速交通通道的建设不但有利于太原的扩大开放和经济发展，也有利于与圈外区域的经济技术交流与合作。为充分发挥太原的区位优势和产业优势，积极参与环渤海、京津冀区域和中部地区的经济技术合作与分工，在科学分析都市圈宏观经济走势特别是中部地区经济合作前景与潜力的基础上，重点开展以下四个方面的内容。

1）着力构建大字形快速铁路客运系统，提升太原都市圈的枢纽地位，构建太原都市圈至周边呼包鄂城镇群、山东半岛城镇群、中原城镇群、关中城镇群及沿黄城市带的都市圈际2小时通达圈。东向建设太原—石家庄城际高铁，推进石家庄—济南—青岛铁路客运专线建设，纳入环渤海地区交通网络规划；西向对太中银铁路进行提速改造，通过新建太延高铁（太原—吕梁—延安）快速客线实现客货分流，大幅度提升运能；北向建设太原—大同的快速铁路，并延伸至乌兰察布，衔接张呼高铁、大张高铁，推进大同—张家口—北京的快速铁路建设，建设大同—呼和浩特的快速铁路；西南向已建设太原—西安快速铁路，强化省域发展轴线；东南向建设太原—长治—焦作快速铁路，对接郑州—焦作的快速铁路，向南衔接洛湛铁路，加强与中部地区合作，打通至华南及其沿海港口的重要出海通道，强化与泛珠三角地区的经济交流。其中，京太客专可先期修建太原—五台山—保定—雄安新区段，加强太原与雄安新区的便捷联系；延伸津保铁路至忻州、榆林，预留建设客专条件；新建和顺—邢台铁路，改造同蒲铁路、京原铁路、石太铁路；推进晋中盆地地区城际铁路和轨道交通建设，促进太原—晋中交通一体化发展。

2）完善高速公路网建设，加快推进与河北、陕西高速公路网络的贯通连接；重点建设第二太京高速通道，强化“承东启西”的高速公路网络搭建，改善省域南北向交通联系。建设太原北—忻州（定襄）第二高速公路，衔接忻州—五台高速公路，建设第二石太高速公路、汾阳—邢台高速公路、太原—黄骅高速公路、祁县—离石高速公路，完善忻州—保德高速公路、太原—佳县高速公路建设，建设西纵（吕梁—临县—朔州及吕梁—中阳—运城）高速公路，建设东纵（五台阳泉—昔阳—长治）高速公路。建设太原二环、忻州外环、阳泉外环、吕梁外环，建设介孝汾西南外环与汾阳至交口高速公路，疏导外部交通。对既有穿越太原晋中的高速和国道进行改线，绕至都市区外围。

3）大力推进城际铁路建设，实现都市圈1小时通勤圈。城际轨道交通系统成为支持都市圈区域空间组织的重要手段，促使和支撑城市沿交通走廊轴向延伸，引导城市在市郊高密度开发，从而对都市圈空间的形成起到极大的推进作用。一是建设盆地密集区城际铁路环线，接驳太原都市区的内部城市地铁轨道交通，与兼顾客货运综合运输的铁路不同，主要穿越各个城市的中心区，发车比较密集，接近"公交化"。考虑规划发展辐射太原都市圈区域的城际、市郊客运轨道交通系统，主要覆盖太原市域、晋中榆次、清徐、阳曲。二是建设阳泉、吕梁、忻州三条城际铁路支线，接驳主要高铁站并预留连接介孝汾、忻定原、离柳中等城镇群延伸的城际轨道交通线位，逐步形成以太原都市圈核心圈层为枢纽，辐射三个城镇组群，连接周边省市的轨道交通系统。三是通过采用公共交通引导发展（TOD）策略来组织优化太原都市圈的空间结构，构建由快速公交、城际铁路组成的都市圈内部一体化交通联系网络，建设重要旅游景点与支线机场、高速公路、干线公路之间的便捷通道，建设旅游公交系统，增强都市圈内部各节点城市之间的交通联系，实现核心圈层城镇之间1小时互通、拓展圈层城镇之间2小时通达的目标，促进区域经济、产业和城乡协调发展。

4）煤炭运输通道建设。煤炭运输在未来相当长的一个时期内，还将是太原都市圈对外货运的主要内容，这也是对山西省作为国家能源基地的必然要求。但煤炭运输特别是现状公路运煤对区域环境影响较大。为此，规划组织煤炭运输发展的重点应尽可能利用铁路运输，同时在都市圈主要城镇发展地区外围构筑专门的货运过境通道并加强交通管控力度，降低过境煤炭运输对未来都市圈主要城镇的干扰。建设石太客运专线（含部分运煤任务）、太中银铁路和中南部铁路通道，新增邢黄、长泰两条东向运煤通道，对南北同蒲线、太焦线、杨涉线进行扩能改造，完善太古岚、介西、西山、武沁等支线铁路建设，新建太原枢纽西南环铁路、太原—兴县铁路及洪洞—沁县、和顺—邢台铁路联络线，加强煤炭运输向经济圈外围地区的疏导。加强监管力度，远期严禁通过大运高速、太旧高速运煤，保障都市圈正常的对外交通联系，建设东山货运专线，严格限制煤运交通。逐步减少公路煤运比例，近期设立公路运煤专用通道，重点建设汾阳—邢台高速公路、古交—交城高速、太佳高速和太原北环—石家庄新高速，作为煤炭运输专用通道，在都市圈南、西、北三个方向的外围对公路运煤进行汇集、疏导；远期都市圈煤运基本由铁路外运，现有公路运煤专用线可以改作为区域旅游、物流等产业发展服务。

（2）信息高速公路工程

随着通信技术的快速发展，信息高速公路工程成为信息时代区域发展政策的重点和产业发展的基础，它使城市与区域、城市与城市之间的联系日益紧密。信息高速公路实质上是高速信息电子网络，是一个高速度、大容量、多媒体的信息传输网络，它是一个能给用户随时提供大量信息，由通信网络、计算机、数据库以及日用电子产品组成的完备网络体系。构成信息高速公路的核心是以光缆作为信息传输的主干线，采用支线光纤和多媒体终端，用交互方式传输数据、电视、语音、图像等多种形式信息的千兆比特的高速数据网。建立信息高速公路就是利用数字化大容量的光纤通信网络，在政府机构、各大学、研究机构、企业以至普通家庭之间建成计算机联网。信息高速公路是环形树状网络逻辑结构，其结构特征反映了信息社会区域与城市的空间形态[①]。信息高速公路建设是一个连续的过程，是实现信息化的过程。信息高速公路的产生将改变人们的生活、工作和相互沟通方式，加快科技交流，提高工作质量和效率，促进信息科学技术的发展，对都市圈网络化发展进程起到助推和催化的作用。

太原都市圈信息高速公路工程主要依靠信息基础设施建设的技术支撑。构建信息、资源环境监测信息库，率先打造山西省的“网络都市圈”，构建与环渤海等经济发达地区对接的信息平台；加强信息基础设施建设，积极推动电信网、互联网、广电网三网融合，加强政府网站建设，建设企业信息共享平台，建立一批专业化信息平台，发展网上商务、网上图书馆、气象遥感、卫星定位、远程教育、远程医疗等网络服务，支持建设“数字化社区”，扶持农业信息化发展。

（3）区域生态安全网络

在科学发展观的理念下，区域生态环境建设已经不仅是单个城市内部环境的整治问题，而是涉及环境要素所及的广泛区域及其中的各个城市，需要在协同作用下共同解决生态环境问题。区域生态安全网络是保障区域生态系统安全和完整的网络体系，通过区域经济—社会—生态复合系统得到持续、稳定和协调发展，

① 沈丽珍.流动空间[M].南京：东南大学出版社，2010：79.

各种资源得到合理开发利用，生态环境质量不断得到提高，以区域生态环境的平衡及良性循环为前提，加强生态系统保护和建设，促进城乡协调发展。

由于都市圈不同地区的资源丰度不同，不同资源的短缺程度也不一样，首先要求对都市圈区域的自然环境进行保护，明确保护的范围和等级，重点是结构性的生态功能区、生态斑块、生态廊道，如山地植被条件良好的古交市、阳曲县、晋源区大部、交城县、文水县等生态功能区，特别是其中的自然保护区；山林、草地和水浇农田等组成生态斑块；由汾河水系、吕梁山脉、太行山脉构成的区域性生态廊道。实施对重点资源开发区生态环境的强制性保护，加强对水、土、生物、森林、矿产等自然资源开发的环境监管；严禁随意砍伐，对圈内城市具有生态屏障作用的林地，要加强保护和管理，防止生态破坏；加强对河流、水库周边的生态敏感地区的保护。构筑“四区—四带—多廊道”的太原都市圈生态安全格局是太原都市圈空间发展的生态安全保障。四区为黄土高原生态修复区、汾河生态治理区、滹沱河生态治理区、漳河生态治理区；四带为吕梁山生态屏障带、恒山—云中山生态屏障带、太行山生态屏障带、太岳山生态屏障带；多廊道为沿黄生态治理廊道、汾河生态治理廊道、滹沱河生态治理廊道、漳河生态治理廊道。控制西部黄土高原沟壑区开发强度，退耕还林，引导人口迁出，生态建设与扶贫协同推进；全面保护吕梁山区森林和草地，加强公益林建设，涵养水源，推进生态建设、旅游、扶贫协同发展；加强京津冀协调，共同推进东部太行山地区的生态建设、旅游开发、扶贫和基础设施建设；加强汾河流域水污染治理和生态修复；加强煤炭采空区治理。

6.6 小结

本章基于新发展观的理论视角，深度探析了都市圈发展规划的价值导向，并以此为指导，确立了都市圈网络化发展进程中空间组合配置的基本原则与方法：竞合有序群体优势律、均衡协调空间优化律、城乡发展网络关联律、生态优先持续发展律。采用选择性集聚扩散发展的规划方法，以“类主体功能区划”为基础，通过确立太原都市圈网络化发展的战略导向和构建网络化城镇节点体系、产业集群体系、基础设施体系等结构支撑来创造达成太原都市圈网络化空间结构的外部条件和环境，以提高其都市圈网络化水平。

7 太原都市圈网络化空间规划策略研究

在某种意义上说，都市圈网络化空间发展规划是为了达成都市圈群体竞合有序、空间均衡协调、城乡和谐发展和生态环境文明的一种契约，是减少交易成本、优化区域资源配置的一种游戏规则，目的就在于通过都市圈区域规划突破行政隶属关系限制，由各自为政到和谐统一。本章的空间规划策略主要是针对太原都市圈发展中复杂的网络化现象，选择对太原都市圈网络化发展起典型带动作用的关键环节进行规划策略方面的战略性突破研究。为了研究问题的需要，本书应用宏观、中观与微观三个不同的地理空间尺度，把都市圈空间按照空间层次分为宏观层面（都市圈与外部区域协调）、中观层面（都市圈内部空间网络化）与微观层面（城市内部网络化）等三个层面（图7-1）。

本章根据太原都市圈的总体发展目标，结合现状发展特点，进一步深入到宏观、中观、微观三个层面对太原都市圈网络化发展的空间组合规律及其实现的规

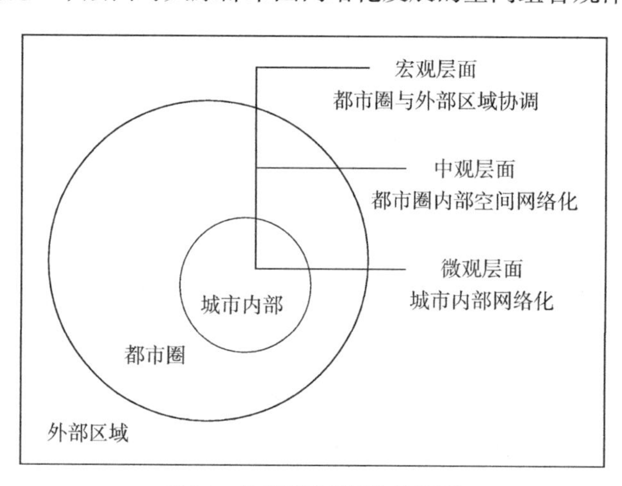

图7-1 都市圈空间层次分析图

划策略进行综合论述，从而为今后太原都市圈的规划设计、建设、管理等工作提供理论、技术的支持。

7.1 宏观层面——协调太原都市圈与京津冀城镇群的竞合关系

都市圈是由一个或多个中心城市构成的核心地区以及与该核心地区保持紧密社会、经济联系的邻接地区共同构成的具有高度一体化倾向的城市地区（顾朝林，2007），其形成过程与更广域的外部区域发展密切相关。在更加开放的竞争环境中，都市圈发展在很大程度上依赖于其外部区域的发展。太原都市圈的发展就受到外围其他都市圈（城镇群）横向关联的影响，必须通过与外围更大区域的相互协调才能实现共同发展。

2015年9月发布的《环渤海区域合作纲要》中明确要求太原都市圈要"加快提升传统产业，建设原材料、能源化工、装备制造、清洁能源生产基地和国家资源型经济转型综合配套改革试验区，提升对外开放水平，突出地方文化特色，引领带动环渤海西南部地区转型升级"。这是国家层面对太原都市圈融入区域协同发展中的最新要求，将太原都市圈提升到山西内陆协作区中承担环渤海地区与中西部地区联动发展的重要平台和联系纽带的高度。

7.1.1 现实思考：太原都市圈是京津冀城镇群功能拓展区

（1）融入京津冀协同发展的基础条件

京津冀城镇群是我国沿海地区三大城镇群之一，以北京市和天津市为中心，包括河北省的石家庄、保定、秦皇岛、廊坊、沧州、承德、张家口和唐山等8座城市，在我国的经济发展中占据重要地位。京津冀城镇群目前已经形成比较完整的区域经济规划蓝图，成为中国正在崛起的中国经济增长第三极。太原都市圈位于华北地区的西部，是京津冀城镇群的直接腹地和外围，距首都北京约514公里，距最近出海口天津塘沽港690公里，核心城市太原是华北西南部地区的一个重要的区域中心城市，区内的能源工业重镇。随着交通运输技术的迅速发展，太原都市圈已经融入京津冀三小时交通圈，信息的交换速度，人流、物流、资金流、技术流速度的大大提高，有利于太原都市圈与京津冀城镇群的互动发展，为经济发展双赢创造新契机。

把太原都市圈作为京津冀城镇群的传统腹地，并不是一种主观上的臆想，而是基于历史、现实和未来发展的考虑。在历史上，天津曾是北方的工业、金融和商业贸易中心，对于太原地区具有比较强的辐射功能。那时天津最重要的经济腹地即是太原地区。1949年后，特别是新世纪以来，区域经济一体化为太原地区与京津冀经济合作带来了前所未有的机遇。太原地区与京津冀之间日益完善的交通网络奠定了京津冀经济中心与太原地区腹地产生经济联系的物质基础，它们之间的关联合作日益紧密，一方面表明太原地区对京津冀经济发展的极端重要性，另一方面表明京津冀对于太原都市圈经济具有极大的影响力和支配力。例如太原地区的对外贸易基本都是通过京津冀的沿海港口，其农副业加工产品以京津为最主要的销售区域和市场。而京津地区作为北方地区的经济、贸易、金融中心，集中了较多的跨国公司和国内外金融机构，以及国际或国家级经济与政治组织，对国家和区域经济发展有相当大的支撑力和影响力，更多承担区域金融、贸易以及综合服务等多种功能，同时作为国际性商品、资本、技术、信息和劳动力集散中心和新思想、新技术、新体制的重要创新基地，具有很高的经济开放度，能够通过经济集聚与辐射功能有效地优化资源与要素的空间配置，沟通与太原地区的经济联系，渗透和带动太原地区区域经济快速发展①。

从未来发展来考察，太原都市圈与京津冀都市圈的合作和竞争将会同时存在，通过合作能够得到更多收益，使经济竞争更趋激烈，而这种竞争则会表现在企业、产业、城市等多方面。一方面，京津冀城镇群的快速持续的发展必须要依托一个发达和繁荣的腹地；另一方面，太原都市圈更需要依托京津冀的辐射和带动，借以增强整个区域的综合竞争能力。2006年太原与天津、大连、沈阳、石家庄、唐山、济南、青岛、呼和浩特等32个环渤海城市共同签署了《推进环渤海区域合作的天津倡议》，表示加强环渤海区域各城市间在交通、能源、产业、科技、环境、旅游等方面全方位的合作，这种战略性合作协议启动了太原都市圈与京津冀城镇群合作的良好开端。

（2）融入京津冀协同发展的制约因素

太原都市圈虽然毗邻京津冀，但区域竞争力薄弱，一方面，高端服务功能被北京、天津边缘化非常明显；另一方面，面临着周围省会城市特别是西部能源基地的挤压。2016年仲量联行筛选出中国城市60 强（不包括“北上广深”），太原

① 刘学敏.互补与互动：对京津冀与晋陕蒙经济和生态联系的初步研究[J].区域经济，2008，6：2.

都市圈中心城市太原位列 41 位，仅比西部的乌鲁木齐、银川、西宁这三个省会城市靠前，远落后于周边的石家庄、郑州、西安、呼和浩特。太原都市圈中心城市经济体量小，龙头性弱，发展潜力受限；在经济组织、对外开放、产业转型、文化发展方面对周边城市和区域的带动作用不够，难以成为城镇体系核心，引领区域网络化进程。太原都市圈开发区活力不强，突出表现在企业规模偏小，创新能力不足：入园企业偏少；中大型企业偏少；产业低端，创新能力匮乏，区域产业分工水平低，产业结构趋同，专业化、特色化的园区较少。此外，太原都市圈科技创新体制机制落后，科技投融资体制不健全；太原都市圈协调发展不够，多层次的区域沟通协调机制不健全，有效的决策机制缺失等都是制约太原都市圈融入京津冀协同发展的重大制约因素。

7.1.2 博弈选择：太原都市圈与京津冀城镇群的竞合作用

竞合关系是区域发展在新发展观下和谐理念价值导向下的必然选择，是中国古代纵横家“合纵连横”战略的现代衍生。市场机制的日渐完善，使得在市场竞争环境下扩大市场范围才能扩大生产、增加利润，从而引发地方政府之间围绕对市场的进入和保护形成了一种博弈关系。各地方政府一方面保护本地市场，竭力阻止外来产品，使本地市场尽可能消费更多的本地出产的产品，以增加地方税收；另一方面积极对外输出更多的产品去占领其他地区的市场，以扩大市场规模来增加地方收益。谷海洪利用博弈论中“市场进入阻扰”模型解释了这种博弈关系的作用，即要在激烈的市场竞争中取得优化的博弈均衡，不同地方政府之间的竞合作用是双赢之道，也是集体选择的最优解[①]。

为加强太原都市圈与京津冀竞合作用的需要，太原都市圈应当充分利用本身特殊的结构特征，在开放的环境中通过与京津冀城镇群竞争性合作的方式借力，取得自身发展和区域整体崛起。在市场经济条件下，这种合作性竞争的方式是以京津冀晋区域整体发展为背景，以相关地方的利益为基础，以市场交易为基本方式，以政府协作为补充，在竞争中谋求协同合作，在协同合作中提升竞争水平，以推动和实现区域整体的有序发展[②]。

① 谷海洪. 基于网络状主体的城市群区域规划政策研究[D]. 上海：同济大学，2006：99，114.

② 尹贻梅. 对旅游空间竞争与合作的思考[J]. 桂林旅游高等专科学校学报，2003，14(1)：56-60.

（1）太原都市圈与京津冀竞争性合作的思考

从空间腹地分析来看，目前太原主要受京津冀城镇群的辐射，其次是胶东半岛、长三角和珠三角城镇群。这种联系格局体现出太原的经济增长重心将向东转移（表7-1）。

1998/2018年太原都市区与沿海城镇群的经济联系强度变化分析表　　表7-1

城市或地区	1998年	2018年	增长幅度
京津唐	1.8668	43.6681	41.8013
长三角	0.0980	2.5038	2.4058
珠三角	0.0162	0.6060	0.5898
胶东半岛	0.2063	4.6079	4.4016

京津冀城镇群是国际化现代服务业中心、高新技术产业基地和钢铁化工制造基地。就整个环渤海区域看，北京可以进一步强化政治、文化、金融、信息及高科技产业基地等功能；天津在保持已形成的工业优势的同时，进一步发挥滨海新区及其港口的作用，和北京共建国际化现代服务业中心和高新技术产业基地；河北则要积极接受辐射，建设钢铁化工和制造业基地。山西省则积极向环渤海经济区融入，重点抓好煤电为主体的能源产业、金属材料及其制品工业、装备制造业、具有山西优势的化学和医药工业、新材料工业、农畜产品加工业、旅游文化产业和现代服务业等优势产业领域。

用地区结构差异性指数可以从整体上表征两个地区的结构互补程度。两个地区的结构差异指数越大表明二者的结构互补性越强，反之，结构差异指数越小表明二者的结构互补性越弱，结构相似性越强。必须指明的是，由于对结构差异性指数的分析是从宏观整体的角度进行的，它并不能说明某些具体行业间的经济关系类型，并不排除在两省的某一领域内仍具有较强的互补性。结构性差异指数的计算公式如下：$C_{1,2}=\sum\left|Q_{i1}-Q_{i2}\right|$，其中，$Q_{i1}$为第$i$产业部门在整个产业所占的比重，下标1、2分别代表不同的地区。在定量分析当中，主要采用2009年《中国统计年鉴》和《山西统计年鉴》相关数据加以分析。

通过计算京津冀晋之间的结构差异指数（表7-2），可以看出四个省市之间的结构差异性的不同，山西与北京的结构差异水平较高，表明在京津冀晋四省区之中，山西与北京的互补性较强，存在着互补性地缘经济关系，山西与北京的结构差异主要体现在工业和金融业等方面。而山西与河北、天津的产业结构相似特征更为明显，特别是与天津地区呈强竞争关系。

京津冀晋地区之间的结构差异性指数 表7-2

地区	山西	北京	天津	河北
山西	—	0.8226	0.1425	0.1967
北京	0.8226	—	0.7146	0.8625
天津	0.1425	0.7146	—	0.3005
河北	0.1967	0.8625	0.3005	—

太原都市圈是山西省对内外开放、参与竞争与协作的首选区域。随着我国加入WTO，面对着日益加深的国际产业分工和经济全球化的大趋势，加强太原都市圈与京津冀地区间的互补协作，充分发挥太原都市圈的区位优势和资源优势，以提高区域产业竞争力，成为一个极其重要的研究课题。探讨太原都市圈与京津冀地区间的竞争性合作的问题应放在该区域的快速工业化进程和在全球化背景下的国际产业分工体系中考虑。一方面应从资源禀赋状况来看，其产业发展应该具有不同的重点领域。太原都市圈产业结构体现为新能源、原材料、装备制造业等产业增加值的比重较高，应考虑到太原都市圈是国家重要的新材料和机械装备制造业基地的枢纽，其在能源、重要原材料基地建设和制造业发展方面具有相对优势。按照比较优势理论，太原都市圈应充分发挥自身产业要素的比较优势，根据本地区产业水平、资源优势和发展目标来与京津冀地区建立竞合关系。另一方面，随着市场一体化的推进和生产组织方式的变革，太原都市圈与京津冀城镇群也存在着广泛的产业内分工合作的可能性。比如，由于山西省煤炭资源开发利用的先发优势所在，工业基础、设施条件、运输通道、人才储备、信息资源以及地处全国煤炭供、需扇面轴心位置的区位优势明显，作为山西省核心的太原都市圈，在国家能源基地的前沿与枢纽作用更为突出，完全有条件、有可能发展和提升基于煤炭能源的物流、交易、金融、技术创新与交流等综合服务职能，成为国家煤炭能源基地的服务中心。另外，太原的不锈钢产业在全国具有举足轻重的地位，在高端煤炭冶金等专业化装备制造业、铝镁等新材料产业等领域，也都具备较强的竞争力。因此，太原都市圈完全可以以太原为中心依托现有基础打造新型工业基地。在今后的发展中，应该积极融入环渤海经济圈和京津冀城镇群发展的背景中，主动加强和深化相互之间的分工合作关系。根据国家产业发展的趋势和京津冀其他城市产业发展的可能前景，从宏观区域的角度来重新解读太原都市圈的发展定位，寻找自身产业发展的可能空间，制定产业发展规划引导产业发展的方向。着重构建合理的都市圈竞合协调发展机制，加强省际甚至全国层次上的城

市功能协调、合作，联手打造区域发展共同体，实现不同区域尺度上城市与区域的协同发展，使参与合作的各都市圈获得更强的竞争力。

（2）太原都市圈与京津冀竞争性合作的方向

太原都市圈地处环渤海经济圈和京津冀城镇群的边缘地带，具备接受产业转移的优势和条件，太原都市圈应在思想观念、制度环境、要素市场、基础设施等方面融入其中，明确自己的定位和发展目标，首先做好“引进来”的充分准备。同时，太原都市圈中心城市太原还是中西部的纽带城市，起着承东启西的作用。在壮大自己的同时，利用自己各方面的优势向西部开拓发展空间。在做好“引进来”文章的同时努力做好“走出去”这篇文章，首先是优势产品的输出，特别是机械装备品的输出，然后是资金、技术和人才的输出。基于对太原都市圈的优势和潜力分析，我们明确提出了“国家能源服务中心与重要的先进制造业基地、内陆与环渤海联动发展的主要增长极、山西省社会经济发展的组织和辐射中心、转型与跨越发展的创新型示范基地”的定位和发展目标。通过利用京津冀的辐射带动优势，发挥太原都市圈在国家战略布局中承东启西、沟通南北的交通枢纽作用，努力加强与京津冀地区的互补合作，通过构建与国家交通战略相衔接的区域交通体系，为环渤海重化工业的产业转移提供空间储备，为中西部与环渤海的经济联系提供通道平台，以发挥太原都市圈的国家级甚至世界级的能源基地服务作用，成为国家天津滨海新区向西辐射的重要节点，创建开放型的都市圈。

首先，太原都市圈靠近环渤海经济圈和京津冀城镇群，必须主动接受辐射、承接转移，通过自己的努力，把自己纳入有利的经济发展循环中，积极参与京津冀地区的区域合作和竞争。事实上太原都市圈本身也具备接受产业转移的优势：一是太原都市圈作为我国的能源服务中心与重要的先进制造业基地，重化工业基础雄厚。21世纪头30年是我国经济发展的战略机遇期，也是我国重化工业发展的关键时期。一般而言，发展重化工业必须紧靠原材料和能源基地，因此太原都市圈发展重化工业具有一定优势。二是太原都市圈处于以首都为中心的京津冀城镇群500公里半径范围内，其所接受北京、天津、石家庄等地区的辐射的范围、深度、力度都很大。三是太原都市圈具有丰富的劳动力资源。四是太原都市圈客观上处于国家经济发展梯度的中间地带，是京津冀向西北市场辐射的必经之路。太原都市圈应利用有利的区位和便利的交通，充分扮演承东启西的角色，强化中介和桥梁的作用，增大自身的辐射和吸引能力，提升服务的水平，增强综合实力。

其次，太原都市圈与京津冀城镇群产业结构有着明显的互补作用和梯度差距，存在梯度转移的可能。总的来看，京津在第一产业方面处于劣势，第二产业对于北京的支撑作用正在相对弱化，天津第二产业也是逐步下降的趋势，而京津第三产业比重及对GDP的贡献度却稳定上升，这与其城市经济的地位相符合。而河北在第一产业方面具有明显的优势，第二产业对于河北GDP增长起着关键作用并将长期继续发挥重要作用，第三产业发展方兴未艾，但无论是第二产业还是第三产业在产业技术层次上都与京津存在明显差距。山西与河北的情况一样。因此京津冀、京津晋之间在产业结构上不但存在梯度差距，也存在梯度转移的可能。在这一区域的产业梯度转移中，京津由于其在经济、技术上的优先地位，相对属于转移方，河北和山西则相对处于接收方的地位。京津冀晋应根据产业梯度转移规律，根据自己在生产要素禀赋、市场前景、产业基础、比较优势等方面的特点，在经济区内进行产业结构的合理转移和调整。就京津来说，其可以根据本市经济发展和产业结构升级的要求，重点发展以高新技术产业为中心的现代工业和现代服务业，向外转移一些自身不再具有比较优势或不利于大城市经济、社会协调发展的产业。由于河北、山西与京津地域相连或相近，转移成本较低，因此在产业向外转移中应把河北和山西作为首选对象。在第二产业方面，太原都市圈应抓住京津"退二进三"进行新一轮产业结构调整的有利时机，根据自身比较优势有选择地吸收京津向外转移的资源密集型、劳动密集型、资本密集型甚至京津不再具有竞争优势的部分技术密集型产业，利用先进适用技术改造传统产业，发展高新技术产业，提高产业素质和产业层次，最终实现产业结构的整体优化。

对于接受京津的产业转移来说，太原与石家庄处于竞争的位置，而且石家庄的地理位置较太原优越。但是两地有不同的特色经济和资源禀赋，如果各自发挥自己的比较优势，选择自己应该发展的主导产业还是可以做到双赢。石家庄已经规划建设全国的纺织基地、"中国药都"，太原应该利用现有的不锈钢和机械产业基础，打造华北地区的不锈钢和机械装备基地。两地形成自己的特色产业分工和特色产业集群，达到错位发展的目的。

7.1.3 理性应对：太原都市圈与京津冀城镇群的竞合策略

随着全球产业价值链分工体系的日益完善和经济一体化的大趋势，在地域上，太原都市圈立足山西省，从全国和区域的视角构建外向化发展战略，主动融入环渤海经济圈，充分利用京津冀的辐射带动优势，发挥承东启西、沟通南北的物流交通枢纽作用，努力加强与京津冀地区的互补合作和深化联系，在传统石太线的基础上开发新的发展轴线，争取更大的合作空间。对于中原和关中两大内陆城市群，则在竞争与合作的平衡中，积极争夺与扩张西向发展的腹地空间。通过构建与国家交通战略相衔接的区域交通体系，为环渤海重化工业的产业转移提供空间储备，为中西部与环渤海的经济联系提供通道平台，发挥太原都市圈的国家级甚至世界级的能源基地服务作用，成为国家天津滨海新区向西辐射的重要节点，创建开放型的都市圈。在内涵上，基础设施、产业、贸易、物流、旅游、科技等方面的合作也日益紧密，政府、企业、民间的交流和互动日益频繁。具体来说，太原都市圈与京津冀地区合作主要策略分析如下。

（1）加快创新集聚

第一，加快重大创新平台建设。整合太原都市区内开发区和创新资源，建立山西转型综改示范区，充分发挥综改示范区平台作用，把体制改革和科技创新作为根本动力，加快推动新旧动能转换。以山西转型综改示范区为依托，吸引战略性新兴产业集聚，促进产业创新与重组，并逐步向产业链高端环节延伸。以国家级和省级经济技术开发区、大学、科研院所为依托，促进企业研发部门和创新型企业集聚，为生产力水平的提升提供科学技术支撑。加强研发创新及创新成果产业化合作，谋划与北京共建科技园区等，在产业转型、生态修复、民生改善、城乡统筹和文化复兴等重点领域及关键环节先行先试，探索一条发展方式由资源依赖、投资驱动向消费拉动、创新驱动转变，城镇化由工业拉动向“四化”同步转变的新路径。

第二，健全科技成果转化机制。积极争取国家、省支持煤炭清洁高效开发利用关键技术创新，优先纳入国家和省技术创新、工程示范及转化推广范围。争取建立知识产权保护中心，完善知识产权质押融资市场化风险补偿机制。积极争取开展促进科技与金融结合试点，探索投贷联动试点，构建覆盖创新链条各个环节的科技金融服务体系。支持高校、科研院所采取技术入股等多种方式与能源企业共建成果转化中试基地、产学研协同创新中心、工程技术研究中心。

第三，实施国家技术创新工程，推进能源技术革命。实施国家技术创新工程，重点在能源重大技术装备突破、煤层气勘探开发技术突破、能源颠覆性技术探索、能源先进技术应用示范等领域，加快推进能源技术革命。加强国家自然科学基金、国家科技重大专项、国家重点研发计划、中央财政引导地方科技发展资金项目的组织申报工作，按年度组织“NSFC-山西煤基低碳联合基金”实施。积极争取国家在能源、材料、工程技术等领域布局大科学装置，通过中央财政引导地方科技发展资金等渠道，积极加强煤炭资源清洁高效转化利用、铝镁合金新材料、高端制造业等新兴产业科研基础设施建设，打造高度集聚的重大科技。

第四，推动科技与金融结合，满足不同发展阶段和特点的创新型企业融资需求。加大财政支持引导力度，加强知识产权质押融资服务，鼓励金融机构创新金融产品，鼓励企业开展知识产权质押融资。加速推进创新型企业梯次发展和集群发展。建立涵盖种子期、天使期、成长期、成熟期等金融体系，破解不同发展阶段和特点的创新型企业融资难题。

第五，强化企业创新主体地位。鼓励企业牵头建设产业技术创新联盟，实施企业创新创业协同行动。完善国有企业科技创新考核机制，激发国有企业创新活力。利用环渤海地区的科技人才优势、外商投资企业较多和信息等优势，积极加快技术创新，提升竞争力，积极吸引外资和寻求企业创新合作。

（2）争取产业融合

第一，深化与京津冀、环渤海经济圈协同发展，积极开展资源性产业合作，有序承接产业转移，为资源短缺地区建立稳定的能源、原材料供应基地。太原都市圈经过改革开放40多年的建设，经济实力有了较大的提高，已初步形成了以煤炭、能源、钢铁、新材料和装备制造业为基础和国有大中型企业相结合的工业体系，而且劳动力、能源和矿藏资源丰富，在相应的产业和产品生产上具备或者正在获得比较优势，而外部京津冀等区域的工业制造业发展则形成了对这些资源性产业的巨大市场需要。因此，太原都市圈应充分利用本地区能源优势，依靠这些产业和产品的比较优势加强与环渤海地区的港口进行合作，与环渤海、中部其他城市群建立分工协作关系。

第二，加快传统产业的技术改造和升级，重点发展以汽车制造、轨道交通为特色的先进装备制造业；以富士康等电子元器件加工企业为先导的电子信息技术产业。太原都市圈的传统产业和资源加工工业领域普遍存在企业规模小、生产技术落后、产业链条短、加工度低等弱点，而环渤海、中部其他城市群则拥有先进技术、资金、管理经验和市场营销等优势。因此，建立产业链的水平分工协作关系，完善价值链的分工，增加产品的附加值，既有助于将太原都市圈的资源优势转化为现实的经济优势，又可以为资源短缺的外部地区建立原材料的综合加工、销售、利用基地。

第三，完善区域协作网络，利用都市圈与环渤海地区产业结构的互补性，进行横向大合作。随着我国改革开放的渐进式推进，太原都市圈希望（或有机会）借助差异化发展加入全球分工体系来加快工业化的进程。这需要我们对新国际分工体系有一个正确的认识。根据新产业分工理论，发展中经济在融入经济全球化过程中，既需要根据自身的比较优势寻找合适的切入点或价值环节加入全球价值链的分工体系，又需要根据价值链的增值路径来制定产业发展战略以实现产业价值链环节的升级，更需要瞄准价值链的战略环节采用突破性创新手段来谋求跨越式发展，以改变发展中国家或地区在国际产业分工中的地位。

（3）构建地域协作的生产网络

一是要积极引进驻京津科研、教育、金融、中介服务等机构和人才，主动接受北京在金融、信息、科技、中介、会展等现代服务业方面的辐射，旅游业要主动与北京建立协作关系，将更多的客源引到本地区；主动承接现代服务业、高新技术产业和高载能产业向太原都市圈转移；二是与天津的合作重点是应积极进行现代制造业领域的合作，并参与滨海新区建设，加强与滨海新区在金融、物流和口岸建设等方面的合作，主动接受其在信息、金融、物流等方面的辐射带动；三是推动与河北全方位的战略合作，在电力厂网、高速公路、晋煤外运通道、水利、生态建设等领域搞好沟通和衔接，择机联合编制太（原）石（家庄）城市群规划，在加强区域协作的同时进一步提升太原在国家层面的地位；四是加强与山东在煤、电、铝等产业发展方面的合作，强化与青岛在交通、产业上的传统联系。太原都市圈在强化地域协作的过程中应积极主动地创造良好的投资环境，引导这些省区的优势资源顺利进入太原地区，从而实现与它们在优势领域的合作（图7-2）。

（4）优化都市圈外部网络设施

加强太原都市圈与京津冀地区间竞争性合作的关系，还必须从客观条件上形成太原都市圈与京津冀等区域之间相互联系的可能，优化太原都市圈与外部区域连通的网络设施。

太原都市圈作为中部地区六大综合交通枢纽之一，是中部地区主要交通通道同蒲—焦枝—枝柳通道、神华煤炭通道等的重要节点，承担着构建沟通东西交通运输网络的重要职能。应当坚持突出特色、集成资源、整体优化、联动推进的原则，进一步加强、充实和完善与外部区域的网络设施，向北通过京原通道加强与京津地区的联系，依托青银综合大通道向东加强与石家庄的联系，促进空

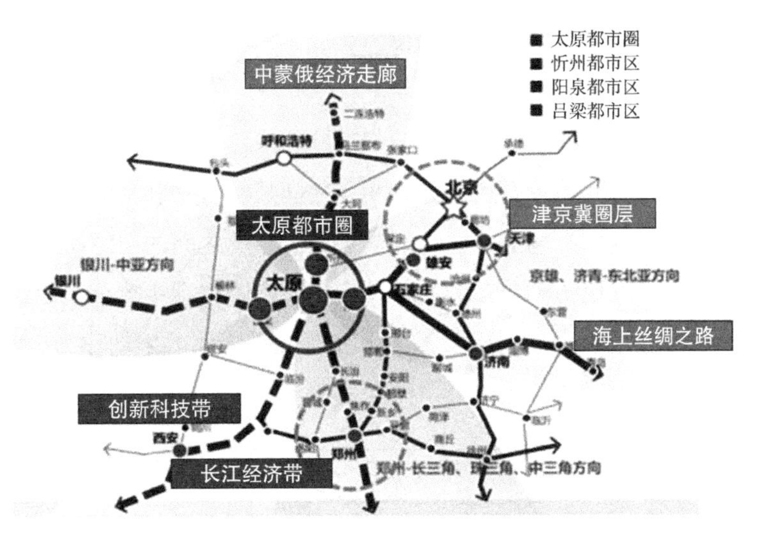

图 7-2　都市圈地域协作联系方向

间要素的有序流动和高效配置。对于太原都市圈区域内综合交通、能源、水资源、信息网络、物流体系、生态环境保护等重大基础设施和公共服务设施作出系统规划，强调与外部区域的相互协调和衔接。特别要重视和加快城际交通系统的建设，努力实现综合交通枢纽的区位效应，加快公路、铁路、管道等跨区域基础设施的建设，完善路网体系，充分发挥太原都市圈作为天津辐射三北地区交通通道（天津—北京—太原—兰州）上以及北京联系西南地区交通通道（北京—石家庄—太原—西安，再至重庆、成都等西南地区）上的重要区位优势。

具体来说，首先，进一步强化在省际重大基础设施建设方面的合作与协调，统筹规划，合理布局，同步建设，综合利用，实现区域基础设施的互联互通、共建共享，最大限度地提高基础设施的利用率和规模经济效益。共同制定和执行都市圈基础设施中长期发展规划，确定重大基础设施建设项目的建设标准、建设时序等安排，协调解决区域基础设施建设的共享性和流域性问题。其次，要以构建网络化的信息共享平台作为切入点，搭建数字化信息平台，以多媒体信息传输骨干网络、宽带网、公用数据通信及计算机互联网、智能信用网、数字通信网、广播电视网等现代网络技术为基础，构筑城市之间发达的信息高速公路，实现城市管理数字化、城市信息资源共享化。第三，建立区域基础设施建设的投融资机制，按照“政府引导，市场运作”的原则，把政府引导作用与市场配置资源的基础性作用有机结合起来，打破所有制界限和行政隶属关系，放开市场准入，通过改革基础设施的投融资体制与建设运营体制，形成市场化的多渠道资金来源机制，吸引社会各类投资主体进入基础设施领域，创造公平的投资环境。

（5）协调都市圈内外政策主体的网络化关联

在区域竞争与合作的基础上，太原都市圈与京津冀等其他城市群之间在经济交往上日趋密切、相互依赖日益加深，相互之间通过合作联动，促进产业之间的技术和经济联系、要素市场的供给与需求关系、企业之间的组织联系网络的构建等，形成发展上相互依赖和依存的关系。太原都市圈与京津冀地区发生的这种竞合关系既需要市场的自发力量，更需要多元化政策主体的主动作为，图7-3所示为都市圈内外竞合发展的多元政策主体间的相互关系。

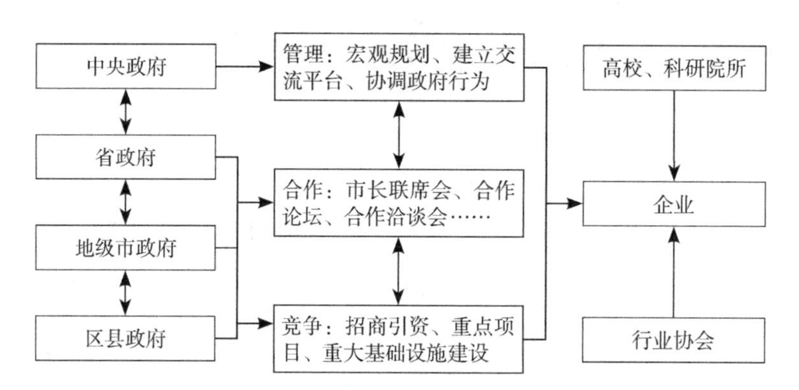

图7-3　都市圈内外竞合发展的多元政策主体

资料来源：根据京津冀城镇群产业合作研究的相关资料整理而得。

都市圈区域规划的政策主体是直接或间接参与政策制定、执行、评估和监控的个体、团体或组织，随着社会主义市场经济发育的日趋完善，区域规划的政策主体也趋于多元，从单一的政府行动到政企合作和社会第三部门参与。依据网络化决策机制理念，都市圈区域范围不同等级的政府对都市圈发展政策制定的参与构成了纵向协调合作网络，一般包括中央政府、省（直辖市）政府、地级市政府与区县政府多个层级的政府主体；政府、企业、社会第三部门在区域内不同地域空间上的活动构成了横向协调合作网络，三者相互依赖、互为补充[①]。不同政府组织间的网络关系联盟及其与各类社会组织间的合作网络，进一步促进形成制定和实施都市圈区域规划的网络化机制，已经成为实施我国跨行政区区域规划的必要制度基础。

从长远看，太原都市圈与京津冀城镇群的竞合作用应当基于本地区的区位优

① 谷海洪.基于网络状主体的城市群区域规划政策研究[D].上海：同济大学，2006：99，114.

势和比较优势，企业通过市场机制配置资源，决定区域产业分工。但目前太原都市圈仍处在市场机制不完善的转型期，中央政府和地方政府是区域发展合作的推动者和引导者，政府充当了经济管理者、竞争者和合作者的角色。高校、科研院所等社会部门参与促进了区域内的技术联系，行业协会等社会部门参与促进了本地区以及地区之间的企业联系，为沟通企业与政府方面发挥一定的作用。这既不同于自上而下的完全取代机制作用的计划过程，也有别于自下而上的完全自由化过程[①]。图7-3描述了都市圈内外竞合发展的多元政策主体的网络化关联作用。都市圈规划将主要依赖于强化区域内不同等级政府间的横向协调网络关系和功能，以不同城镇为主要载体，以区域性基础设施网络化为基础，以区域市场条件下的产业政策导向为核心，以协调不同行政辖区利益为纽带，主要从功能（物质层面）和制度（社会文化层面）两方面来谋求区域多方共赢。在未来较长一段时间内，太原都市圈内外网络化政策主体的行政力量与日益强大的市场力量共同构成其与外部区域竞争性合作的推动力。

在市场化改革中，政府的作用必须建立在促进区域经济协调发展的市场机制基础上，不同层级的政府角色功能定位不同。具体来说，中央政府起到宏观引导作用和推动作用，是作为管理者角色出现的，在政策制定方面应当为区域合作提供宏观规划、建立交流平台，构建各大城市群良性互动机制和公平竞争政策，协调下一级政府之间的行为，促进形成东、中、西部地区分工合理的多元化产业区域布局。地方政府在区域发展合作中既是竞争者，也是合作者，争相制定优惠政策吸引人才、资金、技术等要素流动；其中省级政府在其省会都市圈规划中突出区域内发展合作的重要性，并提出一些具体的政策措施，同时建立跨行政区域的论坛与交流机制，沟通信息，寻找区域合作的契机；而区县政府介入区域合作体现在弱势地区向强势地区主动靠拢的特征。在经济全球化和区域经济一体化的趋势下，在参与全球产业分工过程中，各省区政府之间的相互协调合作主要体现在为区域产业活动提供完善、发达的基础设施环境，为产业的协作和协同发展建立制度性市场规划，提供经济运行的秩序，环境污染的共同防治、城市空间的布局协调、区域发展目标的共建、区域政策的一体化等方面。协调的重点空间分布在城市间的邻接地带、区域的生态敏感空间、区域的基础设施走廊等方面；协调方

① 殷为华.基于新区域主义的我国新概念区域规划研究[D].上海：华东师范大学，2009，5：101，110.

法主要是完善区域协调的政策机制，加强制度创新，以体现太原都市圈在政策机制上的先进性和改革的先导性。

7.2 中观层面——优化太原都市区网络化空间

都市圈是一个复杂的开放巨系统，其发展环境随着全球化的进程与区域开放程度的增加而日益形成网络化体系，其发展潜力不仅取决于该都市圈核心城市的整体规模和腹地大小，也取决于都市圈内部城镇之间相互作用的强度和协同作用的程度。都市圈发展的决策者在对未来种种发展的不确定性中，需要主动寻找对区域发展最有利的空间关联网络，并提出相应的互动策略。

太原都市区是太原都市圈发展的核心圈层，包含太原市城六区、晋中市榆次区、清徐县和阳曲县行政管辖范围，是中心城市太原的直接影响圈和日常通勤圈，在这个圈层内，城市之间各种生态流联系非常紧密，交通十分便捷。太原都市区规划为国家能源服务及创新中心，全国重要先进制造业基地和文化旅游基地，国家资源型经济转型综改试验示范区，太原都市圈新型城镇化的核心主体和引领中心。近年来太原市与晋中榆次区的建设用地在空间上逐渐形成城际连绵，太晋网络化趋势尤为明显。从功能角度分析，太原与榆次衔接区域的产业园区发展、保税物流以及教育科研等功能逐渐趋于同城化，太晋公共中心、专业中心体系也同样呈同城化方向发展。太原都市区的网络化发展已经具备基础，但受行政区划影响以及太榆现状衔接道路较少，从而形成连而不合的状态，目前亟需形成网络化发展的具体行动指南。

7.2.1 现实思考：太原都市区网络化的发展必然

（1）历史渊源

历史上晋中一直属于地域概念，泛指晋中盆地，又称太原盆地。太原作为统辖这一地域的首要州府，自古与晋中腹地各县行政区划一体，经济联系密切，文化源流交融，有着深厚的依存基础。晋中盆地早在上古时期就已有人类活动，商代后期便出现了城邑，春秋时期开始设立县一级建置。但是地处晋中盆地各县也始终隶属太原、上党、乐平、并州、辽州、汾州等郡州，分而统辖治之。在农耕经济占主导地位的中国古代和近代，因受车马交通方式的制约，州府行政区划的辖区和范围不大，州府之间的距离也不可能很远。各代在山西境内设立的州、郡、府的数量一般都不少于10个。其中初唐时设立18个、盛唐13个、五代17个、宋代14个、元代14个。设立州、府数量最多的金代曾经达到过26个，明代和清代也都分别达到25个和23个。即使如此，晋中在历朝历代的地方行政区划中，也从未作为独立的州、郡、府一级建制存在。可见并非历史疏忽，而是行政管理与经济区划上没有将晋中地区单独设立州府一级建制的必要。

抗日战争爆发后，随着革命斗争的需要，在今晋中地区周边建立了晋绥、晋察冀和晋冀鲁豫边区抗日革命根据地。晋中地区各县仍然分别归属三个根据地管辖。直到1948年8月15日才正式成立晋中行政公署，不久于1949年2月并入太原市政府。在计划经济体制下，太原市除了省会地位以外，作为一级政府仅仅具有管理本市区内行政事务的权责，已经完全失去了历史上曾经拥有过的强大的行政管理职能。其周围各县则直接隶属省政府管辖，由省政府派出行政公署代行管理，于是形成了以管理农业经济为主的地区行署和以管理工业经济为主的地级城市并存的行政区划制度。在这种制度下，1949年9月先是设立山西省人民政府榆次区行政督察专员公署，下辖榆次、左权、和顺、昔阳、平定、榆县、寿阳、榆社、太谷、祁县、平遥、介休、灵石13县以及阳泉工矿区。1958年11月又将榆次专员公署改称晋中专区，辖7县2市。1972年3月阳泉改为省辖地级市，晋中专区复辖前列13县，始有今日规模。其中将榆次县改成了县级市。1978年5月成立晋中地区行政公署。1999年9月撤销行署，改设晋中市，市政府所在地设在了榆次。

实际两千多年的历史中，无论在地缘关系还是在经济文化渊源上，榆次都与太原保持着相互依存的紧密联系。榆次位于太原东南25公里，自古即为并州门户。春秋时为晋大夫知徐吾采邑，古称涂水乡。战国属赵。西汉置榆次县，属太原郡。两晋时期属于太原国，又分余地为寿阳县。后魏太武时省入晋阳。北齐省入中都。隋开皇初复用旧名榆次，继续归属并州。唐及五代因袭之。宋灭北汉毁晋阳城，曾徙并州治所在此。金大定中以其地广民众，割其土地人口分别划入寿阳、平晋（今太原小店大马村附近）、太谷、徐沟、阳曲等五县。元、明、清各朝因袭未变，所不同的是太原辖区范围有了更大的拓展。

据现存最早的《太原府志》（明万历年修）记载，明代时太原府辖区的范围广袤，领有五州二十县：平定州、忻州、代州、岢岚州、保德州和榆次、阳曲、太原、清源、徐沟、太谷、祁县、交城、文水、寿阳、盂县、静乐、河曲、乐平、定襄、五台、繁峙、崞县、岚县、兴县。相当于今天的太原市、阳泉市、忻州市全部和晋中市、吕梁市大部分县域。在所有这些州、县中，距离太原府最近、联系最密切、能够称之为“并州门户”的县就是榆次。《太原府志》如此描述榆次的地理形势特征：“罕山北峙，涂水南潆，左枕太行之麓，右跨汾水之滨，重以深沟巨涧，极其险阻。而曲寨悬窑，又促为避兵之地。”太原三面环山，唯有南面地势开畅，无险可守。位于东南六十里的榆次城恰是西出太行崇山峻岭进入晋中盆地开阔地带的第一个城邑。近代正太铁路和同蒲铁路修用后，榆次进而成为对外交通的枢纽。地处要冲的区位条件和地理形势决定了它拱卫并州的战略地位。所以历代行政区划一直把榆次置于太原统辖。就连宋太宗灭北汉收晋地之后，毁掉具有千年历史的晋阳古城，曾一度选择了榆次作为并州州治的所在，也是这个道理。直到近代中国，阎锡山以重兵驻防榆次，人民解放军解放太原时首先在榆次一带展开激战，夺取了晋中战役的胜利，然后才得以攻克太原。足以说明榆次和太原唇齿相依的关系。自古以来，太原不仅与榆次，且与晋中腹地各县的经济联系密切，文化交流频繁，有着深厚的依存基础。可以看出，太榆两地的一体化发展有着深厚的历史基础。

中华人民共和国成立后，随着大规模的经济建设，太原成为我国北方重要的工业城市。“一五”期间，全国156个大型重点骨干项目中有11项安排在太原市。同一时期经纬厂、石油库、五二五库、电缆厂、一七二库、一七五库等一大批大型骨干企业在晋中市榆次兴建。此后晋中榆次铁路编组站的建成和108国道、太原至石家庄高速公路的建设和武宿机场的扩建，进一步加强了晋中市区作为省域中心城市太原的门户地位，使晋中市区和太原同步、协调、网络化发展的趋势已成必然。

（2）现实要求

太原成为独立辖区后在行政区划制度分隔下，随着现代生产力迅速发展以及产业聚集和人口增加，太原行政辖区的地理空间对其发展的掣肘也就显而易见。首先太原地处生态环境脆弱的黄土高原地区，环境承载能力较差，生态系统结构紊乱，在独特的地理环境下，典型的工业围城空间布局以及多年来对煤炭等资源的初级低效利用和粗放的经营方式，导致水资源严重超采、土地资源锐减、环境容量有限，自然生态系统受损和环境污染加剧，已经危及生态环境的安全和人文生态的延续，使可持续发展面临着潜在的危机。其次太原现状中心区人口密度过大，发展腹地严重不足，以行政范围为界限的规划导致土地紧缺与低效利用并存。另外，城市功能的高度密集已使基础设施不堪重负，缺少统筹与衔接的区域基础设施条块分割，影响了城市正常运转，难以进一步完善和加强其区域中心的职能。上述问题仅靠太原自身的资源禀赋显然难以解决，因为太原市北有太钢，东西两面是山，南面地域狭小，发展空间十分有限，行政辖区不过6988km^2，且平原谷地仅占其20%。有限的城市发展空间资源严重制约了它在区域经济中充分发挥中心城市的职能。今后城市向南发展几乎是太原唯一的选择。

太原与晋中之间的空间距离25公里，但实际上它们之间的城市分界点应当在距离太原市区约13.7公里处，太原的城市腹地距离晋中市也只有不到8公里，而且晋中市人口密度相对较低，水资源、土地、矿产资源丰富，拥有太原市发展的理想空间。随着最近几年太原市产业转移与城市建设的发展和太原城市规模的不断扩大，晋中市区所处的太原盆地南部地区将成为太原新一轮城市拓展的主要方向，并有必要借鉴西咸一体化、广佛同城化的拓展方式与理念，这也将更加有利于形成太原都市圈核心圈层。

对于晋中市区来说，由于太原—晋中产业结构相似性较强，容易出现产业发展区域化倾向，加剧了太原—晋中之间的合作与竞争的发展态势。空间网络化发展能促使双方人流、物流、资金流、技术流等要素流动的加快，有利于利用太原优越的技术创新、人才、市场等优势，对于榆次增强自主创新能力、扩大企业规模、加快第三产业发展等有着巨大的促进作用。因此，太晋空间网络化发展对双方而言是互利共赢的，太原与晋中二市正在发展成为具有一体化倾向的都市功能地域。

目前都市圈的核心城市太原—晋中市区分属两个行政区，而随着山西省大学城在晋中的选址落地，太原的教育、居住、产业已经开始逐步向晋中转移。太原与晋中空间相向、连绵、无序发展，功能组团分工不清晰，缺乏协调，道路不畅，问题日益突出，机场、铁路编组站等的分割影响到太晋网络化发展。因此要想实现整个都市圈网络化发展，首先要实现太原、晋中两地的联动。如果能够在太原与晋中之间进行必要的行政区划调整，将晋中榆次区划归太原市所辖，二者的协调自然不成问题，但从目前实际情况看，这一问题过于敏感，短期内实施的可能性不大。而太原都市圈的构建我们认为是在解决这个问题上提供了另外一种思路：都市圈的形成是经济发展的产物，原则上它不受行政区划的限制，那么在目前行政区划调整不太可能的情况下，随着我国社会主义市场经济的逐步完善，我们可以建立一整套独立于行政体制之外的都市圈内的经济运行规则，依靠市场达成区域内的资源整合，以追求区域整体效益的最大化。也就是说，都市圈的建立相当于在太原和晋中榆次之上建立了一个协调组织，两地在经济发展方面的问题统一归这一组织来协调，这当然要比紧靠太原和晋中这两个行政级别相同的单元区自发地沟通与协调要来得容易。因此，有理由这样认为，太原、晋中的行政区划改革如果把它与都市圈建设构想有机结合起来，不仅有利于推动行政区划本身改革工作的深化，而且有利于行政区与经济区的关系从上到下统一起来，从而为太原都市圈解决行政区与经济区的分歧与矛盾找到一个很好的出路。

从太原市和晋中市的相关规划中我们可以看到，几乎是在同一个武宿机场的南北净空附近，两市分别建设了属于自己的经济开发区、教育园区等等，显然是典型的重复建设。更有甚者，有时一个建设单位的同一个项目因为用地范围跨越两市的地界，不得不分别到太原市和晋中市两地的建设管理部门去办理相关手续。即便是任何一地的政府部门都能高效率地完成自己的职责，又怎么能说这一地区具有优良的投资环境？凡此种种，其不合理性显而易见，但是迄今无法解决。

太原要发展成为中西部重要的区域中心城市之一，需要晋中作为重要支撑；晋中要实现结构优化，建设商贸物流和轻工业基地，提升城乡居民收入水平和生活质量，迫切需要太原资本、人才、技术和市场支持。根本解决太晋一体化发展问题，只有采取网络化发展模式，才有可能使晋中市按照总体规划确定的城市性质，真正成为省域中心城市的副中心，作为太原市部分城市职能的补充，在城市用地功能、产业布局、基础设施等方面统筹安排。加快太晋一体化发展，可以充分发挥铁路、公路设施的交通枢纽作用，对两个城市的水资源、土地资源、旅游资源以及自然与文化遗产重新进行组合，做大做强，真正建设成为山西省社会经济发展的核心地带、区域性经济、文化、物流、旅游中心和交通枢纽，增强太原市的中枢管理和总部经济的职能。通过都市圈战略推进区域协作，有效地组织太晋一体化和整个晋中经济区的发展，完全可以避免因为触及过于敏感的行政区划调整问题而对当地的经济一体化发展造成延误。因为都市圈的建立，可以在一定程度上缓解因行政区与经济区界线暂时无法统一而产生的行政要素与经济成分的冲突，有利于行政区与经济区关系的协调。同时都市圈具有相对的独立性，都市圈内的城市和地区会在整体大于部分之和效应的引导下使相互之间的结构趋同属于合理范围，而都市圈内部则严格遵循分工与协作原则，任何不必要的重复建设都会被禁止。

7.2.2 突破选择：做大做强山西转型综改示范区[①]

2016年山西省委省政府通过的《关于建设山西转型综改示范区的实施方案》明确建设示范区的地位和作用，明确提出依托太原都市区建设示范区，是全省转型发展的重要抓手和战略支点。山西转型综改示范区是构建太原都市区网络化发展的空间载体。

（1）山西转型综改示范区的规划范围

山西转型综改示范区包含太原都市区内的太原经济技术开发区、太原高新技术产业开发区、太原武宿综合保税区、太原工业园区、晋中经济技术开发区、山西榆次工业园区、山西科技创新城、山西大学城等 8 个园区所辖区域和太原市潇河、阳曲及晋中市潇河扩展区，总面积约595 平方公里。规划形成潇河产业园区、阳曲产业园区（含原太原工业园区基础区）、科技创新城、唐槐产业园区、学府产业园区、武宿综合保税区、大学城产业园区、晋中汇通产业园区（含中鼎物流园）、晋中新能源汽车园区共9个园区。

（2）山西转型综改示范区的发展基础

第一，山西转型综改示范区是太原都市圈内最高端和最具创新能力的产业区。山西转型综改示范区现有园区已初步形成以新材料、装备制造、电子信息、生物医药、节能环保产业为主的现代产业体系。此外，山西转型综改示范区及周边地区高校和科研机构共53所，正成为山西省开发区乃至全省经济创新的主体。第二，衔接省内外的重要门户，区位优势明显。山西转型综改示范区地处全省交通要道，大西高铁、规划建设的太焦高铁、京太和太延高铁、太中银及复线、南同蒲铁路及货运专线、武宿机场、太长高速、108和208国道、316省道等区域性交通干线贯穿其中，交通设施密集。第三，太原都市区内城乡建设条件良好的区域。山西转型综改示范区是太原都市区内相对完整的空间单元，土地资源充足，可开发用地占总用地的比例达80%。示范区在土地和劳动力价格方面具有明显的成本优势，无论对工业发展还是人口集聚，较低的营商成本均具有极强的吸引力。第四，坐拥招商引智的“风水宝地”。从生态环境来看，示范区内山川秀美、景色宜人，森林覆盖率、空气、水资源质量等生态条件远优于全省平均水平。从文化底蕴来看，山西转型综改示范区所处的太原、晋中地区历史悠久，具有丰富

① 山西省城乡规划设计研究院. 山西转型综改示范区总体发展战略规划，2017.

的历史文化资源，是三晋文脉重要传承地。从宜居水平来看，太原居《中国居民生活大调查2013—2014城市幸福指数排名》第三位。第五，国家和山西省众多政策和平台的集聚地。山西转型综改示范区所处的太原市、晋中市是国家和山西省众多优惠试点政策投放地，各种政策优势为示范区的建设提供了利好平台。此外，山西转型综改示范区现有的产业园区本身也有很多国家级层面的试点平台。

（3）山西转型综改示范区的职能定位

深入贯彻“创新、开放、绿色、协调、共享”理念和省第十一次党代会创新驱动、转型升级战略决策，按照省委省政府《关于建设山西转型综改示范区的实施方案》战略部署，将山西转型综改示范区作为发挥太原都市区引领辐射带动作用的核心引擎，全省开发区改革创新的突破口，省转型综改示范区的排头兵，在产业转型、创新驱动、区域协调、绿色发展等方面先行先试，探索可推广、可复制的经验，为全省做示范、立标杆。结合山西转型发展的要求和国家战略的新趋势，将山西转型综改示范区定位为：国家战略性新兴产业新高地、中部地区重要的经济增长极和内陆开放型经济新平台、山西创新转型主引擎和体制机制改革创新的先导区。

山西转型综改示范区的主要职能包括：国家战略性新兴产业承载区、国家煤基低碳研发和科技创新中心，山西对接东部发达地区及“一带一路”的战略合作区，太原都市圈产业资源的整合提升区，太原都市区生态、低碳、智慧产业新城，在山西国家资源型经济转型综合配套改革试验区建设中发挥示范作用。

（4）山西转型综改示范区的空间布局

规划确定示范区空间结构为“两核两区多组团”（图7-4），其中，“两核”——围绕科技创新城与大学城产业园区打造科技研发核，围绕武宿综合保税区打造自由贸易核，带动现有园区向科技创新型园区升级转型与空间资源的协同整合。“两区”——即潇河产业园区和阳曲产业园区两个产业集聚区。其中潇河产业园区位于太原、晋中中心城区南部，是示范区向南的主要产业拓展区。阳曲产业园区位于阳曲县城东侧与北侧，是示范区向北的主要产业拓展区。“多组团”——分布于示范区的多个产业组团、特色小镇等。

产业方面构建“两核、两区、多板块”的产业空间布局。两核是指山西转型综改示范区重点培育的科技创新核和自由贸易核。围绕科技创新城、大学城产业园区形成科技创新核，以创建国家自主创新示范区为目标，实施创新引领战略，是山西转型综改示范区的高端人才集聚地、创新创业集聚地、新兴产业策源地，

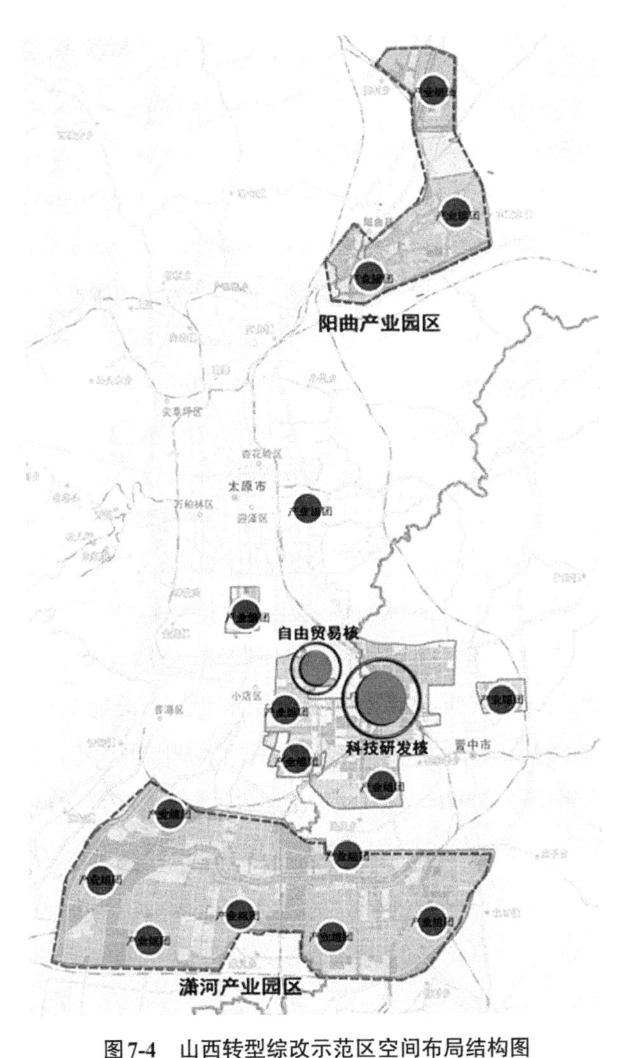

图7-4　山西转型综改示范区空间布局结构图

资料来源:《山西转型综改示范区总体发展战略规划(2017—2040)》

服务于整个山西转型综改示范区乃至全省，成为国内重要的科技创新中心。围绕武宿综合保税区形成自由贸易核，以完善武宿综合保税区功能为核心，整合周边资源，争取设立自贸区。两区即指潇河产业园区和阳曲产业园区。其中潇河产业园区重点发展新一代信息技术、高端装备制造、新能源、新材料、新能源汽车、节能环保、生物技术等战略性新兴产业、前沿先导产业、文化和现代服务业。阳曲产业园区重点发展新材料、节能环保、食品加工、现代物流等产业。多板块是指根据“统一规划、整合提升、错位发展”的原则，明晰学府产业园区、唐槐产业园区、晋中汇通产业园区、晋中新能源汽车园区等园区的发展定位及产业布局，形成多板块协同发展格局。学府产业园区板块，重点发展总部经济、大数据、云计算、物联网、文化创意等产业；唐槐产业园区板块，重点发展高端装备制造、新能源汽车、电子信息、新材料四大产业，积极布局文化创意、大数据、云计算、北斗导航产业等；晋中汇通产业园区板块，重点发展生物技术、高端装备制造、节能环保、新一代信息技术、新材料、现代物流等产业；晋中新能源汽车园区板块，重点发展新能源汽车整车制造及相关配套产业。

7.2.3 理性应对：太原都市区网络化的实施策略

（1）太晋同城化策略

太晋同城化策略不是行政区划架构调整，而是形成辐射力、扩散力与竞争力日益增强的太晋板块经济，使经济管理体制和运行机制高度协调和统一，产业、市场、基础设施、社会管理及公共服务为一体，使市民弱化属地意识，共享资源和发展成果，使经济、社会发展相融合的新型经济联合体。同城化与区域网络化在本质上同属于一体化范畴，在地域范围和网络化程度方面存在着某些差异，同城化是区域网络化的客观要求，其实质就是城市与城市之间的紧密合作，优势整合，实现关联互动发展。当前，随着我国城镇区域化和区域城镇化的快速发展，区域性中心城市对周边区域的辐射和带动作用日益明显，许多城市提出了同城化的战略构想，如陕西省西安与咸阳、河南省郑州与开封、安徽省合肥与淮南等，目的都在于打破中心城市行政区界限，通过资源优势互补、产业错位发展和基础设施共建共享等，谋求独具特色的创新发展之路，促进共同协调发展[①]。

从山西省内来看，随着全省“一核一圈三群”战略布局的深入实施，以太原晋中同城化为主体的太原都市区在全省的人口、经济比重不断提升，创新要素和高端功能不断积聚，对推动两地经济社会发展、提高群众生活水平、提升区域竞争力和影响力，带动全省转型跨越发展起着越来越重要的作用。

1）行政区划调整

尽管已经实施了近十年的太晋同城化战略，也取得了不小的实质性成效，初步实现了交通路网、公交线路、供热供气供水、电视通信、旅游金融等资源的同城共享，特别是太榆路快速化改造完成并通车，城际公交车通车以及城际轻轨等列入实施计划，同时山西科技创新城、山西高校新区、天美杉杉奥特莱斯综合体、万达广场等项目的全面建设，加快了太晋同城化的脚步，推动了两地经济社

① 姜博.辽宁中部城市群空间联系研究[D].长春：东北师范大学，2008：44.

会发展、提高了群众生活水平、提升了区域竞争力和影响力。但由于我国目前以行政区为单元的财税制度和考核制度，太原—晋中两市同城化只是由两个城市在空间地域上的相互对接所形成的同城，而不是功能一体化的同城。虽然太原晋中同城化在道路网络、公共交通、电视网络及通信网络的互联互通上做了不少工作，但除“山西科技创新城”项目之外，同城化在体制机制创新、产业协作、功能互补等方面未见实质性进展。义务教育、医疗卫生、社会保障等仍然存在地区分割，无法形成一体化的土地和劳动市场。由此导致太原都市区进展滞后于郑州、石家庄、西安、合肥等都市区构建进程，太原都市圈在与周边中原城市群、石家庄都市圈、关天城市群等竞争中不断处于劣势。

党的十九届四中全会指出优化行政区划设置、推进国家治理体系和治理能力现代化，行政区划调整通过改变地方政府的经济社会管理权限、资源配置能力等方式，成为促进城市增长、影响城市扩张的重要模式。选取京津冀、长三角、珠三角城市群作研究，三大城市群占中国国土面积仅为2.53%，却涵盖全国的19.92%的人口并创造25.9%的地区生产总值。据统计，三大城市群撤县（市）设区的城市总量达总数的13.8%（2019年），且主要集中于京津冀的北京、天津，长三角的杭州、南京、苏州，以及珠三角的广州、佛山等核心城市。此外，以中部地区合肥为研究案例。安徽省的行政区划是在沿袭历史的基础上形成的，虽然几经调整，但一直存在中心城市规模偏小，政区规模差距较大，划江而治等问题比较突出，对经济社会发展已经形成很大制约。2011年，国务院批复同意撤销地级巢湖市，将原地级巢湖市巢湖区设立为县级巢湖市，交合肥市代管；原巢湖市下辖的庐江划归合肥；无为、和县沈巷镇分别纳入芜湖及芜湖鸠江区；含山县、和县（不含沈港镇）归马鞍山管辖。行政区划调整后，合肥的面积扩大了 40%，合肥、马鞍山、芜湖三个安徽省中心城市无缝对接起来。行政区划的调整一方面更好地发挥了中心城市在区域经济发展中的凝聚能力，同时也削弱了行政区界线的刚性约束，促进了生产要素的空间流动和空间集聚，促进了空间重构与公共服务设施的优化配置，有利于城乡统筹与集约化发展。

《太原城市发展战略（2018—2050）》提出太原晋中行政区划全面调整的方案。在山西省域层面进行较大规模的行政区划调整，撤销榆次区，设立县级市，由山西省直辖，太原市代管；此外，以太原组合城市空间范围为核心空间载体，吕梁市交城县、文水县，晋中市祁县、太谷县，统一划归为太原管辖。晋中市寿阳县、昔阳县、和顺县划归给阳泉市；晋中榆社县、左权县，划归给长治市；在孝汾平介灵地区成立新晋中市，市政府设于介休市。行政区划的调整将使中心城市太原“扩容”，有利于完善区域中心城市功能，扩大辐射范围，增强省会城市带动能力，进一步做大做强太原都市圈，使山西省产生更强大的内生动力，带动山西区域经济的发展。

2）统筹协调太晋共建区空间发展

推动太晋同城化发展首当其冲应当协调太原晋中主城区和太原晋中共建区的职能定位，共同打造太原都市圈核心增长极，将太原晋中主城区打造成山西省重要的集行政、金融、商务办公、总部经济、科教等多种职能的中心，区域重要的物流中心以及全省产业转型和城市品质提升示范区；而作为太晋同城化发展重点的太原晋中共建区，将成为区域性现代服务中心、新兴产业集聚区、国际性低碳技术及煤基产业自主创新示范区和宜居城市建设主体区。潇河产业园是太原晋中共建区的重中之重，位于太原、晋中中心城区南部，其在空间上将共同构成“一带、一轴、二心、多组团”的布局结构。其中，“一带”即太原都市区规划确定的潇河生态廊道和沿潇河两岸布局的配套研发、公共服务和生活居住带；“一轴”指沿文源路打造的产业发展轴，沿轴线布局研发、金融、专业市场等功能，形成东西向拓展、跨越太原、晋中两市的产业组团链；“二心”指在太原、晋中范围内规划的一主、一次两个综合性公共服务中心；“多组团”即在潇河南、北两区，由铁路、高压线走廊和泄洪渠道等分隔成的多个工业、物流产业组团和生产、生活服务组团及村庄城镇化集中改造组团。

潇河产业园区近期开发建设的行动计划

近期以激活和打造潇河生态活力、培育壮大战略性新兴产业、构建和完善现代交通网络、推进土地整备和集约利用等行动计划和措施来推动潇河产业园区的开发建设。

1.激活和打造水脉生态活力行动计划

牢固树立“绿水青山就是金山银山”的发展理念，近期生态建设以潇河段为主，着力构筑水生态治理与水安全保障体系，重点开展黑臭水体整治、水系生态修复、岸线生态式改造等项目。

2.构建和完善现代交通网络行动计划

近期建成大运路、真武路、人民路、小牛线、姚村规划路、文源路、紫林路、汇通南路、综合通道等骨干性规划道路，并在太原、晋中起步区建设公路客运站、公交枢纽站等交通设施。依托潇河在太原起步区和晋中起步区的滨水空间进行慢行交通建设。同时启动衔接太原、晋中中心城区轨道交通系统的园区轨道交通建设工作。

3.培育壮大战略性新兴产业行动计划

近期潇河产业园区太原和晋中起步区要围绕"1+5+N"产业体系，制作"招商地图"，实施精准招商和跟踪服务，提升招商质量和效益。同时加快启动高端装备制造、新能源、新材料、新能源汽车等产业集聚区的建设。

4.推进土地整备和集约利用行动计划

坚持规划引领。以土地利用规划为指导，进一步摸清园区内各类建设用地和生态管控用地的数量，明确现有可利用的存量建设用地空间，以及未来改造后可以增加的存量建设用地空间。同时，明确土地开发和整理方案，稳步开展空间整合、资源整合等工作。

完善土地开发利用机制。优化土地利用政策，加强园区公共服务配套、基础设施等用地保障。强化土地节约集约利用，严格土地利用管理。创新土地动态监管和用地评估制度，健全低效用地再开发激励约束机制。建立项目入园联席审查制度。建立健全土地集约利用评价、考核和奖惩制度。

落实园中村改造方案。有序推进征地拆迁工作，加快开展园中村建设用地普查工作。

选自《山西转型综改示范区总体发展战略规划（2017—2040）》

（2）飞地经济策略

1）飞地经济模式

《国家新型城镇化规划（2014—2020）》提出特大城市要适当疏散经济功能和其他功能，推动劳动密集型加工业向外转移，加强与周边城镇基础设施连接和公共服务共享，推进中心城区功能向1小时交通圈地区扩散，培育形成通勤高效、一体发展的都市圈。鼓励引导产业项目在资源承载力强、发展潜力大的中小城市和县城布局，发展特色产业。教育医疗等公共资源配置向中小城市和县城倾斜，引导学校和职业院校在中小城市布局、优质教育和医疗结构在中小城市设立分支机构。把有条件的县城和重点镇发展成为中小城市。大城市周边的重点镇，要加强与城市发展的统筹规划与功能配套，逐步发展成为卫星城。具有特色资源、区位优势的小城镇，要通过规划引导、分工协作、市场运作，培育成为文化旅游、商贸物流、资源加工、交通枢纽等专业特色镇。这种不同行政区间基于优势互补和利益共享原则建立的一种跨地域空间的区域经济合作模式被称为飞地经济。“飞地经济”已经成为区域城镇体系空间结构调整的催化剂。

飞地经济模式中飞出地大多是经济发展水平较高的地区，存在土地资源稀缺、经济发展空间受限，工业产业结构趋同、生产投入成本不断增加等问题，而飞入地一般是经济欠发达地区。存在产业结构层次低、集群效应弱、竞争力不强等劣势，长期无法充分利用自身优势发展经济，造成资源浪费（图7-5）。飞地经济的主要动因是解决经济发展中的土地约束。实质是两地政府之间产业转移、招商引资方式，由点对点的企业转移转变为区对区的产业转移。飞地经济模式可以整合资源优势，绕过行政壁垒，充分发挥区域经济的比较优势，解决用地、资金、环境、招商、管理、设施等问题，促进产业集聚、结构优化升级，使土地等资源集约利用，最终解决不同区域的非均衡发展。目前我国大多采用工业园、产业园、高新技术产业开发区、物流园等模式发展飞地经济。“飞地经济”的核心在于整合资源优势，利用好比较优势，充分发挥合力。

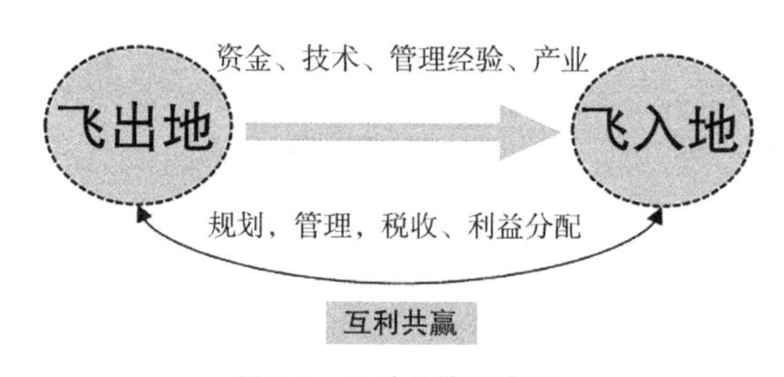

图7-5　飞地经济示意图

2）太原都市圈语境下的“飞地经济”

对比太原都市圈与合肥都市圈，太原对于京津冀与合肥对于“长三角”，无论在自然地理、交通区位、国家区域格局、城市等级规模、发展水平等方面都有高度的相似性。太原与合肥都处于世界级城市连绵区与内陆的“咽喉”位置，合肥与上海市中心距离402.7km，太原与北京市中心距离398.9km，并且两地都以特色工业和专业技术为比较优势。两地差距的关键在郊区（县）经济，2018年，合肥郊县GDP总计2926.38亿元，占全市的34%，而太原郊县GDP总计278.38亿元，仅占全市的7.2%，太原县区产业驱动不足，基础设施与公共服务滞后。

借鉴合肥二十年来的发展经验，应全力发展县域经济，重点发展飞地经济背景下的产业新区，大力推进都市区一体化，依托区域产业升级推动城市空间重构从而引领区域转型，将产业转型与国土整治、环境整治相结合。

太原都市圈语境下的“飞地经济”，指的是太原、晋中中心城区的工业园区受用地扩展限制，在阳曲、清徐等县设立“飞地”型的园区，以此来扩展自身的发展空间，并带动县市发展的经济模式。在这样的模式下，“飞地经济”成为城市空间结构调整的催化剂，中心城区空间扩展优化，县域、县城空间重构。以工业园区为核心平台，以产业链、创新链和价值链的延伸与扩展为主导，促进产业跨地区、跨行业和跨部门重组，实现产业布局新格局，形成高效集约的产业集群。在产业结构提升、产业业态多元化及产业链延伸的同时，结合“退二进三”进程，通过都市区基础设施网络化建设，增强新区城市服务功能，注重商、贸、住、行、娱多功能复合的新城发展，实现产城融合。

3）实施重点

大都市周边的郊县，经由“飞地经济”成为大都市区的组成单元。阳曲、清徐未来将发展成人口50万～60万的中等综合型城市，成为中心城区的“副城”。飞地园区的建设，应预留研发、会展、商贸等生产性服务功能，形成服务园区的中心。县城应该积极争取中心城区优质服务功能的扩散，并结合实际发展具有吸引力的第三产业，提升综合服务水平；在县城发展“飞地经济”、制造业聚集的同时，以乡镇行政区划为基础做好县域主体功能区划分，合理组织城镇体系，保护好县域生态，促进县域城镇化健康发展。

（3）“十同”发展策略

1）规划同筹

规划是建设的基础和前提，科学制定对接太原—晋中规划，是决定两市同城化对接工作成效的关键。具体包括，加强两个城市国土空间规划的相互衔接，统筹规划建设区域性燃气、供热、供电等公用设施、广域通勤交通体系和区域性社会公共服务设施。

2）制度同构

太晋区域内部行政关系较为复杂，条块分割情况较为严重，省市与不同的行业部门之间存在一定的矛盾，在地方利益、部门利益的驱使下，各种行政主体的决策都不可避免地有利己性和片面性，有可能对区域的整体利益造成危害。因此通过建立统一的、制度化的协调机构和机制来协调区域内错综复杂的行政关系对区域的整体发展而言是极为重要的，协调区域内各种行政关系和地方政府的经济行为；进行城乡户籍制度改革，双方的户口享有同城待遇，在教育、就业、医疗、社会保障等制度上享受同等待遇，充分保障两市人员的自由选择权。

3）市场同体

进一步深化体制改革，建立社会主义市场经济体制是我国经济体制改革的目标模式。从区域发展来看就是要建立统一的要素市场，实现区域经济一体化。这既是太晋同城化的基本内容，也是都市圈网络化的根本目标。区域统一的要素市场是推动区域经济一体化的基础力量，而区域经济网络化不仅是区域整体发展的重要内容，同时也是其他要素系统能够趋于整体的基础。

4）产业同链

太晋地区产业结构趋同现象十分突出，产业区内传递意识不强，阻碍了整个区域产业结构的升级。这与地方政府的短期行为密切相关，只有通过区域协调手段，从区域的整体出发制定相应的产业政策，并对地方政府经济行为加以约束，才能真正实现太晋区域产业发展的一体化目标，才能发挥带动山西省开发和中西部地区联系纽带的作用。具体措施包括：整合太原晋中双城产业发展的职能分工，加强太晋共建区的建设，促进金融保险、总部经济、文化旅游等区域高端服务功能的发展，引导都市圈产业升级，同时推动太原经济技术开发区、太原武宿综合保税区、太原工业园区、晋中经济开发区、山西榆次工业园区的分工协作，加快形成专业性产业集群，避免低水平的重复建设和同构化的恶性竞争；加快配套设施建设，推进产业对接。围绕交通枢纽，共同推动现代物流业的发展。整合太原和晋中两市的旅游资源，共建山西中部地区的精品旅游线路。在太原南部新城和晋中市榆次地区共建面向太原都市圈的旅游服务集散中心，协调旅游接待服务、旅游中介服务、信息服务和旅游管理功能。

5）交通同网

快速便捷、高效安全、互连互通、合作共享的交通网络是实现太晋同城化发展的基础。在交通运输网络建设中应树立大市场、大交通的观念，全面突破行政分割，做好规划协调，积极寻求基础设施建设股份化投资新机制，共建共享基础设施。在加强铁路、公路网络化建设的同时，充分挖掘航空潜力，建立各种运输方式联运的快速高效的综合立体交通运输网络。与此同时，还要特别注重区域内部信息基础设施的统一规划和互通互联建设，提高区域的信息化水平和信息能力。

6）设施同布

区域性的基础设施是区域发展的基本骨架，对区域经济发展产业布局有着重要的引导作用。但区域性基础设施具有很强的共有性和非排他性，因此必须从区域整体出发予以规划、投资和建设。而且区域性基础设施只有具备了整体性、网络性，才能更好地发挥带动区域发展的作用，从这点上讲，区域基础设施必须统一筹划，协调建设。太晋地区近年来区域基础设施得到了较大的改善，但总体水平仍然滞后于区域经济的发展，大力发展区域性基础设施是太晋地区区域发展能进一步趋于整体的物质基础，因此理所应当的成为区域协调的重要内容。例如，共同建设供水、供气、供热、公交等城市基础设施，对设施建设区域在土地以及环境治理方面进行政策倾斜和财政补贴，实现区域发展的公平。在两个城市共建地区应对教育、医疗、福利等民生设施进行统一的协调规划与建设，并共同协商分担建设产生的费用与支出。

7）环境同治

环境和资源是区域发展的依托，太晋地区本来就是一个资源相对匮乏的地区，环境的承载力十分有限。由于经济外部性的原因，这两者在区域经济发展的过程中，也是最易遭到破坏的。近年来，太晋地区的环境污染状况和资源的危机已经证明这一点。环境的治理、资源的保护是区域性很强的事务，要达到预期的效果，就必须改变目前“下游治理”、“上游污染”，各自为政、分散治理的局面，对环境治理和资源保护采取统一的规划，协调的行动。只有这样，才能切实地改善区域环境质量，缓解资源危机。在太晋同城化进程中应当共同划定城市生态环境控制分区，共同制定环境控制目标、要求和环境保护措施，加强产业园区的环境分级控制，强化对环境污染的同防同治，维护两个城市的共同环境利益。

8）生态同建

推进区域生态文明建设，共同做好东山地区的天然保护林、生态公益林的建设工作，加强绿化建设，做好水土涵养工作，大幅度提高森林覆盖率，搞好城市绿化和绿色通道建设，营造良好的区域生态环境；共同划定城市周边区域的景观生态结构，提出一体化的建设目标；建立生态环境保护基金，在区域内实行生态补偿机制。

9）信息同享

建设两城市互通互享的信息通信网络，建设面向两城市的大容量高速传输网络，建设太原晋中信息交换中心和公共信息服务网络平台，实现信息资源的互联和共享；推行都市圈社会保障信息系统联网，建立统一的数据库，促进社保制度协调配合和社保关系无缝转移、接续。

10）科教同兴

整合两城市科技资源，网络化链接知识创新系统、技术创新系统和社会化服务支撑系统，建设科技文献资源开放共享服务平台，建立开放的人才流动机制；省政府应当积极促成都市圈各城镇签署有关人才工作一体化和科技合作的“框架协议”。两地联合开展职业教育基地建设，有针对性地加强专业技能培训。

7.3 微观层面——完善太原城乡网络化发展

在都市圈网络化发展的进程中，城与乡即节点与面域的关系是都市圈可持续发展的重要组成部分。改善城乡关系，加强城乡联系和城乡要素流动对于城市和乡村都是十分重要的，其目的在于实现共同繁荣和发展。城乡网络化是城乡统筹的空间组织模式，是城乡之间在基础与结构上发生根本变化的城镇化过程，它包含各种资源、资本、制度全方位的配置与调整。城乡网络化发展模式是城乡一体化的实现过程和发展模式，强调城乡之间的关联互动和分工协作，旨在通过建立城乡之间相互作用的基础设施、产业分工、文化旅游等网络系统，实现城乡之间功能互补、整体优化、共建共享的交互式增长。同时，城乡网络化也可作为一种发展观念来指导城乡空间体系优化的发展方向，从而推动城乡之间协调和经济社会统筹发展，最大限度地提升城乡聚落的空间关联性。本节以太原市城乡发展研究为例，从城乡关联的角度出发，探讨都市圈城乡网络化发展的路径和策略。

7.3.1 现实思考：解读太原城乡网络化发展现状

（1）发展现状

太原市是典型的工业城市，辖区面积6988平方公里，2018年末常住人口442万人；其中：城镇人口375万人，乡村人口67万人，农村劳动力从业人员 49万人，城镇化率84.8%。太原市下辖52个乡镇，925个行政村，乡镇平均辖区面积116平方公里，平均人口为1.96万人；行政村平均辖区面积6.52平方公里，平均人口为724人。太原市耕地面积总量175万亩，其中水浇地75万亩，坡耕地100万亩，丘陵山区占80%。太原市第一产业增加值40.82亿元，GDP占比1.2%，农民人均可支配收入16860元（全国平均14617元，山西平均10737元）。近年来随着新型城镇化的推进、城镇基础设施的改善，太原市城乡关系日益密切，原有的城乡分离、甚至对立的状况逐步得到转变，建立城乡资源共享、协调发展、利益共享的互动关系成为城乡发展的新任务。

（2）城乡网络化发展评价[①]

为了更全面地了解太原市乡村发展状况，特别是城乡之间关系的发展状况，基于第6章都市圈网络化发展价值导向，构建以城乡网络化发展水平为指标的评价指标体系（表7-3），经专家调查并赋予各指标相应的权重从而进行计算和量化分析。利用AHP方法，采用《2018年太原市统计年鉴》数据，通过无量纲化处理、标准化处理，采用分段赋值和极差标准化相结合的方法。同时，对太原市进行了城乡发展抽样调查，选择典型乡镇进行问卷发放或由调研人员采取一对一访谈的形式，回收的有效问卷共计100份，通过对这些问卷的分析，可以比较准确地把握太原市城乡发展的现状问题。太原市城乡网络化发展评价如图7-6所示。

城乡网络化发展评估体系 **表7-3**

准则层	子系统层	权重	指标体系层			
			主因素层	权重	子因素层	权重
城乡网络化发展	规模适宜度	0.3	开发程度指标	0.09	城镇面积比重	0.04
					地区人均拥有土地面积	0.05
			经济增长指标	0.12	城乡居民人均收入比	0.07
					非农产值占GDP的比重	0.05
			人口规模指标	0.09	城镇人口比重	0.04
					非农就业人数占总就业人数的比例	0.05
	社会协调度	0.2	生活质量指标	0.06	城乡居民恩格尔系数比	0.03
					社会低保覆盖率	0.03
			城乡和谐发展指标	0.08	城乡居民人均文教娱乐支出比	0.04
					城乡千人拥有医生数比	0.04
			科技创新发展指标	0.06	科学技术支出占财政收入支出比例	0.03
					文盲半文盲占15岁及以上人口的比重	0.03
	空间关联度	0.3	城乡功能协调程度指标	0.14	大中小城市分别占城市总数的比重	0.08
					地区工业专业化指数	0.06
			城乡空间联系程度指标	0.16	城乡交通网密度	0.10
					人均公路里程	0.06

① 卞坤.城乡网络化发展评价及规划策略研究[J].中国工程咨询，2020，3（238）：69-75.

续表

准则层	子系统层	权重	指标体系层			
			主因素层	权重	子因素层	权重
城乡网络化发展	环境持续度	0.2	资源节约发展指标	0.08	水资源循环利用率	0.04
					土地闲置率	0.04
			环境友好发展指标	0.12	环境空气综合污染指数	0.06
					污水处理率	0.06

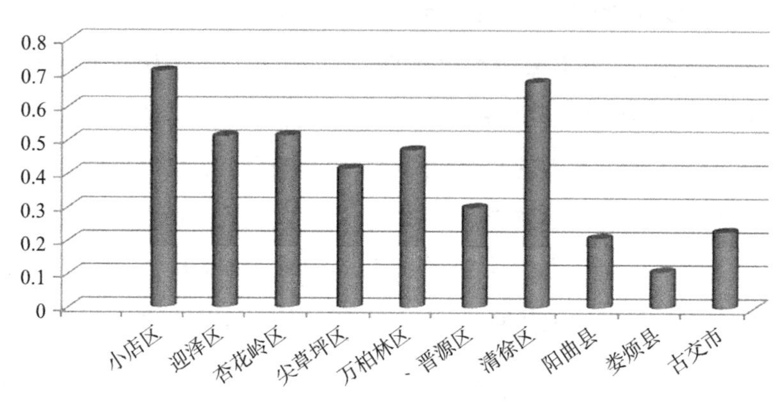

图7-6 太原市各县区城乡网络化发展水平

从评价结果上看，将太原市10个县级行政区域城乡网络化发展水平划分为三种类型：一是快速发展型，包括小店区、清徐县，该区域城乡网络化发展水平大于0.6，成为太原都市区城乡一体化发展的加速区。小店区、清徐县位于较为平坦的南部区域，是太原市远期的主要发展区域，所属乡镇总体发展水平较高，城乡物质、能量、信息及资金等资源要素流动的通道较为完善，生态要素整合速度较快，应进一步发挥本区域与周边区域的联动作用。二是一般发展型，包括万柏林区、迎泽区、杏花岭区、尖草坪区，该区域城乡网络化发展水平在0.6～0.3之间，该类地区城乡网络化发展水平中等，所属小城镇仍处于要素积累阶段，难以发挥对农村地区的辐射带动作用，也难以体现小城镇作为周边农村和城乡联系纽带的功能，应从传统粗放型模式加速向高效集约的可持续发展模式转变。三是缓慢发展型，包括晋源区、娄烦县、阳曲县和古交市，该区域城乡网络化发展水平不高。首先，该区域城乡居民点数量多、规模小、空间密度大；城乡人口流出严重，空心化现象显著；城镇产业依赖煤炭工业，产业结构单一；乡村集体经济薄弱，缺乏发展动力；小城镇基础设施匮乏，服务能力薄弱。其次，多山的地理条件使得很多区位条件偏远的小城镇发展受限。第三，近几年太原周边县市产业园区的起步发展使得郊区和邻近的乡村地区生产、生活废物排放量增多，郊区作为城市生态系统的绿肺功能持续退化。整体来看，太原市各县区间城乡网络化发展水平差异较大，小店区存在明显优势，娄烦县、阳曲县和古交市相对基础较差，存在较大提升空间。同时城区内部也存在较大差异，后续应分类区别对待，并在各方面分类引导，因地制宜进行提升，不可一刀切。

（3）原因剖析

太原市城乡产业的融合度低，城乡之间尚未形成产业互补的合理分工格局。太原周边郊县现代农业发展不断推进，现代农业发展成果明显，土地规模化经营、退玉米、增花卉、增稻谷成效显著，南部清徐紫林、水塔醋厂远近闻名，晋祠大米种植也在逐渐恢复。2018年全市休闲农业与乡村旅游经营主体641个，其中农家乐483个，休闲观光农园（庄）158家，国家级休闲农业示范县2个，示范点3个，星级示范企业8个，山西省级示范县2个，示范点8个，接待游客390万人次，年营业收入3.85亿，吸纳劳动力1.31万人。但从整体来看，除了醋，其他农业品牌还未成功崛起。农业品牌、农业生产、加工业和休闲产业还未实现有机结合，农业种植与观光休闲仍处于起步阶段，农村休闲产业缺乏层次，品质单一，城乡产业发展仍然相对孤立状态。城市与乡村地区经济技术联系不够密切，资金、技术、人口、产业等要素的空间配置不合理，空间流动微弱，尚未形成产业互补的合理分工格局。

城乡之间交通网络建设滞后，导致城乡空间组织结构松散、组织化程度低，严重影响了中心县城的集聚和扩散作用，不仅导致空间要素的重复配置和浪费，而且造成城镇化规模经济的低效运行。从缓慢发展型的晋源区、娄烦县、阳曲县和古交市来看，由于村庄空间布局分散，而在户籍制度和行政区划的约束作用下乡镇企业大多就地办厂，逐渐形成了具有分散性的农村工业化，从而导致小城镇不发育或城镇服务半径和人口规模过小，反过来这种发育不完全的小城镇也难以为农村工业化和农村城镇化提供应有的支撑作用。

此外，农村生态环境失调现象严重。位于县城外围的城乡接合部，人流、物流、信息流、能量流密集，生态环境治理上又属于城区和郊区均不便管理的地段，具有城镇和郊区“双重”的生态环境问题，城乡之间污染扩散与生态净化脱节。乡村地区农民建房用地大幅度增长，而乡镇工业的发展，一方面使得乡镇企业用地不断扩展，侵占了大量的农村绿色空间，另一方面由于采煤、炼焦、炼铁、造纸等污染型乡镇企业“遍地开花”式发展，造成矿产资源的严重浪费、生态环境的过度破坏，弱化了农村应有的生态还原功能，导致农村生态环境的严重失调，造成了严重的生态环境问题，破坏了乡村作为自然生态系统的基本特性。同时，在城镇产业结构和空间结构调整过程中，由于环境管理和技术改造方面的原因，出现了污染转移的问题，郊区和邻近的乡村地区生产、生活废物排放量增多，郊区和农村作为中心县城的“绿肺”及生态系统的“还原器”的功能持续退化。

7.3.2 规划引导：探索城乡网络化发展策略①

在完全市场经济条件下，城乡关系取决于城乡之间的经济联系状况，如城乡之间经济要素的流动性、通达性等。在我国，长期以来受计划经济体制的影响，行政体制因素对城乡关系的影响相当深刻，同一行政区划单元内由于行政上存在隶属关系，经济联系较为密切。不同行政单元之间，经济联系则相对较为松散。当今城市发展的区域城镇化和城镇区域化特征使得城镇逐渐突破行政管辖范围而与周围乡村连成一片，产生城乡界限模糊的城乡混合发展区，其实质体现了城乡发展的要求和趋势，即城乡网络化关联发展。推动城乡网络化发展的一个因素在于规划引导作用，规划引导的主要内容就是通过对城乡空间联系（城乡城镇体系网络构成、基础设施建设等）和功能联系（经济联系、社会联系等）的引导，促进农民向集中居住区、从业人员向非农产业集中，促进城市服务、现代文明向乡村地区扩散，在城乡网络和点轴复合结构模式下，形成错位发展、功能互补、分工明确、联系紧密的城乡有机整体。

（1）城乡产业网络化发展

对于一个网络化结构而言，中心节点功能的正常发挥有利于整个网络结构要素的高效流动与互动，中心节点发挥着组织、协调各级空间单元的枢纽作用。城乡产业网络化发展策略就是通过发掘县域区位优势和资源比较优势，鼓励支持县域特色产业发展，拉长产业链，主动承接太原市的产业转移，以产业带动县域乡村的发展，以城市的繁荣带动乡村的繁荣，以乡村的兴旺为城市的进一步发展提供广阔的空间，进而形成城乡网络化发展的良性循环机制。

1）落实对接省级产业战略

依托山西转型综改示范区，引领产业转型发展；以建设特色农业强省为目标，拓展城郊农业和有机旱作特色农业；积极对接建设山西农谷，推进功能农

① 同济大学，太原市城乡规划设计研究院.太原市城市发展战略暨总体规划前期研究，2017.

业，建议将清徐的西谷、王答、徐沟、集义、孟封纳入山西农业建设整体布局中，作为太原地区的展示示范基地；依托全域旅游，将乡村旅游和休闲农业作为全域旅游的一个重要环节，融入其中，谋求建设旅游强省，这也是乡村振兴的重要支撑。

2）挖掘村镇发展动力，促进城乡产业联动发展

夯实城市工业基础，优化村镇产业发展空间，系统推进农业现代化，实现乡村地域的产业融合发展。优化调整整体产业结构，由传统农业向大农业转变，实现一二三产深度融合。以绿色蔬菜、特色水果、优质杂粮和健康养殖为重点，以药材、花卉、坚果等为特色，优化农业供给侧，发展优质、特色农作物及经济作物种业，做优一产。以食醋酿造、肉制品、乳制品等精深加工为主导，做强二产。以农产品流通集散和市场营销为中枢，构建"市—区（县）—乡镇—中心村"四级产品销售及流通体系，做活三产。以创建"太原市都市现代农业多功能示范区"为引领，探索推进农工融合、农商融合、农旅融合等多种模式，大力发展特色农业、休闲农业、观光农业、体验农业、乡村旅游等，鼓励发展订单直销、农村电子商务等新业态，推进三次产业的深度融合。

3）依托新载体新模式，培育新产业新业态

依托现代农业产业园、科技园、创业园、农产品加工园区、农村产业融合发展示范园等，打造农村产业融合发展的平台载体，促进农业内部融合、延伸农业产业链、拓展农业多种功能、发展农业新型业态等多模式融合发展。加快培育农商产业联盟、农业产业化联合体等新型产业链主体，推广"生产基地+中央厨房+餐饮门店"、"生产基地+加工企业+商超销售"等产销模式，打造一批产加销一体的全产业链企业群。推进农业循环经济试点示范和田园综合体试点建设。加快培育农业特色小镇，在有条件的地区建设培育商贸特色小镇，推动农村产业发展与新型城镇化相结合。推动和培育农业特色小镇、商贸特色小镇。

大力推进农村电商发展。促进农业经营主体、加工流通企业与电商企业全面对接融合，推动线上线下互动发展，打通农产品销售渠道，提升农产品附加值。支持乐村淘、贡天下、晋农特等40余家电商平台开展业务，培育具有地方特色的农村电商企业。推广阳曲县"信息进村入户"典型做法和示范经验，圆满完成全市信息进村入户工程。推进新型农业经营主体对接全国性和区域性农业电子商务平台，完善农村电商配送及综合服务网络。促进智慧农业大力发展。将智慧农业运用到太原农村农业电子商务、食品溯源防伪、农业休闲旅游、农业信息服务

等方面。可将种植场、养殖场（自养或合同户）、屠宰厂、食品深加工厂、冷链物流、配送和销售等业务环节全部纳入实时管理、监控和大数据分析系统。构建“网—市—店”三级体系，将网络建设为平台，农贸市场是农产品承载点，通过供销社、信息中心销售，通过智慧系统连接农场和餐桌。促进太原市智慧农业发展，大力开展“互联网+现代农业”行动，发展数字农业，实施智慧农业工程，推动各类信息技术在农业的应用。

4）大力发展休闲观光农业

加快乡村产业融合及旅游转型发展。提炼乡村旅游核心特色，确定以山水人文、晋韵田园为特色的乡村主题。建设国家级、省级、市级休闲农业与乡村旅游示范点。加强旅游业与农业、林业、水利、工业、科技、文化、体育、健康医疗等产业的深入融合，积极发展多种旅游业态。大力发掘三晋历史文化的深厚底蕴，提质增效，大力发展观光、休闲、度假、体验、森林康养等多样化、多层次旅游产品，打造一批精品旅游线路和世界知名旅游目的地。深度挖掘乡村文化内涵，突出乡村生活、生产、生态特点，结合农业现代产业园主题建设，精心打造一批形式多样、特色鲜明的旅游景观及景点。

深入挖掘乡村旅游休闲资源，打造省会城市休闲农业品牌。依托太原特有的东西两山和汾河生态文化资源优势，将乡村旅游资源串点连线，扩线成片，打造乡村旅游精品线路。尖草坪、万柏林、晋源等区形成西山山水人文休闲带，清徐、小店等区县形成南部平原醋都葡乡田园风光体验带，阳曲县形成北部黄土风情农耕领略带，娄烦、古交等县市形成汾河水源度假带，以及娄烦云顶山、汾河水库为主的西部自然风光游览带、东山文旅康养带。

全方位优化太原乡村旅游空间布局，构筑“一环一带六线三区十六景”空间格局。一环：西山、北山、东山生态旅游环。太原三面环山，森林围城，城在山中，山在城中，景色宜人。优美的自然景观，厚重的历史文化，构建了太原旅游业发展的文化生态景观环，也是城市生态环境保护的绿色屏障。精心打造城市边山旅游文化生态景观环，构建科学合理的城乡旅游新格局，是旅游业创新发展的必然趋势。西山是环城绿色生态的重点休闲区域，是境内外观光游客最为集中且旅游吸引物分布最为密集区域，是彰显“唐风晋韵·锦绣太原”历史文化特色的主要载体。北山是发展环城旅游的重要纽带，聚集了北部区域青龙古镇等重要的人文生态旅游资源。东山是红色文化的核心承载区，具有“红+绿”特色，是打造红色文化记忆的旅游胜地。

（2）城乡公共设施均等化发展

1）形成多方式、多层次、多功能的城乡现代综合交通网络

形成以高速公路、铁路和航空等交通大通道为依托、普通国省干线公路为骨架、农村公路为脉络的快速交通格局，实现运输与服务一体化，强化高速公路对周边农村经济发展的带动作用。完善国省道干线骨架网络，国省道干线是实现乡村地区对外路、产业路、旅游路等的根本依托，其规划建设必须以未来城乡发展重要通廊和节点为依据。持续提升农村公路建设，村村通是基本目标，最终目标是以运输为载体，推动城乡交通运输与供销、旅游、电商等资源共享，实现优势互补和融合发展，服务城乡一体化。谋划“全域公交”、“全域客运”，构建市区城市公交系统、市区至县城城际公交系统、县城至乡镇城乡公交系统、乡镇至行政村通村客运系统。加快集客运、货运、邮政于一体的乡镇综合客运服务站点建设，交通规划明确服务半径、留足建设场地。

2）构建基于“中心城市—小城镇—乡村”的“三圈”公共服务体系

一方面，完善中心城市的高等级公共服务设施职能，并鼓励通过贫困人口的建档建卡与户籍制度改革，异地医保、异地社保等兜底政策的完善，引导各类高等级公共设施向贫困地区开放。另一方面，加强基本城乡公共服务设施的均等化布局，建构服务本地城市基本生活服务圈体系。

城市通勤圈：以小汽车行驶30分钟（60公里）为临界值，构建中心城区通勤圈。中心城区辐射范围着重于中心城区及周边，三县一市地区围绕县城及市区，形成县市的中心服务体系，城市中心依据城市中心体系确定。在整个市域来看，需要构建以中心城市为公共服务中心的城市服务体系。

小城镇服务圈：以电动车行驶30分钟，即15公里为临界值，构建小城镇服务圈。可以看出，小城镇沿交通干道拓展服务范围，各城镇服务相对均衡，部分中心城镇并无更大的服务范围。而在行政区划边界地带，城镇往往辐射不到。因此需根据乡镇评价筛选综合实力强的中心镇。在此基础上，能够服务较多村庄的城镇，更适宜成为区域中心城镇，而偏远地区服务相对较为稀疏的城镇，更宜重新考虑其服务功能，以此构建小城镇基础服务体系。

乡村生活圈：通过以中心村电动车行驶15分钟距离的临界值构建生活圈，进一步得出乡村地区活动范围。我们认为乡村社区存在基础生活圈、通勤（劳作）生活圈、扩展生活圈三部分，而活动频率也逐级降低。相当数量的村庄并不在中心村的生活圈范围内，可见一般村庄有着较为封闭的生活范围，其与中心村

之间的往来并不密切，发展相对孤立。

将日常出行的“通勤圈”、多级服务的“服务圈”与日常活动的“生活圈”范围相叠加处理，得到城乡生活的活动圈，该活动圈密集度也能够代表一定程度的城乡的基础设施网络化发展水平。同时可以得出，中心城市周边的活动圈覆盖最为全面，也客观反映出其生活的相对便利性；古交东部近中心城区周边区域也覆盖较为全面，围绕中部市区、南部城镇群形成了两处较为密集的覆盖区，北部则覆盖相对稀疏；阳曲西部和东部存在一定的覆盖欠缺区域，中部相对较好；娄烦形成了以县城及周边镇为核心的覆盖区，但不够密集连片，其北部地区覆盖尚不足；清徐则在东南部覆盖相对稀疏，西北部较为密集。在活动圈覆盖之外的乡村居民点以及覆盖稀疏的城镇居民点，将是重点考虑优化的居民点类型，亦是保持乡村性的重点选择地区。

（3）城乡生态流网络化发展

城乡生态流要素可分解为人力流、物质流、技术流、资金流和信息流等单项要素的流动。城乡网络化发展的目标，政府要争取获得授权实施更为大胆和系统的改革，完善配套措施，促使城乡生态流要素在城乡市场间的合理流动。以土地管理制度创新为基石，促进人口、物质、技术、资金和信息等依附于土地价值的要素逐渐实现自由流动。

1）促进土地流动的高效保障

切实推进农地整理，盘活乡村土地资源。从中国特色的土地制度角度看，土地整治是实现城乡网络化发展的重要通道。推进城乡要素自由流动，实现城乡网络化发展的根本出路在于通过各类资源尤其是土地资源的有效整合与合理配置，提高利用效率，实现以城带乡，以点带面，城乡共同发展。当前城乡壁垒难以打通的突出表现如下：在土地利用上，工业化、城镇化加速发展的用地需求与耕地保护的矛盾日益凸显；城镇发展用地紧张与无序扩张问题并存；农村建设用地布局分散、利用粗放；外出人口多，宅基地空置率高，布局零散，占地大；城乡土地二元的管理机制阻碍城乡的协调发展。

《山西省国家资源型经济转型综合配套改革试验总体方案》明确提出改革完善土地管理制度的体制机制创新。一是节约集约利用土地。坚持最严格的耕地保护制度和最严格的节约用地制度。建立节约集约用地奖惩考核机制，实行单位地区生产总值新增建设用地考核制度。开展采矿业土地整理，推进朔同地区成片盐碱地改造利用，组织实施国家级重大土地整治工程。建立财政投入与社会投入相结合的土地开发整治多元投入机制。二是推进用地制度改革。以太原城市圈及其他设区市为单元，深化城乡建设用地增减挂钩试点。探索适合矿业特点的差别化土地管理政策。开展工矿废弃地复垦利用试点，选择部分有条件的市、县，对煤矸石占地、沉陷区、工矿废弃地等存量建设用地的复垦与建设用地调整利用相挂钩，通过复垦的土地可以调整使用，优先用于转型项目。复垦应坚持山、水、田、林、路综合整治，具备条件的，应首先复垦为耕地。三是探索露天采矿用地方式改革，积极稳妥地在所批准的矿区范围内开展试点。探索推进土地审批、耕地占补平衡、重点转型项目用地保障、未利用地审批等改革。推进农村土地管理制度改革，加快推进农村集体土地确权登记发证，逐步建立城乡统一的建设用地市场，规范开展农村集体经营性建设用地流转试点，完善和创新宅基地管理机制。

2）促进资金流动的有序引入

优化财税政策，创新财政资金投入方式。一是加快推广PPP模式。履行财政牵头职责，完善PPP政策制度，设立PPP融资支持基金，在公共服务领域推广PPP模式。探索对垃圾处理、污水处理等公共服务领域新建项目，强制运用PPP模式。转变财政运营方式，对项目从“补建设”转向“补运营”。安排专项资金，加大对引入民营资本和通过PPP模式化解存量政府性债务的PPP项目的奖补力度。二是设立多元化政府投资基金。完善制度，强化激励约束，着力促进各类政府基金有序设立、高效运作。重点支持做大做优产业发展基金、交通建设基金、重点项目投资基金和新型城镇化建设基金，有效吸引更多资金向经济社会发展的关键领域聚集。三是以城乡二元金融制度改革为突破口，推进农村金融改革。积极发展新型农村金融组织，引导和争取各商业银行设立村镇银行，争取政策支持，扩大小额贷款公司试点，并鼓励和支持村镇银行及小额贷款公司利用农村产权制度改革成果创新农村金融产品和服务。把农村金融发育与加强保险统筹起来，推进农村政策性保险试点，开展水稻、玉米、奶牛、马铃薯以及水果等特色农业品种政策性保险。创新农业和农村投融资模式，通过成立小城镇投资有限公司、现代农业发展投资有限公司、城乡商贸物流发展投资有限公司，搭建以推动现代农业、新型城镇建设和配套服务业为目标的投融资平台。利用农村产权制度改革成果开展集体建设用地使用权、农村土地承包经营权、农村房屋、林权抵押融资，建立农村产权抵押融资、土地流转收益保证贷款等模式，扩大农村有效担保物范围。

3）促进人口流动的空间优化

首先，精准施策，深入推进三县一市的城镇化进程，优化六区的人口结构，实现城乡人口的平衡发展。其次，促进中心城区外来人口向中心城区合理集聚。打通太原市与周边地区，尤其是太原都市圈内部城镇的联系，发挥中心城市的辐射作用，增强对腹地人口的集聚能力。加强与京津冀城市群人口互动，建立激励机制，厚植自然和人文优势，有效提升太原市区对高端人才的吸引力。第三，引导不同特征人群向各级城镇有序流动。因地制宜，因势利导，加快构建有利于人口分类集聚的体制机制，引导高素质人才向大城市聚集，新生代农民工向县城以上城市聚集；推动有意向的中青年人口回流返乡创业。第四，促进市域以有机疏散的手段实现均衡协调的发展格局。太原市产业发展和城镇化的区域差异总体表现为强区弱县（市）的特征。未来应结合太原市区功能外扩和快速交通网络建设，培育新的经济增长点，引导人口与经济在空间配置上的协调发展。

7.3.3 理性应对：实施城乡网络化发展路径

太原市城乡网络化发展呈现出典型的地域不均衡性，因此，太原市城乡网络化发展策略的制定需要研究地域性的城镇化发展阶段和城乡关系的发展特点，分类、分区探寻适合太原发展阶段的相应策略，择优发展，形成示范，逐步带动（表7-4）。

太原市分类分区城乡网络化发展策略 **表7-4**

发展类型	市区（县市）	发展路径	发展重点
快速发展型	小店区	融入太原都市圈、都市区+工业园区转型+文化复兴+提升传统产业+旅游功能提升	重点区域：东山、萧河产业园区、综改示范区 重点内容：1.农村人居环境整治；2.现代规模化观光休闲农业发展；3.土地流转推进
	清徐县		重点区域：东湖、汾河湿地、清源古城、宝源老醋坊、现代农业园、职教基地 重点内容：1.东湖等自然资源的开发利用；2.众多文物资源转化为旅游资源；3.煤炭产业转型升级
一般发展型	迎泽区	传统中心城区提质升级+市区产业转型+森林资源盘活（城郊森林公园）	重点区域：东山地区 重点内容：1.东山整体定位；2.上位规划指引；3.林权、农村集体资产确权改革
	杏花岭区		重点区域：东山地区 重点内容：1.东山整体定位；2.乡村基础提升、特色化建设；3.林权、农村集体资产确权改革

续表

发展类型	市区（县市）	发展路径	发展重点
一般发展型	万柏林区	传统中心城区提质升级+重工业转型+现代农业	重点区域：西山、工业园区 重点内容：1.传统产业改造升级；2.西山资源利用；3.林权、农村集体资产确权改革
	尖草坪区		重点区域：西山、崛围山、不锈钢园区、国家级现代农业园区 重点内容：1.市区发展明显向南，需兼顾北面；2.具有发展全域旅游的基础，现在是一张白纸；3.国家级农业园区还未发挥应有作用
缓慢发展型	晋源区	中心城区和强镇培育+工业多元化+特色农业+文旅资源利用+现代规模农业+沟域经济	重点区域：西山、晋阳湖、晋祠 重点内容：1.传统保护、晋祠与晋阳湖保护利用；2.文物古迹红线范围内负面清单；3.现代农业推进、姚村新型产业园区建设
	阳曲县		重点区域：青龙古镇 重点内容：1.已有旱作农业同质化现象严重，风险大，如何进一步发展转型；2.农村土地盘活相关政策；3.村庄基础设施建设亟待提升
	娄烦县		重点区域：汾河水库等风景区 重点内容：1.农业产业空间有限，基本农田比例高；2.水库及森林公园保护与利用；3.培养农民产业带头人；4.林地空间综合利用与现代林业
	古交市		重点区域：一河三川 重点内容：1.结合交通和资源情况，推动村庄空间整合；2.打造原平川和屯兰川两个产业基地；3.推进城矿融合发展

7.4 小结

本章针对太原都市圈空间发展规划中复杂的网络化现象，分别选取宏观层面（都市圈与外部区域协调）、中观层面（都市圈空间网络优化）与微观层面（城市内部网络优化）等三个维度，通过自下而上的内在规则研究阐述了太原都市圈网络化发展的突破性策略。太原都市圈与外部区域协调方面主要策略包括加快创新集聚、争取错位发展的产业融合、构建地域协作的生产网络、优化都市圈外部网络设施、协调都市圈内外政策主体的网络化关联等内容。太原都市圈空间网络优化的主要策略是以山西转型综改示范区为抓手，加快实施太晋同城化、飞地经济以及“十同”发展的规划策略。太原城乡网络化发展的主要策略包括构建城乡产业网络化发展、城乡公共服务设施均等化发展、城乡生态流网络化发展等三个方面。

8　结论与展望

8.1 主要结论

（1）都市圈网络化是都市圈区域一体化的实现过程和发展模式。都市圈网络化是指都市圈内城镇之间和城乡之间各种经济活动主体构成有序化的关联系统及其运行过程，并通过这个过程获得一种特有的网络组织功能效应，本质在于空间关联性。都市圈网络化空间具有四大基本特征：非场所性与场所性兼具的二元属性、强调功能互补分工、横向联系和双向交流属性、由扁平网络取代传统垂直城镇体系的等级概念、多功能综合社区将成为其空间形态的基本单元。都市圈网络化空间的二元属性使得空间组织富有弹性和变化；而城镇节点间水平关联互动的多样化和密集化是构成都市圈网络化空间的前提条件，并随着关联互动程度的提高，传统的规模等级规律将对都市圈发展的指导作用减弱，水平联系将会取代垂直联系占主导地位；以知识产业为中心，综合各种办公、商业、休闲与居住等为一体的多功能社区将成为都市圈网络化空间形态的基本单元。

（2）都市圈网络化是都市圈城镇之间以及城乡之间在规模、社会、空间、环境方面长期互动发展的动态过程。本书引用都市圈“网络化发育度”概念，来反映都市圈网络化发展水平，根据都市圈网络化的具体内涵，构建由规模适宜度子系统、社会协调度子系统、空间关联度子系统、环境持续度子系统4项子系统构成的都市圈网络化发展绩效评估模型。

从系统层次角度看，都市圈网络应是一个层次分明、过渡自然、互动紧密的体系；从经济角度看，都市圈网络内部城镇优势互补，合理配套的产业分工与协助网络是都市圈网络化发展的基础和动力所在；从社会角度看，都市圈网络有助于消除城乡存在的巨大发展水平落差的二元经济结构，有利于社会和谐发展；从生态角度看，都市圈网络将最大程度地统筹考虑环境效益、节约能源和土地等资源。因此，运用新发展观作为方法论指导，都市圈网络化发展的总体目标可以从数量维度、质量维度、空间维度和时间维度四个层面通过表征都市圈规模适宜度、社会协调度、空间关联度和环境持续度等网络化空间特征和质量的基本目标体系反映出来，运用模糊综合评价法将综合结果反映为都市圈网络化发育度，来评价都市圈网络化发展水平。

（3）都市圈网络化发展过程按照都市圈空间结构各组成要素的形成与发展过程可归纳为网络化需求期望阶段、网络化基础架构阶段、网络化要素影响阶段、网络化运行阶段等四个阶段，其中，网络化要素影响是贯穿于其他三个阶段的重要部分。根据层次分析法和专家打分法可综合得出交通因子、城市流因子、地域差异与分工因子、信息化因子和科技创新因子是众多影响要素中影响作用最大的制约要素。在都市圈网络化发展的不同阶段这些因子发挥的作用也不同，某一因子与其他因子复合叠加才能产生巨大的推动作用。从目前太原都市圈网络化发展影响要素来看，交通因子、城市流因子和地域差异与分工因子对网络化进程的影响十分明显，而信息化因子和科技创新因子的影响还十分有限。从未来都市圈网络化的发展趋势看，信息化因子和科技创新因子对网络化的影响将进一步加深，当然，也会存在一些人们难以预料的偶发因素，对都市圈网络化必将会产生重大的影响。

都市圈网络化发展的实质是都市圈所在区域经济、社会演化的共同过程，其空间形态离不开具体区域的社会经济背景而按自在规律运行。都市圈网络化空间发展是在原有空间结构的基础上，通过动力机制、实现机制以及推阻机制的交织作用，形成都市圈内生产要素互补、产业关联互动、基础设施和生态环境共建共享、政策协同、地域镶嵌的发展趋势，并遵循组织机制（自组织机制与他组织机制）最终促使都市圈向网络化方向有序发展，对其发展机制的系统研究正是为了探索区域网络化空间发展过程的复杂性。

（4）都市圈规划价值导向是通过新发展观在数量维、质量维、空间维和时间维等四个维度中全面体现的。受规划价值导向的影响，将都市圈网络化发展进程中空间组合配置的基本原则概括为：竞合有序群体优势律、均衡协调空间优化律、城乡发展网络关联律、生态优先持续发展律。

竞合有序是都市圈实现从混沌到有序发展的重要机制，都市圈空间在竞合作用下生长演化，其生长演化的阶段也是竞争与协合作用力量对比的表现，可分为强竞争弱协合阶段、强竞争强协合阶段、强协合弱竞争阶段，这也是都市圈网络化发育成熟的必然过程。竞合作用映射到空间上则表现为集中与扩散的相互对抗，使都市圈空间由不均衡发展逐渐到动态的均衡协调，其中主体功能区划是都市圈空间均衡协调的基础，公共服务均衡化是都市圈均衡协调发展的核心。

（5）选择性集聚扩散是实现都市圈空间均衡协调的规划方法。选择性集聚扩散是以都市圈“类主体功能区划”为基础，在综合分析或模拟都市圈区域内城镇之间的人流、物流、资金流、信息流等空间联系的基础上，明确各城镇的最主要经济联系和城市发展方向，扩大中心城市功能调整的空间幅度，减轻中心城市高密度发展带来的压力，促进周边城镇与中心城市紧密联系耦合，以形成功能互补、空间关联有序的都市圈城镇网络。“类主体功能区划”是为保持区划的科学性和严肃性而专门针对本书的研究对象都市圈而提出的，是在省域主体功能区划的指导下，结合都市圈内各城市总体规划中“四区管治”的基本要求，将都市圈进行“类主体功能区”的划分。这种“类主体功能区划”一方面从国土空间范围上对省域主体功能区划和市域空间管治进行了协调，另一方面也将主体功能区划中对国土空间开发强度的要求与城市总体规划中涉及开发的具体方向和建设内容进行了较好的结合，是都市圈规划的制定和实施的必要基础。

（6）根据层次分析法（AHP）及模糊综合评价法相结合的综合评价模型（FAHP模型），可以分析得出，太原都市圈目前正处于低水平网络化起步阶段，空间网络化组织程度很低，促进和推动网络化发展进程的各要件正处于准备阶段。鉴于此，创新应当作为太原都市圈网络化发展的原动力或起始动力，通过动力引擎对主力驱动、从力调控的作用实现将太原都市圈引入网络化“三力合一”的动力轨道。

（7）太原都市圈网络化空间规划策略由宏观、中观和微观三个层面构成。宏观层面，从更广泛的区域视野入手，以太原都市圈与京津冀城镇群的竞合关系研究为例。一方面从历史、现实和未来发展的角度考虑，另一方面，通过计算京津冀晋之间的结构差异指数，都可以发现，太原都市圈与京津冀城镇群存在着广泛的产业内分工合作的可能性，太原都市圈将作为京津冀城镇群的发展腹地，通过沟通与京津冀城镇群的经济联系而得到区域经济快速发展。现代的“合纵连横”即合作性竞争策略即是太原都市圈与京津冀城镇群在激烈的市场竞争中取得优化的博弈选择。太原都市圈应该积极融入环渤海经济圈和京津冀城镇群发展的背景中，主动加强和深化产业融合、地域协作，优化网络化设施和协调网络化政策主体，在传统石太线的基础上开拓新的发展轴线，争取更大的合作空间。中观层面，从都市圈空间中挖掘提高网络化发展水平的中观潜力，以太原与晋中的网络化发展研究为例。从太原与晋中发展关系的历史演变来看，太原晋中两地的一体化发展有着深厚的历史基础。一方面提出行政区划调整的方案，另一方面建立一整套独立于行政体制之外的都市圈经济运行规则，依靠市场达成太原—晋中区域内的资源整合，以追求区域整体效益的最大化。同城化战略在此背景下应运而生，同城化战略是实现都市圈网络化发展的一种重要方式，通过同城化战略和飞地经济的模式形成辐射力、扩散力与竞争力日益增强的太晋板块经济，使太原与晋中共享资源和发展成果，进而提出规划统筹、制度同构、市场同体、产业同链、交通同网、设施同布、环境同治、生态同建、信息同享、科教同兴等十项太晋同城化推进策略。微观层面，以太原城乡网络化发展研究为例，构建了太原城乡网络化结构，探讨了构建城乡产业网络化、城乡服务设施网络化、城乡生态流网络化体系的推进策略。

8.2 研究展望

近年来，我国规划界视城市规划不仅为一种技术手段，更为一项公共政策，其政策影响力正在逐步加大。都市圈规划是根据区域发展的需要提出并发展起来的，它不仅使城市地域空间形态与规模发生重组和变化，而且对原有的城市规划模式提出了新的要求和挑战。有关都市圈网络化的研究，无论是理论探索还是实证分析，都还处于比较初步的阶段，这也为城市规划学者提供了宽阔的研究领域。本书的研究尽管已经取得了初步的成果，但由于自己学力浅薄，加上都市圈网络化的涉及面广、问题相当复杂，因此本书在很多方面的分析还很不透彻。因此，今后的研究工作依然任重道远，本书最后试图为有待进一步深入进行的研究提供一些拓展方向。

（1）本书对都市圈网络化发展的理论体系框架进行了初步构建，框架构建得是否合理恰当，是否能真正对其他都市圈发育成长的研究提供理论指导尚需在今后的实证研究中得到认证。另外，也没有完整地将都市圈网络化理论体系运用到实际案例的研究中，对于太原都市圈的企业网络化、市场网络化、区域创新网络化等研究内容都将作为下一阶段实证研究工作的重点。

（2）鉴于都市圈空间和网络化研究的复杂性，数据获取难度很大，尤其是太原都市圈县级城市的相关数据，以及都市圈各城市物流、信息流、资金流、人力流和技术流等各种“流”要素的测定难度很大，一手资料的准确获取几乎是不可能的，因此本书在测度研究方面仅选择了产业结构相似系数、城市流强度等对数据资料要求相对较低的模型作为替代，由此得出的结论与现实中实际状况肯定存在着偏差。获得全面而准确的数据资料并对模型的选取进行优化等工作有待在今后研究中进一步深化。

（3）都市圈网络化发展的动力机制研究是当前学术界对都市圈规划研究中的薄弱环节之一，本书正是基于这种情况，重点对太原都市圈网络化发展存在的问题进行剖析，从动力机制、推阻机制、实现机制三个方面，分别提出相应的措施和建议。但是由于其中的每一个方面都涉及很多内容，也很复杂。因此在本书中，对这些问题的研究还很不深刻，只能起到抛砖引玉的作用，目的在于引起对这个问题的关注。在今后的研究中，针对每一个方面应当进行更加详细、深刻的研究，共同推动我国城镇群体的健康有序发展。

参考文献

[1] 国务院发展研究中心发展战略和区域经济研究部课题组著.中国区域科学发展研究[M].北京：中国发展出版社，2007：2.

[2] 陈修颖.区域空间结构重组：国际背景与中国意义[J].经济地理，2005，4(25)：463.

[3] 冒亚龙，何镜堂.数字技术时代的长株潭城市群空间形态[J].城市发展研究，2009，10：49.

[4] 陈修颖.区域空间结构重组——理论与实证研究[M].南京：东南大学出版社，2005：5.

[5] http：//news.suzhou.soufun.com/2010-01-01/3001170_18.html

[6] 周绍森，陈栋生.中部崛起论[M].林斐.推行多极城市群的中部崛起战略.北京：经济科学出版社，2006：256.

[7] 周一星.关于明确我国城镇概念和城镇人口统计口径的建议[J].城市规划，1986(3)：10-15.

[8] 孙一飞.城镇密集区的界定——以江苏省为例[J].经济地理，1995，15(3)：36-40.

[9] 周一星.城市地理学[M].北京：商务印书馆，1995.

[10] 姚士谋，等.中国城市群(第1版)[M].合肥：中国科学技术大学出版社，1992.

[11] 梅林.牛津地理学词典[M].上海：上海外语教育出版社，2001.

[12] 人大经济论坛：http：//www.pinggu.org/bbs/viewthread.php?tid=396564&page=1

[13] Maurice Yeates.The North American City（4th ed）[M]. New York：Harper Collins Publishers，1990.

[14] 戴宾.城市群及其相关概念辨析[J].财经科学，2004（6）：101-103.

[15] 沈小峰，等.耗散结构论[M].上海：上海人民出版社，1987：90-102.

[16] 申玉铭，方创琳.区域PRED协调发展的有关理论问题[J].地域研究与开发，1996，15（4）：19-22.

[17] 冯玉广，王华东.区域PREE系统协调发展的定量描述[J].中国环境科学，1996，6（2）：42-46.

[18] 涂新军，徐贤国.从化市区域PREE协调发展的初步研究[J].热带地理，1998，18（4）：367-371.

[19] 廖重斌.环境与经济协调发展的定量评判及其分类体系——以珠江三角洲城市群为例[J].热带地理，1999，19（2）：172-177.

[20] 韩兆洲.区域经济协调发展统计测度研究[D].厦门：厦门大学，2000.

[21] 詹峰.区域人口、资源、环境与经济系统可持续发展与评估与分析[D].南昌：江西财经大学，2004.

[22] 汪波，方丽.区域经济发展的协调度评价实证分析[J].中国地质大学学报，2004，4（6）：52-55.

[23] 汤莉，李翠锦，等.对人口、资源与经济协调和谐发展的系统剖析[J].农业系统科学与综合研究，2005（11）：310-313.

[24] 周丽.城市发展轴与城市地理形态[J].经济地理，1986（3）：184-190.

[25] 吉迎东，卞坤.基于主体功能区的山西城镇化发展模式优化[J].中国城市经济，2010，10：70-72.

[26] 吉迎东，卞坤.山西城镇化发展模式优化与空间整合[J].未来与发展，2011，1：108-113.

[27] 孙胤社.城市空间结构的扩散演变：理论与实证[J].城市规划，1994（5）：16-20.

[28] 张京祥.城镇群体空间组合[M].南京：东南大学出版社，2000：33-37

[29] 宁越敏，等.长江三角洲都市连绵区形成机制与跨区域规模研究[J].城市规划，1998（1）：16-24.

[30] 胡序威，周一星，等.中国东部沿海城市密集地区的空间聚集与扩散[M].北京：科学出版社，2000：73.

[31] 朱英明，等.我国城市群地域结构理论研究[J].现代城市研究，2002（6）：50-52.

[32] 朱英明.我国城市群地域结构特征及发展趋势研究[J].城市规划汇刊，2001（4）：55-57.

[33] 陈修颖.区域空间结构重组理论初探[J].地理与地理信息科学，2003，2（19）：25，64.

[34] 薛东前，王传胜.城市群演化的空间过程及土地利用优化配置[J].地理科学进展，2002（2）：95-102.

[35] 张祥建，唐炎华等.长江三角洲城市群空间结构演化的产业机理[J].经济理论与经济管理，2003（10）：65-69.

[36] 张京祥.城镇群体空间组合[M].南京：东南大学出版社，2000：33.

[37] 叶玉瑶.城市群空间演化动力机制初探[J].城市规划，2006（1）：61-66.

[38] 刘天东.城际交通引导下的城市群空间组织研究[D].长沙：中南大学，2007.

[39] David F. Batten. Network cities：creative urban agglomerations for the 21st century [J]. Urban Studies，1995，32（2）：313-327.

[40] Castells，M.The rise of the network society[M]. Cambridge，MA：Blackwell Publishers，1996.

[41] Hendrik Folmer，Jan Oosterhaven.Spatial inequalities and regional development[M]. Martinus Niihoff Publishing Ltd.，1977.

[42] Philip Cooke. Theories of planning and Spatial Development[M]. London：Hutehinson，1983.

[43] Gernot Grabher，David Stark.Organizing Diversity：Evolutionary Theory，Network Analysis and Postsoeialism[J]. Regional Studies，1997，5（31）.

[44] Colllin Lee，Guo Rongxing.Simulating Regional Systems：A System Dynamies Approaeh[J]. The Journal of Chinese Geography，1996，2（1.6）.

[45] A. llanPred.The spatial dynamies of US urban-industrial growth，1800—1914[J]. Progress in Human Geography，1997，3（21）.

[46] Blotevogel H H. The Rhine-Ruhr Metropolitan Region[J]. Reality and Discourse，1998（6）.

[47] Biankun.Building of compact city on the basis of the atmospheric

environment impact: the case of TaiYuan[J]. Proceedings of The International Conference on Management of Technology, 2007, 12.

[48] 陆大道.区域发展及其空间结构[M].北京：科学出版社，1995.

[49] 周一星.城市地理学[M].北京：商务印书馆，1995.

[50] 顾朝林.中国城镇体系——历史·现状·展望[M].北京：商务印书馆，1992.

[51] 曾菊新.空间经济：系统与结构[M].武汉：武汉出版社，1996.

[52] 魏后凯.走向可持续协调发展[M].广州：广东经济出版社，2001.

[53] 姚士谋.试论城市群区域内的网络化组织[J].地理科学，2002（5）：568-573.

[54] 甄峰，顾朝林.信息时代空间结构研究新进展[J].地理研究，2002，2（21）：257-263.

[55] 汪淳.基于网络城市理念的城市群布局——以苏锡常城市群为例[J].长江流域资源与环境，2006，15（6）：797-801.

[56] 赵红杰.网络城市系统节点的设计与构想[J].合肥：安徽农业科学，2007，35（24）：7543-7545.

[57] 汪明锋.城市网络空间的生产与消费[M].北京：科学出版社，2007：84.

[58] 冒亚龙，何镜堂.数字技术时代的长株潭城市群空间形态[J].城市发展研究，2009，10（16）：49-54.

[59] 郭文炯，白明英.太原大都市区城市化特征、问题与对策[J].经济地理，2000，5（20）：63-66.

[60] 徐宝根，张复明，等.城镇体系规划中的区域开发管制区划探讨[J].城市规划，2002，6（26）：53-56.

[61] 郭文炯，张复明.城市职能体系研究的思路与方法——以太原市为例[J].地域研究与开发，2004（23）：56-59.

[62] 李淳，任永岗."大太原经济区"与山西中部崛起[J].理论探索，2006，2.

[63] 李青丽.对发展城市都市圈的思考——以太原为例[J].经济问题，2006，7.

[64] 梁鹤年.经济、土地、城市研究思路与方法[M].北京：商务印书馆，2008：47.

[65] [法]弗朗索瓦·佩鲁.新发展观[M].张宁，丰子义，译.华夏出版社，1987：128.

[66] http：//zhidao.baidu.com/question/18371897.html?si=1

[67] 殷为华.基于新区域主义的我国新概念区域规划研究[D].上海：华东师范大学，2009：108.

[68] 邱慧芳.从区位论看跨国公司的投资地点选择[J].国际贸易问题，1999，(10)：10.

[69] 张沛.区域规划概论[M].北京：化学工业出版社，2006.

[70] 金其铭.金其铭地理文选[M].南京：南京师范大学出版社，1999.

[71] 陆大道.关于地理学的“人地系统”理论研究.地理研究，2002，21(2)：135-144.

[72] 吴国清.都市旅游目的地空间结构演化的网络化机理[D].上海：华东师范大学，2008，5：44.

[73] 刘卫东，陆大道.新时期我国区域空间规划的方法论探讨——以“西部开发重点区域规划前期研究”为例[J].地理学报，2005，06(6).

[74] 胡彬.长江三角洲区域的城市网络化发展内涵研究[J].中国工业经济，2003，10(10).

[75] 郑锋.自组织理论方法对城市地理学发展的启示[J].经济地理，2002(6)：651-654.

[76] 吴彤.自组织方法论研究[M].北京：清华大学出版社，2001：112-179.

[77] 中国市长协会等.中国城市发展报告2002—2003[M].北京：商务印书馆，2004：48-50.

[78] 段汉明.城市学基础[M].西安：陕西科学技术出版社，2000：188-248.

[79] 程开明，陈宇峰.国内外城市自组织性研究进展及综述[J].城市问题，2006，07：22，25.

[80] 朱喜钢.城市空间集中与分散论[M].北京：中国建筑工业出版社，2002：44-88.

[81] 刘卫东.论全球化与地区发展之间的辩证关系[J].世界地理研究，2003，3(12)：5-6.

[82] 张京祥.区域与城市研究领域的拓展：城镇群体空间组合[J].城市规划，1999(6)：37-39.

[83] 年福华，姚士谋等.试论城市群区域内的网络化组织[J].地理科学，2002，22(5)：570-572.

[84] David F B.Network cities：creative urban agglomerations for the 21st century[J]. Urban Studies，1995，32(2)：313-327.

[85] 顾朝林，等.中国城市化格局、过程、机理[M].北京：科学出版社，2008：250-251.

[86] 汪淳，陈璐.基于网络城市理念的城市群布局[J].长江流域资源与环境，2006，6(15)：797-798.

[87] 曾菊新.现代城乡网络化发展模式[M].北京：科学出版社，1999：25-26.

[88] A.G.Wilson.Geography and the Environment Systems Analytical Methods [M]. John Wiley & Sons，Ltd.，1981.

[89] 万家佩，涂人猛.试论区域发展的空间结构理论[J].江汉论坛，1992(11)：19-24.

[90] 卞坤.城乡网络化发展评价及规划策略研究[J]. 中国工程咨询，2020，3(238)：69-75.

[91] 王伟.中国三大城市群空间结构及其集合能效研究[D].上海：同济大学，2008：89.

[92] 赵红杰.网络城市系统节点的设计与构想[J].安徽农业科学，2007，35(24)：7543-7545.

[93] 吕斌，陈睿.实现健康城镇化的空间规划途径[J].城市规划，2006，30：66-74.

[94] 张萱.城乡网络化发展的动力机制与对策研究[D].苏州：苏州科技学院，2008：24.

[95] 汪明锋.城市网络空间的生产与消费[M].北京：科学出版社，2007：84.

[96] 张弥.城市体系的网络结构[M].北京：中国水利水电出版社，2007：84-86，65.

[97] 施红星，刘思峰，等.科技生产力网络化流动问题研究[J].科学学与科学技术管理，2009(8)：55-58.

[98] 程必定.区域经济学[M].合肥：安徽人民出版社，1989：15-16.

[99] 张京祥，崔功豪.区域与城市研究领域的拓展：城镇群体空间组合[J].城市规划，1999，6：12-17.

[100] 郭文炯，等.太原大都市区城市化特征、问题与对策[J].经济地理，2000，5(20)：64-66.

[101] 龙祖坤，朱建民.数字化时代的城市网络特征初探[J].惠州学院学报，2003，2(1)：39.

[102] 蔡斌斌.空间网络化理论与实践[D].武汉：华中师范大学，1999，1：21-23.

[103] 陈睿.都市圈空间结构的经济绩效研究[D].北京：北京大学，2007，6：21-23.

[104] 曾菊新.空间经济：系统与结构[M].武汉：武汉出版社，1996：45-77.

[105] 聂华林，等.区域空间结构概论[M].北京：中国社会科学出版社，2008：40-43.

[106] 陈睿.都市圈空间结构的经济绩效研究[D].北京：北京大学，2007，6：24-25.

[107] 姜博.辽宁中部城市群空间联系研究[D].长春：东北师范大学，2008：44.

[108] 顾文选.网络经济与区域一体化——加强城镇密集区的发展与协调[J].城市，2003，6(11)：12.

[109] 李璐，季建华.都市圈空间界定方法研究[J].统计与决策，2007，2：109.

[110] 李颖.沈阳都市圈生成与发育的实证研究[D].大连：东北财经大学，2003：11.

[111] 高汝熹，罗明义.城市圈域经济论[M].昆明：云南大学出版社，1998：297-301.

[112] 孙娟.都市圈空间界定方法研究——以南京都市圈为例[J].城市规划汇刊，2004，4：73.

[113] 王建伟，等.都市圈圈层界定方法[J].建筑科学与工程学报，2007，2(24)：91-94.

[114] 贾若祥，侯晓丽.山东省省际边界地区发展研究[J].地域研究与开发，2003，22(2)：30-34.

[115] 朱才斌，邓耀东.城市区域定位的基本方法[J].城市规划，2000，24(7)：32-35.

[116] 姜世国.都市区范围界定方法探讨[J].地理与地理信息科学，2004，1(20)：70.

[117] 国家发展和改革委员会.促进中部地区崛起规划[R]. 2010. http：//www.china.com.cn/policy/txt/2010-01/12/content_19218531.htm.

[118] 覃成林.中部地区经济崛起战略研究[J].中州学刊，2002(6).

[119] 陈甬军，景普秋，等.中国城市化道路新论[M].北京：商务印书馆，2009：343.

[120] 朱英明，于念文. 沪宁杭城市密集区城市流研究[J].城市规划汇刊，2002，1：31.

[121] 姜博，修春亮，等.环渤海地区城市流强度动态分析[J].地域研究与开发，2008，3(27)：12-15.

[122] 张虹鸥，叶玉瑶，等.珠江三角洲城市群城市流强度研究[J].地域研究与开发，2004，6(23)：53-57.

[123] 高汝熹，等. 2007中国都市圈评价报告[M].上海：格致出版社，2008：96.

[124] 陈晓华.乡村转型与城乡空间整合研究——基于“苏南模式”到“新苏南模式”过程的分析[M].合肥：安徽人民出版社，2008.

[125] 顾朝林，等.中国城市化格局、过程、机理[M].北京：科学出版社，2008：229.

[126] 陈群元.城市群协调发展研究[D].长春：东北师范大学，2009.

[127] 陈晓芳，梁卫平.基于ROUGH集理论的都市圈竞争力评价研究[J].科技进步与对策，2006，7：42.

[128] 顾益康.许勇军.城乡一体化评估指标体系研究[J].浙江社会科学，2004(6)：95-99.

[129] 徐明华，白小虎.浙江省城乡一体化发展现状的评估结果及其政策含义[J].浙江社会科学，2005(2)：47-55.

[130] 白永秀，岳利萍.陕西城乡一体化水平判别与区域经济协调发展模式研究[J].嘉兴学院学报，2005(1)：76-86.

[131] 曾磊，雷军，等.我国城乡关联度评价指标体系构建及区域比较分析[J].地理研究，2002，21(6)：763-771.

[132] 完世伟.区域城乡一体化测度与评价研究[D].天津：天津大学，2006.

[133] 全海娟.区域经济协调发展评价指标体系研究[D].南京：河海大学，2007.

[134] 张沛，等.中国城镇化的理论与实践——西部地区发展研究与探索[M].南京：东南大学出版社，2009.

[135] 苏为华.多指标综合评价指标与方法问题研究[D].厦门：厦门大学，2000.

[136] 张竟竟.城乡协调度评价模型构建及应用[J].干旱区资源与环境，2007，2(21)：6.

[137] 乌家培，等.信息经济学[M].北京：高等教育出版社，2002：170.

[138] 刘卫东.论我国互联网的发展及其潜在空间影响[J].地理研究，2002，21(3)：347-356.

[139] Mulgan G. Communication and Control：Networks and the New Economies of Communication[M]. Oxford：Polity Press，1991.

[140] 王圣学.大城市卫星城研究[M].北京：社会科学文献出版社，2008：61.

[141] 沈丽珍.流动空间[M].南京：东南大学出版社，2010：79.

[142] 甄峰.信息技术作用下的区域空间重构及发展模式研究[D].南京：南京大学，1999：39.

[143] 郑伯红.现代世界城市网络化模式研究[D].上海：华东师范大学，2003，5：48.

[144] 于亚滨.哈尔滨都市圈空间发展机制与调控研究[D].长春：东北师范大学，2006：80-82.

[145] 段进.城市空间发展论[M].南京：江苏科学技术出版社，2006：140.

[146] 李晓帆.生产力流动论[M].北京：人民出版社，1993：96.

[147] 程必定.区域经济空间秩序[M].合肥：安徽人民出版社，1998：47.

[148] 王飞.空间和创新扩散[J]. http：//www.studa.net/jingjililun/081202/15441552- 2.html.

[149] GillesPie A，Rechardson R，Cornford J. Regional Development and the New Economy，Researeh Paper of the Center for Urban and Regional Development Studies[J]. University of Newcastle Upon Tyne，UK，2000.

[150] Biankun.Discussion on urbanization patterns of Shanxi energy and heavy chemical industry base based on major function area[J]. Proceedings of The International Conference on Management of Technology，2009，12.

[151] 刘卫东，甄峰.信息化对社会经济空间组织的影响研究[J].地理学报，

2004，10(59)：67-70.

[152] 刘卫东.信息化与社会经济空间重组：中国区域发展的理论与实践[M].北京：科学出版社，2003：493-520.

[153] 张京祥.城镇群体空间组合[M].南京：东南大学出版社，2000：87.

[154] 孙施文.现代城市规划理论[M].北京：中国建筑工业出版社，2007：521-522.

[155] [英]安东尼·吉登斯.社会学[M].赵旭东，等译.北京：北京大学出版社，2003：66-67.

[156] Armin，A. & Thrift，N. Globalization，socioeconomics，territoriality. Society，Place，Economy[M]. Lee，R. & Willis，J. Arnold，1997：151-161.

[157] 王士君.城市相互作用与整合发展的理论和实证研究[D].长春：东北师范大学，2003：28-30.

[158] 任力军，孙建中.山西资本国际化途径研究[J].山西大学学报（哲学社会科学版），2007，30(4)：90.

[159] 郭力君.知识经济与城市空间结构研究[D].天津：天津大学，2005，2.

[160] 赵勇.区域一体化视角下的城市群形成机理研究[D].西安：西北大学，2009：65-67.

[161] [英]弗里德里希·冯·哈耶克.经济、科学与政治[M].冯克利，译.南京：江苏人民出版社，2000：21-26.

[162] 张永强.城市空间发展自组织研究[D].南京：东南大学，2004：24.

[163] 朱英明.城市群经济空间分析[M].北京：科学出版社，2004.

[164] 石崧.城市空间他组织[J].规划师，2007，11(23)：28-30.

[165] Stephen Graham，Simon Marvin. Urban planning and the technological future of cities.2000，引自孙施文.现代城市规划理论[M].北京：中国建筑工业出版社，2009：540-541.

[166] 夏铸九.在巨型城市中争论空间的意义.引自孙施文.现代城市规划理论[M].北京：中国建筑工业出版社，2009：540-541.

[167] 曹大贵，等.科学发展观与历史文化名城建设[M].南京：东南大学出版社，2009.

[168] 冯革群.德国鲁尔区工业地域变迁的模式与启示[J].世界地理研究，2006，3(9).

[169] 李云，高艺.空间资源紧缺下的城市密度演变与政策价值取向[J].城市发展战略，2008，5(15)：9-10.

[170] 陈正云.一体化：效益与公正关系释论[J].天津社会科学，1998(02).http：//www.lw23.com/paper_110872981/

[171] 施源，陈贞.关于行政区经济格局下地方政府规划行为的思考[J].城市规划学刊，2005(2)：45-49.

[172] 冯维波，黄光宇.公正与效率：城市规划价值取向的两难选择[J].城市规划学刊，2006(5)：54-57.

[173] 张远军.我国区域经济发展模式的变革分析[J].经济问题探索，2004(12)：4-6.

[174] 糕振坤，陈雯等.基于空间均衡理念的生产力布局研究：以无锡市为例[J].地域研究与开发，2008，27(1)：9-22.

[175] 高中华.析可持续发展的人本主义与生态伦理的自然主义的辩证关系[J].南京林业大学学报(人文社会科学版)，2004，4(2)：18-20.

[176] 马远军，张小林.城市群竞争与共生的时空机理分析[J].长江流域资源与环境，2008，1(18)：10-14.

[177] 黎鹏，等.跨行政区经济协同发展研究[J].发展研究，2003，9：21-23.

[178] 吴传钧，等.国土开发整治与规划[M].南京：江苏教育出版社，1990：206.

[179] 段禄峰，卞坤，等.基于主体功能导引下的我国城镇化发展多维解析[J].改革与战略，2009，2.

[180] 黄征学.城市群空间扩展模式及效应分析[N].中国经济时报，2007-4-9.

[181] 尹继佐.城市综合竞争力[M].上海：上海社会科学院出版社，2001：296.

[182] 张京祥.西方城市规划思想史纲[M].北京：中国建筑工业出版社，2005：170.

[183] 朱喜钢，官莹.有机集中理念下深圳大都市区的结构规划[J].城市规划，2003，9(27)：74-76.

[184] 张沛，卞坤.西北干旱区农村城镇化可持续发展探析[J].干旱区资源与环境，2010，3：20-24.

[185] 方忠权，丁四保.主体功能区划与中国区域规划创新[J].地理科学，

2008，4(28)：485.

[186] 甄峰.信息时代的区域空间结构[M].北京：商务印书馆，2004.

[187] 兰海颖，唐承丽，等. 区域城乡关联发展分析[J].小城镇建设，2007(2)：44-46.

[188] http：//www.qikan.com.cn/Article/zjcj/zjcj200824/zjcj20082470.html

[189] 国家发展改革委宏观经济研究院国土地区研究所课题组.我国主体功能区划分及其分类政策初步研究.宏观经济研究，2007(4)：3-5.

[190] 殷为华.基于新区域主义的我国新概念区域规划研究[D].上海：华东师范大学，2009，5：101，110.

[191] 张伟，黄瑛.南京都市圈功能定位研究[J].规划师，2005，1(21)：80-81.

[192] 上海财经大学财经研究所.上海城市经济与管理发展报告(2007)[M].上海：上海财经大学出版社，2007：235-236.

[193] 邢铭. 沈抚同城化建设的若干思考[J]. 城市规划，2007(10)：52-56.

[194] 李建中，马丽娜.能源产业链延伸与区域经济发展[J].生产力研究，2008，29：115.

[195] 刘友金，罗登辉.城际战略产业链与城市群发展战略[J].经济地理，2009，4(29)：604.

[196] 朱英明.长三角城市群产业一体化发展研究[J].产业经济研究，2007，6：48-50.

[197] 冉庆国.产业集群与产业链的关系研究[J].学习与探索，2009，3：160.

[198] 卞坤.基于城市双修视角的太原市滨水空间规划策略研究[J].建筑与文化，2020，5(194)：214-216.

[199] 李咏梅，等.关于西部开发中产业区域网络的构建[J].有色金属工业，2001，12：24.

[200] 刘学敏.互补与互动：对京津冀与晋陕蒙经济和生态联系的初步研究[J].区域经济，2008，6：2.

[201] 谷海洪.基于网络状主体的城市群区域规划政策研究[D].上海：同济大学，2006：99，114.

[202] 尹贻梅.对旅游空间竞争与合作的思考[J].桂林旅游高等专科学校学报，2003，14(1)：56-60.

[203] 冯贵盛.关于沈抚同城化的战略构想[N].辽宁日报，2007-9-17.

[204] 耿慧志. 清徐县乡镇企业调查及空间集聚对策研究[J]. 城市规划学刊，2002，1：46.

[205] 赵柯. 城乡空间规划的生态耦合理论与方法研究[D]. 重庆：重庆大学，2007：141.

[206] 卞坤. 山西省绿色建筑集中示范区的实施困境与绿色规划管理体系研究[J]. 中国工程咨询，2019，9（232）：64-67.